二〇二五年

中國茶曆

陈伟群 主编

中国林业出版社

编纂说明

2025 年中国农历干支纪年是乙巳年，称蛇年。岁在龙蛇，2025 年《中国茶历》问世。《中国茶历》是一部以茶为载体系统传播中华文化的历书，已出版发行 7 年。

2025 年的《中国茶历》通过 27 个完整的知识版块（详见本书最后的索引页），以满足广大读者对中华优秀传统文化生活化的需求，实现六个“导”向美好生活，即：传导中华文化贴近生活，辅导生命德育贯穿生活，利导家教家风感动生活，开导系统学茶知识生活，指导科学饮茶健康生活，倡导慢道茶旅品味生活。

《中国茶历》是一部什么样的书？《中国茶历》，依循中国古代历法《太初历》“二十四节气”来辅助生产、引导生活，日历每一天的内容基本讲究“三个对应”，即：对应“二十四节气”，对应“历史上的今天”，对应“当天适用”。这是一部科学实用的、内容全面的、通俗易懂的、携带方便的、笔记本式的日历茶书；是人们自学或学校组织茶文化教学的知识性、趣味性、普及性、实用性读物；也是导向美好生活和进行个人生命叙事的日记本。

《中国茶历》是谁题的名？《中国茶历》内文均使用中文简体。封面、书脊使用“中国茶历”四个字的繁体字，端庄雄伟，系由编纂者创意选用中国古代楷书大家颜真卿真迹集字而成。唐代颜真卿（709—785 年）是《茶经》著作者陆羽的挚友，为官近五十载，一心为国、一尘不染、勤政爱民、惜才兴茶，以自身“云水风度、松柏气节”诠释了茶德。选用颜真卿真迹集字“中國茶曆”，也体现着本书想奉献给读者“茶德高度、历史温度、生活风度、知识尺度”的追求。编纂者注意到唐代“曆”字已是从“歷”字中分化出来专表“历法”之意，且颜真卿真迹中也是这样分化使用，故未选用“歷”。

《中国茶历》是如何设计的？本书的编纂是首创性工作，内容上是依循“二十四节气”，在每一个节气编纂有相应的节气茶、茶点、茶诗、茶谚语、节气茶席用花等茶文化知识。书中所涉及的每一种茶叶，都配有清晰的实物照片。日历页设计成笔记本的形式，以便读者随时记录读书心得、每日计划、心情等。

人人需要茶，“柴米油盐酱醋茶”“琴棋书画诗酒茶花香服饰”组成的美好生活离不开茶，同时也少不了《中国茶历》的陪伴。

2025 年的《中国茶历》能够顺利出版，得益于中国林业出版社，也得益于图片拍摄者、茶叶学者专家，以及北京印刷学院朱紫设计的“乙巳蛇标”和篆刻的“二十四节气花”，在此，一并向他们致以诚挚敬意和感谢。

编纂者深感任重道远，2018《中国茶历》的出版，是迈出了重要一步；2019—2025 年的《中国茶历》，逐年迈上新台阶；今年的《中国茶历》更是在内容上改编创新。本人学识有限，定当更加勤奋；舛误难免，诚请来函指正。同时欢迎参与《中国茶历》后续的相关活动，以期与广大茶爱好者相互交流，共同进步。另外，欢迎加入读者群，微信号 a15116997169；电子邮箱 2710002626@qq.com。

陈伟群

2024 年 6 月

茶物哲语·茶道大行

自秦代以后，中国书同文，每一个固定的汉字都被赋予了一个相对稳定的含义。读唐代封演著《封氏闻见记》卷六《饮茶》，考证“茶道大行”。读者与作者相隔了千余年，即便地域不同、口音有异，仍可以自在而顺畅地阅读，从而走进唐代那“茶道大行”的历史场景。

封演写道：“大兴禅教，学禅务于不寐，又不夕食，皆许其饮茶，人自怀挟，到处煮饮。从此转相仿效，遂成风俗。”原来，茶道从寺庙传出，原因是学禅人“到处煮饮”，发展到“城市多开店铺煎茶卖之，不问道俗，投钱取饮”。城市出现了不问道俗的茶馆业。而且，从南到北茶道繁忙、茶业兴隆、品种甚多。“其茶自江、淮而来，舟车相继，所在山积，色额甚多。”封演如是说。表明茶道的形成源于教化。

封演写道：“早采者为茶，晚采者为茗。”这说明在唐代饮茶已讲究依一年采摘的“早”“晚”来选茶。封演进一步阐述道：茶道之所以大行还在于茶人德艺升华，“陆鸿渐为《茶论》，说茶之功效，并煎茶、炙茶之法，造茶具二十四事以都统笼贮之。远近倾慕，好事者家藏一副。”加上有常伯熊煎茶大师这样的“手执茶器，口通茶名，区分指点”，“于是茶道大行，王公朝士无不饮者”。封演列举“皓密使茶茗”“陆纳设茶果”典故后说“但不如今人溺之甚”。《茶经》问世和煎茶大师、选茶、设茶果的出现，可见茶形成独立的知识学问和规范。

封演文中更赞扬大唐中兴茶道大行：“穷日尽夜，殆成风俗，始自中地，流于塞外。往年回鹘入朝，大驱名马市茶而归。”

饮茶“举杯时”，这通常、通用、通行、通心、通悟之愿力和行动，促使形成“彼屋皆饮”“茶道大行”。真如孔子说“习惯成自然也。”

WEDNESDAY. JAN 1，2025

2025 年 1 月 1 日

农历甲辰年 · 腊月初二

1月1日

星期三

元旦

今日生命叙事

早起___点，午休___点，晚安___点，体温___，体重___，走步___

今日喝茶：绿□ 白□ 黄□ 青□ 红□ 黑□ 花茶□

正能量的我

茶史迹 · 神农发现茶

人类发现茶，最迟在中国上古的三皇时代。神农尝百草，发现了茶的解毒作用，从此人类认识了茶对人的药用价值，此后人类开始食用性地用茶。神农被奉为“茶祖”。世界上第一部茶专著唐代陆羽《茶经》有载：“茶之为饮，发乎神农氏，闻于鲁周公。”意思是茶作为饮料，开始于神农氏（后世奉为炎帝）；周公（周朝周文王的儿子鲁公）所撰《尔雅》中对茶作了文字记载而为世人所知。

茶最早的时候写作“荼”。在中国最早的诗歌总集《诗经》中 9 次出现“荼”，不全是指茶。茶字最早出现在唐代陆羽《茶经》付梓前 25 年编成的唐代《开元文字音义》中。

后人证明茶起源于中国，在中国西南发现了最古老的茶籽化石和存活千年以上的古茶树。人工栽培茶树大约始于 3000 年以前。常见的栽培茶树是山茶科山茶属的植物。

神农发现茶

THURSDAY. JAN 2，2025

2025 年 1 月 2 日

农历甲辰年 · 腊月初三

1月2日 星期四

今日生命叙事

早起____点，午休____点，晚安____点，体温____，体重____，走步____

今日喝茶：绿□　白□　黄□　青□　红□　黑□　花茶□

正能量的我

茶史迹·茶蜜皆纳贡

从先秦中国伦理思想发端呈现，到中国茶德精神的标志性概念弘扬，茶，被中国人赋予了深刻的人文性。

中国史书上第一次正式记录（约公元前1046年周武王率军伐灭殷商，将宗亲封巴地）茶贡（事）活动，是在晋代常璩《华阳国志·巴志》中的记载："周武王伐纣，实得巴蜀之师，著乎《尚书》，……土植五谷，牲具六畜，桑蚕麻纻，鱼盐铜铁，丹漆茶蜜……皆纳贡之。"这表明：3000年前，巴地诸侯给周武王（天子）的贡品列单中包括茶。茶作为贡品被奉上，带有隆重的献礼性质，蕴含在茶中的秩序感已经初现端倪。

成书于汉代的《周礼》专门记载了茶在皇室祭祀中的地位和规范程序，与西周初年周公姬旦提出以"敬德保民"为核心的伦理思想，"孝、悌、敬"等维护秩序的道德规范，相辅相成。《尚书·周书·顾命》有"王（指周成王）三宿、三祭、三诧（茶）"，说明茶代酒作为祭祀之用。汉代王褒《僮约》提到"烹茶尽具"，涉及泡茶时的规范程序。

魏晋时代的《世说新语》记录了文士游离于规范之外的风雅；"陆纳杖侄"表明了茶"俭而贵"的节制生活理念已被确立。

隋唐时期，中国儒、道、佛三家相互吸收，逐渐融合，使修身成为齐家、治国、平天下的基础和基本原则。陆羽《茶经》倡导"精行俭德"，成了中国茶德精神的标志，由其主理或参与的茶事活动也充满了当时儒士的家国情怀。

FRIDAY. JAN 3，2025

2025 年 1 月 3 日

农历甲辰年 · 腊月初四

1月3日 星期五

今日生命叙事

早起____点，午休____点，晚安____点，体温____，体重____，走步____

今日喝茶：绿□　白□　黄□　青□　红□　黑□　花茶□

正能量的我

茶史迹 · 茶为万病之药

茶的药用功能最早的文字记载出现在中国汉代。

汉代《神农本草经》写道："神农尝百草，日遇七十二毒，得茶以解之。"此句记载了中国上古时期的神农发现茶的解毒作用，从此开辟茶的药用价值。

东汉末年的名医华佗在《食论》中提道："苦茶久食，益意思。"意思是茶的味道苦涩，坚持饮用，可提神醒脑、开拓思维。华佗是历史上有记载的表述茶有药用价值的第一人。

唐代大医学家陈藏器在《本草拾遗》中写道："贵在茶也，上通天境，下资人伦，诸药为各病之药，茶为万病之药。""上通天境"包含茶叶最早作为祭品的意思，"下资人伦"包含茶叶逐渐演变为药用、菜羹、饮料的意思。陈藏器认为在诸药中，唯独茶叶有广泛用途，可祭祀、能药用、为菜羹、做饮料，达济世、治人、治未病之效，由此而言"茶为万病之药"。

汉画像石捣药茶

SATURDAY. JAN 4, 2025

2025年1月4日

农历甲辰年·腊月初五

1月4日

星期六

今日生命叙事

早起___点，午休___点，晚安___点，体温___，体重___，走步___

今日喝茶：绿□ 白□ 黄□ 青□ 红□ 黑□ 花茶□

正能量的我

茶和节气·小寒

小寒大雁北乡还，百泉冻咽崖吟寒。
扫雪煮茶醉清芳，喜鹊筑巢把盅端。
膝上横琴掸心尘，枝中卧雪笑风狂。
石枰下棋鹤顶梅，白雉朝声振鹖冠。

小寒是农历每年二十四节气中的第 23 个节气。小寒，气温类节气，标志着一年中最寒冷的天气开始了。俗话说“冷在三九”，三九天就在小寒节气里。俗语有“小寒胜大寒”，即小寒比大寒的气温往往要更低。农谚有“小寒大寒，冻成一团”。茶谚语有“宰茶宰平头，露头枝莫留”“茶身三次脓，茶粕一次清”。

小寒物候：初候雁北乡，花信风梅花；二候鹊始巢，花信风山茶；三候雉始雊，花信风水仙。

这时的茶树处于冬季休眠期，停止采摘茶叶，但有冬剪。高山茶园特别是西北向茶园，要防寒风侵袭。遇雪后，应及早摇落茶树枝条上的积雪。

小寒节气里，喝什么茶？小寒时节养生，要在春夏养阳，秋冬养阴的基础上，敛藏精气、固本扶元，以防寒补肾为主；适宜饮黑茶（六堡茶、金尖茶、砖茶、普洱熟茶、渠江薄片，均 5 年以上）、红茶、乌龙茶（武夷岩茶等有焙火工序的乌龙茶）、白茶（白牡丹、寿眉，均 7 年以上）。还要注意趁热喝茶，不喝凉的茶水。在供暖地区生活的人们，宜喝绿茶。

小寒·水仙

SUNDAY. JAN 5，2025

2025年1月5日

农历甲辰年·腊月初六

1月5日

星期日

小寒

今日生命叙事

早起____点，午休____点，晚安____点，体温____，体重____，走步____

今日喝茶：绿□　白□　黄□　青□　红□　黑□　花茶□

正能量的我

茶史迹·伊公羹

伊公羹，是铸造在煮茶用的风炉上的三个通风的小窗，出自《茶经·四之器》：“上并古文书六字……‘伊公羹、陆氏茶’也。”

尹公，是辅佐商朝五代帝王的伊尹，为中国第一良相，在中国历史上备受文人志士敬仰、推崇。伊尹是有莘氏在桑树林拾到的弃儿，后由厨子抚养长大。伊尹从小熟悉烹饪之事且别有解悟，有言：“治大国若烹小鲜。”伊尹烹煮粥羹包括烹煮茶粥羹很有名气。

尹公用鲜叶煮粥羹的饮法有些类似于今天煮菜羹的方法，将新鲜茶叶采摘后切碎，投放到沸水中煮并加佐料。发展到了唐代，还可加入茱萸、薄荷、橘皮，以及盐、姜、葱、香叶等佐料和调味品；或以茶米煎煮时，加入佐料和调味品，称作茗粥。

茶菜羹

最古老的茶叶植物标本，发现于汉景帝（公元前156年—前141年）阳陵，与很多粮食遗物混杂在一起，佐证了煮茶在早先是煮茶羹粥。出土自山东济宁邹城邾国故城遗址西岗墓地一号战国墓的茶叶样品，为煮泡过的茶叶残渣。这为煮羹饮的起源上溯至战国早期的偏早阶段，提供了实物证据。

乾隆五十三年仲夏校梓

呂氏春秋

靈巖山館藏板

呂氏春秋新校正序

吕氏春秋载伊公

（即商代的名相伊尹）

MONDAY. JAN 6，2025

2025年1月6日

农历甲辰年·腊月初七

1月6日 星期一

今日生命叙事

早起____点，午休____点，晚安____点，体温____，体重____，走步____

今日喝茶：绿□ 白□ 黄□ 青□ 红□ 黑□ 花茶□

正能量的我

茶史迹·茶叶植物标本

陕西省考古研究院在汉景帝（公元前156年—前141年）阳陵的考古发掘中发现，距今约2100年前最古老的茶叶标本出现于汉阳陵第15号外藏坑中。

2007年8月，陕西省考古研究院曾委托中国科学院地质与地球物理研究所，对第15号外藏坑、第16号外藏坑中出土的植物遗存进行了鉴定，初步判认为："棕黄色层状集合体，由宽约1毫米，长4～5毫米的细长叶组成"，但尚未确定其植物种类。

2015年，中国科学院地质与地球物理研究所，利用植物微体化石和生物标志物方法对植物标本重新进行了鉴定，确定其为茶叶遗存，而且几乎全部由茶芽制成。其成为汉景帝阳陵博物院的镇馆之宝。

2021年11月25日，新华社发通稿《考古新进展！中国茶文化可追溯至战国早期》，报道说："记者25日从山东大学获悉，经学校科研团队研究，出土自山东济宁邹城市邾国故城遗址西岗墓地一号战国墓随葬的茶叶样品，为煮泡过的茶叶残渣。这为茶文化起源上溯至战国早期的偏早阶段，提供了实物证据。相关研究成果，已发表在学术刊物《考古与文物》2021年第5期。"

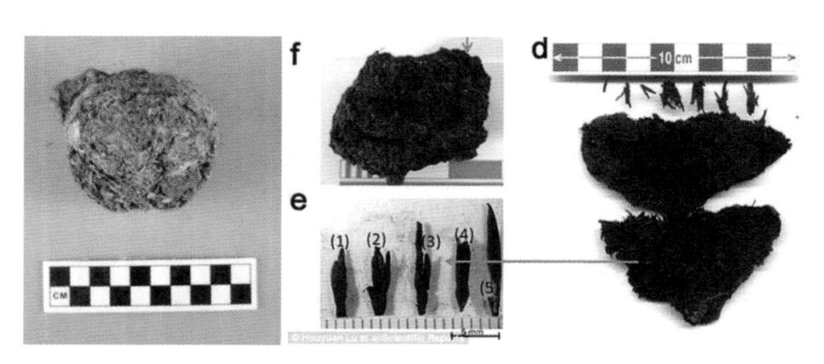

出土的战国时期茶叶　　　　出土自汉阳陵的茶叶

TUESDAY. JAN 7，2025

2025 年 1 月 7 日

农历甲辰年 · 腊月初八

1月7日 星期二

今日生命叙事

早起____点，午休____点，晚安____点，体温____，体重____，走步____

今日喝茶：绿□ 白□ 黄□ 青□ 红□ 黑□ 花茶□

正能量的我

茶史迹 · 汲井烹茶文君井

四川省邛崃市临邛镇里仁街拥有山树水竹、琴台亭榭、曲廊小桥，是邛崃著名的园林胜境。在这里有一口“文君井”，《邛崃县志》记载：“井泉清冽，甃砌异常，井的口径不过两尺，井腹渐宽如胆瓶然，至井底径几及丈。”此井形似一口埋入地下的大瓮，它是有记载的古人烹茶汲水最早的人工井。

文君井相传为西汉才女卓文君与才子司马相如开设“临邛酒肆”卖酒烹茶时的遗址。西汉司马相如，早年父母双亡，孤苦一人，来到临邛（今邛崃），投靠担任县令的同窗好友王吉，结识了临邛首富卓王孙。相如在卓家逗留时抚琴自娱，弹奏的《凤求凰》曲，飘进卓王孙之女卓文君房中，文君隔窗听琴，夜不成眠。终俩人当夜私奔成都，结为夫妇；后重返临邛，以卖酒为生，常汲取门前井水烹茶、煮粥。

据《巴通列志》记载：孙（卓王孙）病僮过数，铸铁痨伤过数，君（卓文君）书诀，茶洗，日服。另据唐外史《欢婚》记载：相如琴乐文君，无茶礼，文君父恕不待，相如无猜中官，文君忌怀，凡书必茶，悦其水容乃如家。司马相如还编写了一本少儿识字读物《凡将篇》，其中20味中药名里列有以“荈诧”代表茶名字，成为最早的写有“茶”字的读物。

后人为纪乡卓文君甘苦忠贞的爱情和汲井烹茶的贡献，遂将此井泉定名为文君井。

文君井遗址

WEDNESDAY. JAN 8，2025

2025 年 1 月 8 日

农历甲辰年 · 腊月初九

1月8日

星期三

今日生命叙事

早起____点，午休____点，晚安____点，体温____，体重____，走步____

今日喝茶：绿□　白□　黄□　青□　红□　黑□　花茶□

正能量的我

茶史迹 · 烹茶尽具

“茶具”一词在汉代已出现，西汉辞赋家王褒《僮约》有“烹茶尽具，餔已盖藏”之说，这是我国最早提到茶具的一条史料。

研究考古出土的秦汉时期甚至到了魏晋南北朝时期的食器发现，茶具还停留在与食器、酒器混用的阶段，并没有出现专用的成体系的茶具。尽管考古出土有战国时期的水晶杯、东汉末至三国时期的“茶”字青瓷罍，也不代表茶具独立成体系。最早的咏茶诗——晋代左思《娇女诗》咏：“心为茶荈剧，吹嘘对鼎鬲（读 lì，通“镉”“鬲”，为古代炊具，样子像鼎，足部中空）。”这里的“鼎”与“鬲”就是当时烹煮食品包括烹煮茶的器具。晋惠帝吃茶，侍从“持瓦盂承茶”，说明连皇帝的茶具也是瓦盂，佐证直到此时期，还未出现专用于烹煮茶和食用茶的器具。

唐代尚茶成风，茶具开始被用来提高茶的色、香、味，并开始注重茶具的欣赏价值和艺术价值。唐代陆羽《茶经》规范饮茶法及整套的烹茶工艺和茶器具 24 件。唐代《封氏见闻录》中记载：“远近倾慕，好事者家藏一副。”陕西扶风法门寺地宫出土的唐代茶器就是唐代茶具的代表，这一套茶器包含贮茶器、炙茶器、取量器、贮盐器、取水器、点茶器、卫生用具和茶点容器。

宋代饮茶法，是先将饼茶碾碎，置碗中待用。以釜烧水，当水微沸初漾时，即用水冲点碗中的茶，同时用茶筅搅动，茶末上浮，形成稠汤。与饮法相适，宋代茶具以茶焙、茶笼、砧椎、茶铃、茶碾、茶罗、茶盏、茶匙、汤瓶等为主，称为“十二先生”。

汉画像石拓片烹茶尽具

烹茶尽具遗风

THURSDAY. JAN 9，2025

2025 年 1 月 9 日

农历甲辰年 · 腊月初十

1月9日 星期四

今日生命叙事

早起____点，午休____点，晚安____点，体温____，体重____，走步____

今日喝茶：绿□　白□　黄□　青□　红□　黑□　花茶□

正能量的我

茶史迹·武阳买茶

有关中国古代的“茶市”和“买茶”，最早的文献记载是西汉王褒《僮约》中“武阳买茶”的文字，时值西汉神爵三年（公元前59年）。

王褒是西汉蜀中与司马相如齐名的大文豪，因受汉宣帝赏识被升任为谏议大夫。王褒到湔（今属四川省都江堰市）前，途经成都安志里（今属四川省成都市温江区）顺访老友。可惜老友不久前亡故了，由已经守寡的老友之妻杨惠招待他。老友生前养有一名奴仆，名字叫“便了”，王褒指派这名家奴去采买。便了很不情愿。王褒当即决定买下这名家奴好好管束，便写下了契约《僮约》。“奴当从百役使，不得有二言。晨起洒扫，食了洗涤……烹茶尽具，铺已盖藏。……武阳买茶。杨氏担荷，往来市聚……”这说明川西平原一带当时已经开始饮茶，集市上已有茶叶买卖了。

不过要从安志里到武阳，就现在的路况步行单程大约61千米，要走15小时。这就难怪便了痛哭流涕向王褒求情说：“要是真照这样干活，我恐怕马上就会累死进黄土了。早知如此，我情愿给您天天去买酒。”王褒用儒雅的智慧，将这桀骜不驯的奴仆制服了。

汉画像石拓片草市市集

FRIDAY. JAN 10，2025

2025 年 1 月 10 日

农历甲辰年 · 腊月十一

1月10日 星期五

今日生命叙事

早起____点，午休____点，晚安____点，体温____，体重____，走步____

今日喝茶：绿□ 白□ 黄□ 青□ 红□ 黑□ 花茶□

正能量的我

茶史迹·吴理真种茶

有文字记载的茶树人工栽培，最早始于中国2000多年前西汉甘露年间（公元前53年—前50年）的蒙顶山（今四川省雅安市名山区）。种茶人是西汉严道的吴理真。他亲自种植茶树，是记载中最早种植茶树的人，被后人尊为“植茶始祖”。

相传，为给母亲治病，吴理真踏遍蒙顶山寻草药，采得野生茶树枝叶，熬成汤药给母亲服用后，母亲的病治好了。吴理真决心多种植茶树以方便百姓治病，便把先后找到的7株野生树茶，作为第一批育种的茶树，选定在蒙顶山五峰之间（今皇茶园）一带亲自种植。吴理真为了开荒种茶、管理茶园，在蒙顶山岭搭棚造屋，掘井取水。现今蒙顶山上尚存蒙泉井、甘露石室等古迹。

汉代人以汉碑记载此事迹并世代相传，继续人工种植茶树。唐玄宗封此地为皇茶院，宋孝宗封此地为皇茶园，蒙顶山皇茶院遗址保存至今。唐天宝元年（742年），蒙顶山茶被列为贡品，唐代至清代年年入贡宫中，1200余年无间断。

在中国古代的史籍中，有吴理真种植茶树的记载。五代时期毛文锡《茶谱》记载：“蜀之雅州有蒙顶山，山有五顶，有茶园。”陶谷的《清异录》载：“吴理真住蒙顶，结庵种茶凡三年，味方全美，得绝佳者曰‘圣扬花’‘吉祥蕊’。”

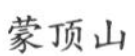

蒙顶山

吴理真种植茶树

SATURDAY. JAN 11, 2025

2025年1月11日

农历甲辰年·腊月十二

1月11日

今日生命叙事

早起____点，午休____点，晚安____点，体温____，体重____，走步____

今日喝茶：绿□　白□　黄□　青□　红□　黑□　花茶□

正能量的我

茶史迹·古茶籽化石

世界之茶，源自中国。

1980 年，中国的科研人员在中国贵州省晴隆县碧痕镇新庄云头大山，海拔 1700 米的深山老林中，发现一块古茶籽化石。经中国科学院地球化学研究所和中国科学院南京地质古生物研究所鉴定，确认其为四球茶籽化石，距今至少已有 100 万年，是世界上迄今为止发现最古老的、唯一的茶籽化石。四球茶籽化石，不是 4 粒茶籽化石。四球茶，是生息于贵州黔西南境内海拔 1700 ～ 1950 米的群山茂林内的珍稀古茶树。这一块古茶籽化石的发现，把世界的茶史向前推进了 100 万年以上。同时，也成为茶起源于中国的又一重要实物证明。100 万年前的古茶籽化石，让人们透过时空隧道，看到了在低纬度、高海拔、寡日照、多云雾、无污染的广阔大地上，茶籽落地生根，生长成林……

目前，贵州省 200 年以上的古茶树有 15 万株以上，其中千年以上古茶树有近千株，各种类型的茶树品种资源有 600 余种。2017 年 8 月 3 日，贵州省第十二届人民代表大会常务委员会通过了《贵州省古茶树保护条例》，明确规定了古茶树的保护、管理、研究、利用等法规和相关措施。

古茶籽化石

茶籽

SUNDAY. JAN 12, 2025

2025 年 1 月 12 日

农历甲辰年 · 腊月十三

1月12日 星期日

今日生命叙事

早起____点，午休____点，晚安____点，体温____，体重____，走步____

今日喝茶：绿□ 白□ 黄□ 青□ 红□ 黑□ 花茶□

正能量的我

茶史迹·蒙顶山皇茶院遗址

蒙顶山皇茶院遗址，在蒙顶山最高峰——玉女峰之右侧，皇茶院的面积小却很神圣，门联“扬子江中水，蒙顶山上茶”，四面围墙，正前方高台上有猛虎镇院。茶祖西汉吴理真在这里种7株茶树，唐玄宗亲封此地为皇茶院。自此，历代以来，蒙顶山茶成为贡品。

唐天宝元年（742年），蒙顶山茶始被列为贡品。唐代至清代，蒙顶山茶年年入贡，1200余年从无间断。蒙顶山名茶价格贵，唐代杨晔撰《膳夫经手录》记有：“束帛不能易一斤先春蒙茶”。宋代时，因连年用兵，所需战马多用茶换取，蒙顶山茶成为“不得他用，定为永法”的易马专用茶。“扬子江中水，蒙顶山顶上茶”的说法千古流传；唐代白居易有“琴里知闻唯渌水，茶中故旧是蒙顶山”的比拟吟咏；唐代黎阳王王越入川检贡茶，在蒙顶山写下“闻道蒙顶山风味佳，洞天深处饱烟霞……若教陆羽持公论，应是人间第一茶”的由衷慨叹；宋代文同有“蜀土茶称圣，蒙顶山味独珍”的品茶心得。

蒙顶山皇茶院

MONDAY. JAN 13，2025

2025 年 1 月 13 日

农历甲辰年 · 腊月十四

1月13日 星期一

今日生命叙事

早起____点，午休____点，晚安____点，体温____，体重____，走步____

今日喝茶：绿☐　白☐　黄☐　青☐　红☐　黑☐　花茶☐

正能量的我

茶谱系 · 武夷岩茶

武夷岩茶，乌龙茶（青茶）类（细分为闽北乌龙），产于福建省武夷山市（武夷山市行政区域的 2800 平方千米范围内均为岩茶产区），创制于明末清初，为历史名茶。武夷岩茶 5 个品种为大红袍、名丛、肉桂、水仙、奇种。其核心产区位于慧苑坑、牛栏坑、大坑口、流香涧、悟源涧一带。选择优良茶树单独采制成的岩茶称为单丛，品质在奇种之上；单丛中加工品质特优的称为名丛，如大红袍（奇丹）、铁罗汉、白鸡冠、水金龟、半天腰，合称为五大名丛。

武夷山茶区春茶在立夏前 3 ～ 5 天开采，鲜叶的采摘标准是中开面至大开面 2 ～ 3 叶。晴天或多云天，露水干后采摘较好；上午 9—11 时、下午 2—5 时的茶青质量最好。制茶工序是萎凋（日光、加温）、凉青、摇青、做手、炒青、初揉、复炒、复揉、走水焙、扇簸、凉索（摊凉）、毛拣、足火、团包、炖火。

武夷岩茶成品茶叶条索肥壮，紧结匀整，带扭曲条形，俗称“蜻蜓头”，叶背起蛙皮状砂粒，叶基主脉宽扁明显；色泽绿褐，油润带宝光；内质火香气馥郁隽永，具有特殊的“岩韵”（岩骨花香），香气浓锐；汤色橙黄，清澈艳丽，特有的滋味“兰花香”浓醇带回甘，润滑爽口；叶底柔软匀亮，边缘朱红或起红点，中央叶肉浅黄绿色，叶脉浅黄色，“绿叶镶红边”，呈“三分红七分绿”。

武夷大红袍母树

乌龙茶类的制作工艺源于武夷山，现今乌龙茶类按地域划分为：闽北乌龙、闽南乌龙、广东乌龙、台湾乌龙。

冲泡武夷岩茶时，可每人选用一只容量 130 毫升的盖碗作为泡具和饮具，茶水比为 1∶35，投茶量 3 克，水 105 克（毫升），泡茶水温宜水烧开至 100℃。泡茶注水采用悬壶高冲法，4 分钟后即可品饮。

TUESDAY. JAN 14, 2025

2025 年 1 月 14 日

农历甲辰年 · 腊月十五

1月14日 星期二

今日生命叙事

早起___点，午休___点，晚安___点，体温___，体重___，走步___

今日喝茶：绿□ 白□ 黄□ 青□ 红□ 黑□ 花茶□

正能量的我

茶谱系 · 遵义毛峰

遵义毛峰，绿茶类（细分为烘青绿茶），产于贵州省遵义市湄潭县，为纪念“遵义会议”而于 1974 年创制。

制茶鲜叶于清明前后 10 ～ 15 天采摘。采用福鼎大白良种茶树鲜叶为原料，鲜叶的采摘标准是特级茶 1 芽 1 叶初展，一级茶 1 芽 1 叶展，三级茶 1 芽 2 叶；颜色要求翠绿，鲜叶进厂后经 2 ～ 3 小时摊凉后再行炒制。制茶工艺要点是“三保一高”：一保色泽翠绿，二保茸毫显露且不离体，三保锋苗挺秀完整；一高就是香高持久。具体制茶工序是杀青、揉捻、搓条造型、干燥。

遵义毛峰成品茶叶条索紧细圆直翠润，白毫显露，嫩香清高持久，汤色碧绿明净，滋味清醇鲜爽，叶底翠绿鲜活。“条索圆直，锋苗显露”，象征中国工农红军战士大无畏的英雄气概；“满披白毫，银光闪闪”，象征遵义会议精神永放光芒；“香高持久”，象征革命烈士和革命精神世代流芳。

遵义毛峰

冲泡遵义毛峰时，可每人选用一只容量 130 毫升的盖碗作为泡具和饮具，茶水比为 1∶50，投茶量 2 克，水 100 克（毫升），泡茶水温为水烧开后降温至 85℃。主要冲泡步骤：温茶碗内凹，投入茶叶后，采用定点旋冲法注水，水量达到茶碗八分满后，盖上茶盖，2 分钟后即可品饮。

WEDNESDAY. JAN 15, 2025

2025 年 1 月 15 日

农历甲辰年 · 腊月十六

1月15日

星期三

今日生命叙事

早起____点，午休____点，晚安____点，体温____，体重____，走步____

今日喝茶：绿□ 白□ 黄□ 青□ 红□ 黑□ 花茶□

正能量的我

茶谱系·正山小种

正山小种，红茶类（细分为小种红茶），主要产于福建省武夷山市，创制于明代（1568 年），原创地崇安（今武夷山市），为历史名茶。原产地以武夷山市星村镇桐木关为中心，东至大王宫，西近九子岗，南达先锋岭，北延桐木关。历史上崇安、建阳、光泽三县交界处的高山茶园所产的小种红茶均称为“正山小种”。“正山”乃“真正高山地区所产”之意。正山小种、金骏眉、银骏眉、赤甘、外山小种，都是红茶类中的小种红茶。

正山小种的春茶在立夏才开始采摘，夏茶是在小暑前后采摘。选用鲜叶的标准是小开面 3～4 叶，无毫芽。制茶工艺工序是萎凋、揉捻、发酵、过红锅、复揉、熏焙、烘干。

正山小种红茶成品茶叶条索壮实，紧结圆直，不带毫芽，色泽乌黑油润；香高持久，微带松烟香气；汤色红艳浓厚，滋味甜醇回甘，具桂圆味和蜜枣味，带醇馥的烟香，活泼爽口；叶底肥厚红亮，带紫铜色。

2018 年正山小种

正山小种红茶是世界红茶的鼻祖，红茶类的制作工艺源于武夷山，现今红茶类的细分类已形成以下几类：小种红茶、传统红茶（古树晒红茶、五指山红茶等）、工夫红茶（白琳工夫、坦洋工夫、政和工夫、英德红茶、九曲红梅、日月潭红茶等）、红碎茶（传统红碎茶、CTC 红碎茶、LTP 红碎茶）。

2015 年正山小种

冲泡正山小种时，可每人选用一只容量 130 毫升的盖碗作为泡具和饮具，茶水比为 1∶50，投茶量 2 克，水 100 克（毫升），泡茶水温宜水烧开后降温至 95℃。主要冲泡步骤：温茶碗内凹，投入茶叶后，采用回旋低冲法注水，水量达到茶碗八分满后，盖上茶盖，4 分钟后即可品饮。

THURSDAY. JAN 16，2025

2025年1月16日

农历甲辰年·腊月十七

1月16日 星期四

今日生命叙事

早起____点，午休____点，晚安____点，体温____，体重____，走步____

今日喝茶：绿□　白□　黄□　青□　红□　黑□　花茶□

正能量的我

茶谱系 · 白牡丹

白牡丹，白茶类（细分为白叶茶），主产于福建省的福鼎、政和、松溪、建阳。因其冲泡后绿叶托着嫩芽，宛如蓓蕾初放，故得美名白牡丹。其创制于清末，为历史名茶。

白牡丹制茶鲜叶春、夏、秋茶季均可采摘。春茶于清明前后开采，夏茶于芒种前后开采，秋茶于大暑、处暑时开始采摘。采用政和大白茶、福鼎大白茶、福鼎大毫茶、水仙等优良品种茶树鲜叶为原料，选用鲜叶的标准（以春茶为主）是 1 芽 2 叶，要求采摘芽叶肥壮且“三白”（芽及两叶均满披白色茸毛）的开面叶。制茶工艺关键在于萎凋，要根据天气灵活掌握，以春、秋季晴天或夏季不闷热的晴朗天气，采取室内自然萎凋或复式萎凋为佳。精制工艺是拣除梗、片、蜡叶、红张、暗张后，进行烘焙。

成品茶叶条索毫心肥壮，叶张肥嫩，呈波纹隆起，叶缘向叶背卷曲，芽叶连枝，叶面色泽呈深灰绿，叶背遍布白茸毛；银毫显露，滋味鲜醇；汤色杏黄或橙黄，清澈；叶底浅灰，叶脉微红。

冲泡白牡丹时，选用一只容量 130 毫升的盖碗作为泡具和饮具，也可用玻璃杯、紫砂壶、瓷壶，茶与水的比例为 1∶40，投茶量 3 克，水 120 克（毫升）；泡茶水温宜水烧开降温至 90℃，采用环圈注水法注水。煮白牡丹时，茶与水的比例为 1∶50，投茶量 9 克，水 450 克（毫升）；用银壶或陶壶，煮沸后调文火慢煮 10 ～ 30 分钟。

白牡丹（福鼎）

白牡丹（政和）

FRIDAY. JAN 17，2025

2025 年 1 月 17 日

农历甲辰年 · 腊月十八

1月17日

星期五

今日生命叙事

早起____点，午休____点，晚安____点，体温____，体重____，走步____

今日喝茶：绿□　白□　黄□　青□　红□　黑□　花茶□

正能量的我

茶史迹·“茶”字青瓷

该瓷器为东汉末至三国时期的四系印纹青瓷罍，器身肩部琢刻一个隶书的“茶”字，与现在的“茶”字几乎一模一样。这是迄今为止发现的有“茶”字铭文的最早的贮存器物。

“茶之始，其字为荼。”一般认为“茶”字在唐代中期，尤其是陆羽《茶经》问世之后，才被广泛使用。瓷器用字基本都是当时的通用字，否则工匠们会感到生疏或费解，这说明至少在三国时期“茶”字已经在当地通用。该瓷器为“茶”字的起源研究提供了极好的实物佐证，也是“茶”字变迁的一次新的解读。

罍是商朝晚期至东周时期大型的盛酒和酿酒器皿，有方形和圆形两种形式，其中方形见于商代晚期，圆形见于商朝和周朝初年。从商到周，罍的形式逐渐由瘦高转为矮粗，繁缛的图案渐少，变得素雅。

东汉末至三国“茶”字青瓷罍

SATURDAY. JAN 18, 2025

2025 年 1 月 18 日

农历甲辰年 · 腊月十九

1月18日

今日生命叙事

早起____点，午休____点，晚安____点，体温____，体重____，走步____

今日喝茶：绿□　白□　黄□　青□　红□　黑□　花茶□

正能量的我

茶史迹 · 活着的邛窑

邛窑，始烧于南朝，盛于唐，衰于宋，是我国著名的民间瓷窑之一。邛窑分布于中国四川省境内，在邛崃与蒲江交界的甘溪镇明月村。如今，这里还有一座自清康熙始至今 300 余年的古窑未曾断烧，成为目前四川唯一“活着的邛窑”。

历史上的明月村，守候在隋唐时期的茶马古道和南方丝绸之路上，这里有过近百座窑口的盛况，村民农忙时下田耕作、采茶炒茶，闲时制陶烧窑，侧耳便是雷竹沙沙的歌声。

2012 年，蒲江县人民政府收到一份《邛窑修复报告》，开始对邛窑进行修复。从此，“市级贫困村”走向“中国乡村旅游创客示范基地”，如今这里更像是供心灵栖息的地方。

现今邛窑烧制的传世茶器具还见有：唐代邛窑茶研磨器、唐代邛窑茶叶末釉玉壶春瓶、唐代邛窑茶叶末釉小茶叶碗、唐代邛窑彩绘茶盏、唐代邛窑黄釉茶盏、宋代邛窑点彩茶壶、宋代邛窑茶盏、宋代邛窑斗笠茶盏、宋代邛窑带字茶盏等。

邛窑饮具

邛窑

SUNDAY. JAN 19，2025

2025 年 1 月 19 日

农历甲辰年·腊月二十

1月19日

星期日

今日生命叙事

早起____点，午休____点，晚安____点，体温____，体重____，走步____

今日喝茶：绿☐　白☐　黄☐　青☐　红☐　黑☐　花茶☐

正能量的我

茶和节气·大寒

腊祭鼓擂日更新，敲竹歌嗓尽开颜。
瑞香兰花山矾俏，鸡乳鸟厉水腹坚。
寂然空山无来风，仙音短笛化开泉。
寒夜客到起茶烟，一盏清汤诗一篇。

大寒·香雪兰

大寒是农历每年二十四节气的第 24 个节气，即最后一个节气。大寒，气温类节气，相对于小寒而言，此时，冷空气南下频繁，中国大部分地区进入一年中最寒冷的时节。农谚有“大寒到顶点，日后天渐暖”。大寒之后就是农历新年，即将充满浓郁的年味和迎春的气氛。

这时的茶树处在冬季休眠期，停止采摘制茶。应做好茶树的防寒防冻工作。

大寒物候：初候鸡始乳，花信风瑞香；二候征鸟厉疾，花信风兰花；三候水泽腹坚，花信风山矾。

大寒节气里，喝什么茶？大寒时节寒、燥、风聚强，养生重点应放在固护脾肾、调养肝血上，特别要养精蓄锐，保暖、节欲、安神。此时，适宜饮黑茶（砖茶、六堡茶、普洱熟茶、沱茶、渠江薄片，均 5 年以上）、红茶、乌龙茶（有焙火工序的乌龙茶）、白茶（白牡丹、寿眉，均 7 年以上）。还要注意喝热茶水，不喝凉茶水。在供暖地区生活的人们，最好喝点茉莉花茶、绿茶。

MONDAY. JAN 20，2025

2025年1月20日

农历甲辰年·腊月廿一

1月20日

星期一

大寒

今日生命叙事

早起____点，午休____点，晚安____点，体温____，体重____，走步____

今日喝茶：绿□ 白□ 黄□ 青□ 红□ 黑□ 花茶□

正能量的我

茶史迹 · 唐代宫廷金银茶具

唐咸通十五年（874 年），唐懿宗归安佛骨于法门寺（今西安扶风法门寺），以数千件皇室奇珍异宝安放地宫以作供养。

1981 年，法门寺明代真身宝塔半壁坍塌，1987 年考古人员在修复法门寺时发现唐代地宫。经考古工作者发掘，地宫后室供奉着一套几近完整无损的金银质为主材的宫廷御用茶具。这套金银茶具有茶碗、茶碟、茶盘、净水瓶，共 16 件，是迄今世界上发现最早、最完善而珍贵的“银金花”茶器（鎏金银器）。其中以唐僖宗小名——“五哥”标记的系列茶具最为精致，包括：鎏金飞鸿球路纹银笼子、壶门高圈足座银风炉、鎏金壶门座茶碾子、鎏金飞鸿纹银匙、鎏金仙人驾鹤纹壶门座茶罗子、鎏金人物画银坛子、摩羯纹蕾纽三足架银盐台、鎏金伎乐纹调达子、鎏金银龟盒，另有系链银火筋、琉璃茶盏、茶托等。

地宫中供奉皇室使用的秘色瓷茶碗，以及当时被视为珍宝的琉璃（即玻璃）茶碗、茶托一副，是首次发现的史上最负盛名的瓷器“秘色瓷”。

这些由金、银、瓷、琉璃等材质制作的高雅茶具，呈现出唐代宫廷精致物质生活中茶的文化地位和饮用方式。

法门寺地宫出土的唐代宫廷金银茶具

TUESDAY. JAN 21，2025

1月21日

星期二

2025 年 1 月 21 日

农历甲辰年 · 腊月廿二

今日生命叙事

早起____点，午休____点，晚安____点，体温____，体重____，走步____

今日喝茶：绿□ 白□ 黄□ 青□ 红□ 黑□ 花茶□

正能量的我

茶具·银水壶

茶叶饮用，在唐代得到了普及，茶具逐渐从食具中独立出来，成为茶事的专属用具，出现银质茶器。陆羽《茶经》对银质茶器有精辟阐述："鍑，以生铁为之……洪州以瓷为之，莱州以石为之。瓷与石皆雅器也，性非坚实，难可持久。用银为之，至洁，但涉于侈丽。雅则雅矣，洁亦洁矣，若用之恒，而卒归于银也。"这段话是说"鍑"（指没有盖的烧水煮茶容水器）选用银质的最为洁净，又能保持茶的原味；银器漂亮但奢侈（唐代中国"贫银"），但归根到底是因为银器好。

宋代流行点茶，点茶注水用的鎏金银汤瓶尤为显贵。宋徽宗赵佶《大观茶论》有"瓶宜金银"。蔡襄《茶录》说："瓶要小者易候汤，又点茶注汤有准。黄金为上，人间以银铁或瓷石为之。"

银，能杀菌消炎，防腐保鲜，净化水质，活化水性。银水壶，煮水和注水之用，其出水口直，使注汤有力；其腹口宽，便于观汤；其腹长，能使执把远离火，用时不致烫手，且能有效控制汤的流量，使注汤落点准确。一般器不大而水容量较小，这样煮水速度较快。银壶煮水，能使水质变软变薄，古人谓之"若绢水"，就是说水质柔薄爽滑犹如丝绢。另外，银壶本身洁净无味，且热化学性质稳定，不易锈也不会让茶汤沾染异味。

银水壶和银器茶席

WEDNESDAY. JAN 22，2025

2025 年 1 月 22 日

农历甲辰年 · 腊月廿三

1月22日

星期三

今日生命叙事

早起___点，午休___点，晚安___点，体温___，体重___，走步___

今日喝茶：绿□　白□　黄□　青□　红□　黑□　花茶□

正能量的我

茶具·盖碗

盖碗是一种上有盖、下有托、中有碗的茶具，又称“三才碗”“三才杯”。盖碗的盖为天，托为地，碗为人，寓“天地人和”之意。

中国唐代逐渐普及了饮茶的专用盏，随之又发明了茶盏托。相传，盖碗是在唐德宗建中年间，由西川节度使崔宁之女在成都发明的。宋元沿袭至明清时配以茶盏盖，始形成了一盏一盖一碟式的“三合一”茶盏，即盖碗。一人一套的“盖碗茶”，是从清雍正年间开始盛行的。

用盖碗作为泡茶和饮茶用具最少有七大好处：一是茶碗口上大下小，注水方便，易于让茶叶沉淀于底，添水时茶叶翻滚，或用茶盖撩拔茶汤，易于浸泡出茶味；二是上有隆起的茶盖，而茶盖边沿小于茶碗口，不易滑脱，便于凝聚茶香，还可用来遮挡茶末，避免茶叶沾到嘴唇；三是有了茶托不会烫手，因而在客来敬茶的礼仪上，以盖碗茶敬客更具周到敬意；四是用盖碗作为啜茶饮具，保温性更好；五是盖碗器形大方得体，啜饮仪态庄重典雅，一人一套盖碗卫生又自如，便于把茶礼的正统与选用茶的不同需求融合于礼仪服务中；六是便于计算时间，茶事占用时间适度；七是盖碗是唯一的“六大类茶叶 + 花茶”的通用泡茶和饮茶共一的用具，且便于清洗、收存、携带。

盖碗

THURSDAY. JAN 23, 2025

2025 年 1 月 23 日

农历甲辰年 · 腊月廿四

1月23日

今日生命叙事

早起____点，午休____点，晚安____点，体温____，体重____，走步____

今日喝茶：绿□ 白□ 黄□ 青□ 红□ 黑□ 花茶□

正能量的我

茶具·紫砂壶

紫砂壶泡茶，既不夺茶真香，也不会有“熟汤气”（即茶汤发馊的气味），能较长时间保持茶叶的色、香、味，且保温性好。其还因造型古朴别致，气质独特，经茶水泡、手摩挲，会呈古玉色包浆，备受人们青睐。

据说紫砂壶的创始人是中国明代（正德至嘉靖年间，1506—1566年）的供春。紫砂壶以宜兴紫砂壶最为出名。上海硅酸盐研究所有关岩相的分析表明，紫砂黄泥含铁量很高，最高含铁量达 8.83%。紫砂壶在高氧高温状况下烧制而成，一般采用平焰火接触，烧制温度为1190 ～ 1270℃。这是紫砂制品不渗漏、不老化，越使用越显光润的原因之一。紫砂壶成品的吸水率大于 2%。紫砂壶的泥原料，为紫泥、绿泥和红泥，俗称“富贵土”。因其产自江苏宜兴，故称宜兴紫砂。

郑板桥曾说“壶用宜兴砂”。宜兴紫砂壶有以下 5 个优点。

材质好。紫砂壶的材质介于陶、瓷材质之间，属于半烧结的精细茶器，具有特殊的双气孔结构，透气性极佳且不渗漏。

耐热性和透气性能良好。紫砂壶能够承受冷热的急剧变化，比如寒冬腊月，注入沸水，其不因温度骤变而胀裂；而且砂质传热缓慢，提、抚、握、拿紫砂壶，均不烫手。

不易馊。紫砂壶盛陈茶不馊，甚至暑天隔夜后也不起腻苔，清洗容易；即使久置不用，只要用沸水泡一泡，倒出后再浸入冷水冲洗，用于泡茶仍得原味。

不走味。紫砂壶泡茶能保持茶的原味，使茶水的色、香、味俱佳，且香不涣散。紫砂还具有良好的可塑性及延展性，成品壶口盖严实、缝隙极小，减少了含霉菌的空气流向壶内的概率。

紫砂壶

经久耐用。紫砂壶长久使用，器身会因为抚摸擦拭变得更加光润可爱。

FRIDAY. JAN 24，2025

2025年1月24日

农历甲辰年·腊月廿五

1月24日 星期五

今日生命叙事

早起____点，午休____点，晚安____点，体温____，体重____，走步____

今日喝茶：绿□ 白□ 黄□ 青□ 红□ 黑□ 花茶□

正能量的我

茶具 · 茶具清洁

“器具质而洁，瓦缶胜金玉”，清洁环境，清洁茶具，是品茶的基础和仪式要求。

每次用完茶具都要及时用清水洗净，再用开水烫一遍，并放在通风处晾干。清洁可取些食用小苏打粉倒在干净抹布上擦洗茶杯、盖碗，玻璃杯上的茶渍则用牙刷蘸牙膏刷洗。紫砂壶每次用完，及时用开水烫一遍晾干即可。

茶滤，如仅用开水冲洗清洁，久用后容易堆积茶垢，滋生细菌；需定时用软毛刷蘸上小苏打，轻轻刷洗滤网。金属茶滤，则可用食醋浸泡半小时再用软毛刷刷洗；用满一年后，应更换。

“茶道六君子”（茶则、茶针、茶漏、茶夹、茶匙、茶筒），难免有浮灰累积，特别是茶筒内壁，要定时清洗并晾干和保持干燥。每一个沾湿的茶道用具，都要清洁擦干后再放入茶筒。

茶巾，在每次茶事后，应用热水单独冲洗并晾干；定期可用餐具用洗涤剂做彻底清洁；如果是每日使用，2 ～ 6 个月后，应该更换。

茶盘，不论材质，也不论是储水式还是排水式的，其边角容易堆积茶垢，影响雅观，要定时清理；特别是排水式的，还需防堵塞。每次茶事毕，把茶具收拾好，台面应用湿抹布和干抹布各擦一遍。茶盘的一些缝隙、边角，宜定时用牙刷蘸小苏打刷洗。

茶席茶具

电烧茶水壶，在使用一段时间后会积水垢，可用切好的一片柠檬放入电烧茶水壶中，注入 4/5 的水，插上电，烧开水之后静置 20 分钟，用清水冲洗至无味。

SATURDAY. JAN 25，2025

2025 年 1 月 25 日

农历甲辰年 · 腊月廿六

1月25日

今日生命叙事

早起____点，午休____点，晚安____点，体温____，体重____，走步____

今日喝茶：绿□　白□　黄□　青□　红□　黑□　花茶□

正能量的我

茶用水 · 泡茶用水

茶人喻“水是茶之母”。用什么水泡茶最好？陆羽《茶经》说：“其水，用山水上，江水中，井水下。其山水，拣乳泉石池漫流者上，其瀑涌湍漱勿食之。”也有茶人说，用茶产地的山泉水泡该产地的茶最好。

泡好一杯茶，需要了解泡茶用水的特性，也就是水质。

山泉水（天然泉水），终日处于流动状态，经过沙石的自然过滤，通常比较干净，味略带甘甜。宜汲取使用历史的山泉水域。

井水，悬浮物含量少，透明度较高。宜汲取活水井的水（活水井的水，就是《茶经》中说的“井取汲多者”）。

雨水和雪水，古人称为“天泉”。可取乡村高山上的第二场雨或雪之后的雨和雪。

自来水，含有用来消毒的氯气等，在水管中滞留较久的，还含有较多的铁质。用自来水沏茶，最好用无污染的容器，先贮存一天，待氯气散发后再煮沸沏茶，或者采用净水器将水净化。

纯净水，是现代科学进步的产品，采用多层过滤和超滤、反渗透技术，可以将一般的饮用水变成不含有任何杂质的纯净水，并使水的酸碱度达到中性。用这种水泡茶，不仅因为其净度好、透明度高，沏出的茶汤晶莹透澈，而且香气滋味纯正，无异杂味，鲜醇爽口。除纯净水外，质地优良的瓶装矿泉水也是较好的泡茶用水。

庐山康王谷的谷帘泉

SUNDAY. JAN 26，2025

2025 年 1 月 26 日

农历甲辰年 · 腊月廿七

1月26日

星期日

今日生命叙事

早起____点，午休____点，晚安____点，体温____，体重____，走步____

今日喝茶：绿□　白□　黄□　青□　红□　黑□　花茶□

正能量的我

茶联·迎春

无联不成春，有联春更浓。茶联的出现，至迟在宋代。古今经典茶联，适春天（佳节）茶室选用。

芳茶冠六清，溢味播九区。（晋·张载）
泛花邀坐客，代饮引清言。（唐·颜真卿）
檐前新燕覆残花，席上余杯对早茶。（唐·白居易）
青灯耿窗户，设茗听雪落。（宋·陆游）
黄金碾畔绿尘飞，碧玉瓯中翠涛起。（宋·范仲淹）
小石冷泉留翠味，紫泥新品泛春华。（宋·梅尧臣）
茶甘酒美汲双井，鱼肥稻香派百泉。（宋·黄庭坚）
茶鼎夜烹千古雪，花影晨动九天风。（元·黄镇成）
媚春光草草花花，惹风声盼盼茶茶。（元·张可久）
待到春风二三月，石炉敲火试新茶。（明·魏时敏）
春风修禊忆江南，洒榼茶炉共一担。（明·唐寅）
寒灯新茗月同煎，浅瓯吹雪试新茶。（明·文征明）
水汲龙脑液，茶烹雀舌春。（明·童汉臣）
拣茶为款同心友，筑室因藏善本书。（清·张延济）
雷文古泉八九个，日铸新茶三两瓯。（清·郑板桥）
竹雨松风琴韵，茶烟梧月书声。（清·溥山）
半壁山房待明月，一盏清茗酬知音。（清·佚名）
赏墨韵群贤毕至，品茶香少长咸集。（清·佚名）
竹无俗韵，茗有奇香。（清·佚名）

迎春茶联

MONDAY. JAN 27，2025

2025 年 1 月 27 日

农历甲辰年 · 腊月廿八

1月27日 星期一

今日生命叙事

早起___点，午休___点，晚安___点，体温___，体重___，走步___

今日喝茶：绿□ 白□ 黄□ 青□ 红□ 黑□ 花茶□

正能量的我

节日和茶·除夕

中国农历年的最后一天，称为除夕。除，即去除之意；夕，指夜晚。除夕也叫大年三十，它与新年第一天——春节（正月初一）尾首相连，是辞旧迎新、万象更新的节日，是中国最重要的传统节日之一。

据《吕氏春秋·季冬记》记载，古人在新年的前一天，用击鼓的方法来驱逐“疫疠之鬼”，这就是除夕的由来。最早提及“除夕”这一名称的是西晋周处的《风土记》。

两晋之后，逐渐兴起了以茶待客、以茶为祭的文化。古代以茶为祭的形式有三：只供上茶盅、茶壶，不放茶叶；茶盅、茶碗中盛茶水；只供奉干茶叶。除夕，传统的家庭会奉祀茶，为“三茶”（三杯茶水），每日早晚献供上新茶。除夕夜恭敬供茶，上元夜（元宵节）恭敬撤供。

明代唐寅《除夕口占》诗云：“柴米油盐酱醋茶，般般都在别人家。岁暮清淡无一事，竹堂寺里看梅花。”其实，无论是做客还是在自家，除夕的年夜饭和守岁都有饮用茶之习俗。

除夕氛围

TUESDAY. JAN 28，2025

2025 年 1 月 28 日

农历甲辰年 · 腊月廿九

1月28日

星期二

除夕

今日生命叙事

早起____点，午休____点，晚安____点，体温____，体重____，走步____

今日喝茶：绿☐ 白☐ 黄☐ 青☐ 红☐ 黑☐ 花茶☐

正能量的我

节日和茶·春节

春节的起源说中，较具代表性的有春节源于腊祭说、巫术仪式说、鬼节说等，其中被普遍接受的说法是春节从上古舜时兴起。传说舜继位，带领着部下人员，祭拜天地。之后，人们就把这一天当作岁首，后来成为农历新年，再后来叫春节。

如今，人们把春节定于农历正月初一，但一般至少要到正月十五（元宵节）后，农历新年才算结束。在民间，传统意义上的春节是指从腊月的腊祭或腊月廿三（或腊月廿四）的祭灶，一直到正月十九（燕九节）。在春节期间，人们要举行各种庆祝活动。这些活动均以祭祀祖神、祭奠祖先、除旧布新、迎禧接福、祈求丰年为主要内容，形式丰富多彩，带有浓郁的民族特色、地方特色。

在春节期间，以茶祭祀、以茶奉礼、以茶待客、以茶养生、以茶习艺、以茶聚雅、以茶添趣等，是中国优秀传统文化的一部分。这不但是每家每户的家常事，爱茶人更是到了“无茶则滞”“无茶心生尘”的程度。

春节饮茶，宜采用撮泡茶的瀹泡法，即煮茗（煮泡），从绿茶、黄茶、白茶、乌龙茶（青茶）、红茶、黑茶六大类之中，选3类（3款茶叶，大约各为1/3），茶水比为1∶100，茶叶与水装入同一个壶中（大号玻璃煮水壶），放在陶磁炉上煮茶。第一壶茶，水煮开后即可饮；随后每壶水煮开后多煮5分钟，再饮。

初一拜年茶和茶点

WEDNESDAY. JAN 29，2025

2025 年 1 月 29 日

农历乙巳年 · 正月初一

1月29日

星期三

春节

今日生命叙事

早起____点，午休____点，晚安____点，体温____，体重____，走步____

今日喝茶：绿□ 白□ 黄□ 青□ 红□ 黑□ 花茶□

正能量的我

古代雅集·梁苑之游

中国古代最早的雅集活动，是“梁苑之游”。

西汉很多王侯热衷于延揽文士，犹以梁孝王刘武最为著名。他是汉景帝胞弟，又得窦太后疼爱。刘武建有一处私家园林（旧址在今河南省商丘市东，现址有河南省商丘市梁园），叫“梁苑”，也叫“梁园”。梁苑，集离宫、亭台、山水、奇花异草、珍禽异兽、陵园为一体，是供游猎、狩猎、娱乐等多功能的苑囿，“筑城三十里”。雅好文翰的梁孝王，广泛结交当时的文人名士，如司马相如、枚乘、邹阳等皆为其座上宾客，许多人长期居住园内，乐而忘返，梁苑因此而闻名。唐朝诗人李白有诗云：“一朝去京国，十载客梁园”，用的就是这个典故。陆羽《茶经》的《茶之饮》篇记载“司马相如……之徒，皆饮焉”；汉景帝阳陵的葬坑随葬品中发现了茶叶植物标本。不难得出结论，在“梁苑之游”中吃茶也是一桩雅事。

清代宫廷画家袁江，他绘画的题材多为古代历史上著名的宫阙殿宇和民间传说中的阆苑琼楼。他的《梁园飞雪图》题款：“梁园飞雪，庚子徂暑，邗上袁江画。”此图描绘冬天雪景中的梁园：豪华的筵宴，殿堂中灯火通明，人来人往，推杯换盏，在雪片纷纷扬扬中，别有一番景致。

清袁江绘西汉《梁园飞雪图》（局部）

THURSDAY. JAN 30，2025

2025 年 1 月 30 日

农历乙巳年 · 正月初二

1月30日

星期四

今日生命叙事

早起___点，午休___点，晚安___点，体温___，体重___，走步___

今日喝茶：绿□　白□　黄□　青□　红□　黑□　花茶□

正能量的我

古代雅集·延福宫曲宴

延福宫

寒冬腊月里，宋代宫廷也热衷于举行茶宴雅集，最著名的是宋徽宗亲自参加的在延福宫举行的曲宴，时间就在除夕（腊月三十）。

据宋代李邦彦《延福宫曲宴记》一文记载，曲宴上，宋徽宗亲自用茶勺，将粉末茶盛入建盏，执壶将沸水冲入，用茶筅快速击拂，使之产生沫饽。接着，宋徽宗把汤茶分赐诸臣，以示“这是我亲手施予的好茶”。此举使得饮茶的大臣受宠若惊，在喝前及喝完茶之后，纷纷叩首，感谢皇恩。

曲，意指深隐之处。曲宴，即禁中之宴，犹言私宴，指古代宫廷赐宴的一种。其特别之处就在于无事而宴，时间、地点不固定，席上常有赏花、赋诗等活动，参加的人员主要是宗室成员、外国使臣以及近密臣僚。曲宴是一种高档的休闲方式，从汉代到清代，不断发展变化，而在宋代最为兴盛也最典型，多为辽、金所模仿。

FRIDAY. JAN 31，2025

2025 年 1 月 31 日

农历乙巳年 · 正月初三

1月31日 星期五

今日生命叙事

早起____点，午休____点，晚安____点，体温____，体重____，走步____

今日喝茶：绿□　白□　黄□　青□　红□　黑□　花茶□

正能量的我

古代雅集 · 重华宫茶宴

据记载，清代乾隆皇帝在紫禁城的重华宫举行茶宴 60 多次。最著名的是每年正月初一后第三天举行的春节茶宴，由乾隆亲点能赋诗的文武大臣参加，最初仅 12 人，后增至 18 人，寓“十八学士登瀛洲”之意，后又增至 20 多人。

茶宴开始，乾隆升座，出席的文武大臣两人一侧共用一张茶几，喝的是雪水烹茶，“沃梅花、佛手、松实，啜之，名曰三清茶”（三清茶，以龙井茶打底，加之以梅花、佛手、松子一起冲泡），配有果盒。

茶宴间，有联句和诗、词、赋的题目，多是歌功颂德记乾隆盛世之类，会预先告知。皇帝的御制诗、韵脚，则是出席者入座前才知悉。茶宴中，大臣做成诗就可以呈给皇帝，先呈先阅，不像考试要待汇总收齐后呈阅。呈有和诗者，都能得到颁赏珍物，领者叩首谢恩，宴散后亲手捧奉赐物出宫。赐物以小荷囊为最重，谢恩时就悬在衣襟，以示受到皇上恩宠。

重华宫茶宴场地之一

SATURDAY. FEB 1，2025

2025 年 2 月 1 日

农历乙巳年 · 正月初四

2月1日

今日生命叙事

早起____点，午休____点，晚安____点，体温____，体重____，走步____

今日喝茶：绿□　白□　黄□　青□　红□　黑□　花茶□

正能量的我

茶谱系 · 福州茉莉花茶

福州茉莉花茶，再加工茶（细分为窨香花果茶），产地在福建省福州市，创制于清代，为历史名茶。

福州是中国较早引种茉莉的地区和茉莉花茶发源地。南宋出现茉莉熏茶，明代茉莉花茶窨制技术初步形成，清咸丰年间开始有茉莉花茶大批量商品性生产。

福州茉莉花茶选用榕春早、鼓山菜茶、罗源七境菜茶、福云6号、福云7号等适制烘青绿茶的优良品种茶树鲜叶，按标准适时采摘，采取“提手采”方法。鲜叶采摘标准是1芽2～3叶及幼嫩的对夹叶，保持芽叶完整、新鲜、匀净，不夹带鳞片、茶果与老枝叶。采下的茶叶，用竹编网眼茶篮或篓筐盛装，并及时运抵茶厂。福州茉莉花原料主要选自福州市辖区市县近20万亩有机茉莉花园。

福州茉莉花茶制作工序：烘青毛茶初制（鲜叶、杀青、揉捻、干燥、烘青）、毛茶精制（选配毛茶原料、筛分、切断、风选、拣剔、干燥）、窨制（茶坯处理、鲜花养护、窨花拌和、通花、收堆复窨、起花、烘焙、提花）、匀堆装箱。

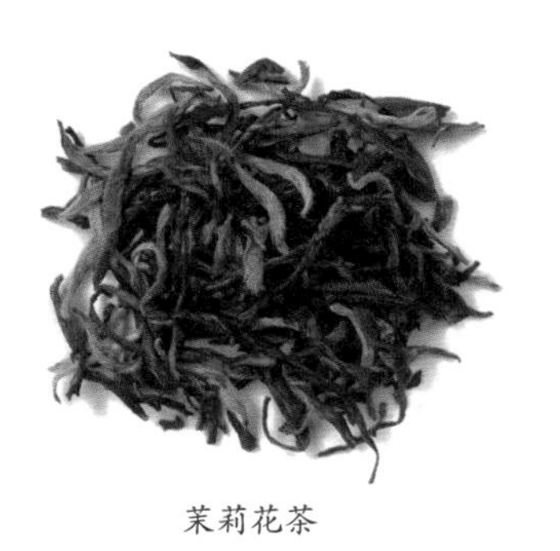

茉莉花茶

福州茉莉花茶按窨花技术从一窨至九窨一提层层递进；按茶坯外形分为螺形、条索形、针形、叶珠形、芽珠形、环形、麦穗形。其主要品种有茉莉银针、茉莉大白毫、茉莉银毫、茉莉春毫、茉莉龙珠。

SUNDAY. FEB 2，2025

2025 年 2 月 2 日

农历乙巳年 · 正月初五

2月2日 星期日

今日生命叙事

早起___点，午休___点，晚安___点，体温___，体重___，走步___

今日喝茶：绿□ 白□ 黄□ 青□ 红□ 黑□ 花茶□

正能量的我

茶和节气·立春

东风解冻蛰虫振，祭灶春联灯笼醒。
迎春樱桃望春花，鞭春芒神咬春饼。
团聚一脉好家风，相守今生鱼水情。
银壶煮水闹三江，万家灯火是天明。

立春·迎春花

立春是农历二十四节气的首个节气。立春，季节类节气，表示春季的开始。立有见、开始的意思。农历从立春当日一直到立夏前这段时间，都被称为春天。农谚有“一年之计在于春”。

立春物候：初候东风解冻，花信风迎春；二候蛰虫始振，花信风樱桃；三候鱼陟负冰，花信风望春。

立春时，尽管茶树还处在冬眠中，天寒地冻茶树不长芽，但随着人们活动增多，饮茶也更频繁。

立春节气里，喝什么茶？立春生气盛旺，此时要助肾补肺，养胃气，忌怒护肝，养阳之生气，适宜多饮茉莉花茶，但体内有热毒者不宜饮用。此节气适合饮用的可选茶有：红茶、绿茶、黑茶（普洱熟茶、金尖、六堡茶、砖茶，均 5 年以上）、白茶（白毫银针、白牡丹、寿眉，均 3 年以上）。

MONDAY. FEB 3, 2025

2025 年 2 月 3 日

农历乙巳年 · 正月初六

2月3日 星期一

立春

今日生命叙事

早起___点，午休___点，晚安___点，体温___，体重___，走步___

今日喝茶：绿□　白□　黄□　青□　红□　黑□　花茶□

正能量的我

八方茶席·琴与茶

在中国古代传说中是上古时的神农创制了五弦琴、发现了茶。汉代《史记》载，琴的出现不晚于尧舜时期；唐代《茶经》载，茶者“闻于鲁周公”。琴与茶，都是中华文化的瑰宝，底蕴深厚，相佐相通。携琴访友，抚琴品茗，陶冶情操，寄寓凌风傲骨，沉醉超凡脱俗……唐代诗人白居易诗《琴茶》传佳句“琴里知闻唯渌水，茶中故旧是蒙顶山”。

自古善琴者通达从容，好山巅煮茶，任茶烟飞霄。弹指一曲发自心，情传出，何处有知音？弦下松涛诉古今，风尘里，难觅是知音。笑傲江湖任我心，逍遥吟，山水是知音。

琴·唐周昉《调琴啜茗图》(局部)

TUESDAY. FEB 4，2025

2025 年 2 月 4 日

农历乙巳年 · 正月初七

2月4日 星期二

今日生命叙事

早起___点，午休___点，晚安___点，体温___，体重___，走步___

今日喝茶：绿□　白□　黄□　青□　红□　黑□　花茶□

正能量的我

八方茶席 · 棋与茶

中国古代传说中，围棋起源于尧舜以棋教子。晋代《博物志》中说，“尧造围棋教子”。读《左传》《论语》《孟子》便知，围棋在中国古代的春秋战国时期已经广为流传。西汉“梁苑之游”，三国时期“邺下雅集”，均好弈。棋与茶，都是中华文化的瑰宝，底蕴深厚，相佐相通。一局棋，方寸之地，黑白分明，庸人争地，高手悟道，人生如棋，乐在棋中；一杯茶，清香幽雅，浅尝苦涩，回味甘甜，红尘百味，尽在茶中！爱好品茶、弈棋的唐代诗人杜牧在《送国棋王逢》诗中吟：“玉子纹楸一路饶，最宜檐雨竹萧萧。”唱的是弈棋亦是品茗的佳境。

自古善棋者筹谋睿智，无不是“棋子轻敲，清茶细品”“宝鼎茶闲烟尚绿，幽窗棋罢指犹凉”。百战千回子落奇，施谋略，方寸推演局。黑白相交藏玄机，险中求，苦战日落西。颠倒苍生亦是棋，同为子，何必论高低。

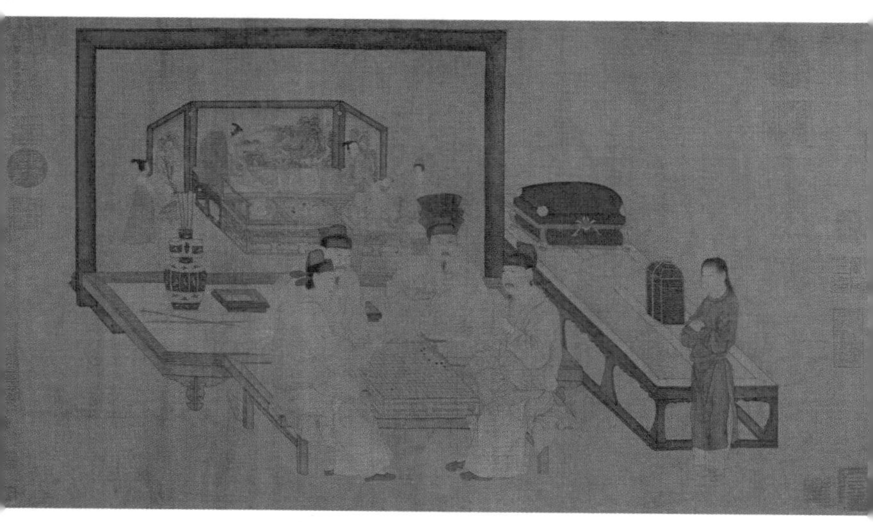

棋 · 五代周文矩《重屏会棋图》

WEDNESDAY. FEB 5，2025

2025 年 2 月 5 日

农历乙巳年 · 正月初八

2月5日

星期三

今日生命叙事

早起____点，午休____点，晚安____点，体温____，体重____，走步____

今日喝茶：绿□　白□　黄□　青□　红□　黑□　花茶□

正能量的我

八方茶席·书法与茶

汉字书法是汉字的书写艺术，根植于中华传统文化土壤，闪耀着中国古代文人的智慧光芒。从象形文字到甲骨文，商周、春秋还有汉代的竹简，魏晋的新书体，唐代楷书的法度，宋人尚意，元明则尚态，清代的碑帖之争……书法与茶，都饱含着精、气、神。从唐代起，茶书法便成了茶文化的重要内容。“几粒绿芽，惹来云间诗思；一方茶桌，赢得笔底风流”。

自古善书法者至情至性，更有志士“一点一画，支起中国脊梁；一提一按，激发民族脉动”。挥戈铁笔剑气舒，回顾处，拾翠步摇珠。铺纸煮茶备有盅，磨研墨，笔动似游鱼。泼墨挥毫洒丽珠，境意余，隽永雅士儒。

书法·唐颜真卿勤礼碑里的“德”

THURSDAY. FEB 6，2025

2025 年 2 月 6 日

农历乙巳年 · 正月初九

2月6日

星期四

今日生命叙事

早起____点，午休____点，晚安____点，体温____，体重____，走步____

今日喝茶：绿☐　白☐　黄☐　青☐　红☐　黑☐　花茶☐

正能量的我

八方茶席·画与茶

琴棋书画，是中国古代传统文化中的“四艺”。中国画，简称国画，古代无确定名称，一般称之为丹青。国画历史悠久，宋代前绘图在绢上，题材多见王宫贵族；宋元后，推广纸材，兴士大夫文人画，技法多元，在画作上题诗，为“书画同源”之始；明代后，绘画成为市民生活的一部分。国画题材多为山水、花鸟及人物一类。画与茶，都象征和宣彰着淡泊宁静的隐逸生活，纯正敦厚的君子之风，清高坚贞的人格精神。

自古善画者追求至善至美，美轮美奂，“以茶入画，以画释茶”。世代丹青有大家，虫鱼鸟，竹菊岁寒花。笔动山川乾坤大，妙笔下，更生灵秀花。锦绣河山藏笔下，墨彩间，风情传万家。

画·宋马远山水图

FRIDAY. FEB 7，2025

2025 年 2 月 7 日

农历乙巳年 · 正月初十

2月7日

星期五

今日生命叙事

早起____点，午休____点，晚安____点，体温____，体重____，走步____

今日喝茶：绿□　白□　黄□　青□　红□　黑□　花茶□

正能量的我

八方茶席 · 诗与茶

诗是“心志的流露”。《诗经》，是中国古代诗歌开端，是中国第一部诗歌总集，收集了西周初年至春秋中期的诗歌。中国古代不合乐的称为诗，合乐的称为歌。中国是茶的故乡，中国是诗的家园，茶早已流淌在《诗经》中。诗与茶，诗言志，茶明志。诗与茶的岁月，品吟的是风韵、风格、风度、风采，更是风骨。

自古善诗者韵至心声，谈话是诗，举动是诗，毕生历程都是诗。仄韵律声赋藻辞，灵言志，更显巧心思。闲赋暇吟心自痴，落笔处，轻收幽雅思。奔放委婉云水间，皆言志，风骨汉魏碑。

诗 · 宋画幅上部题诗句“山含秋色近，燕渡夕阳迟”为宋理宗所书

SATURDAY. FEB 8，2025

2025 年 2 月 8 日

农历乙巳年 · 正月十一

2月8日

今日生命叙事

早起____点，午休____点，晚安____点，体温____，体重____，走步____

今日喝茶：绿□　白□　黄□　青□　红□　黑□　花茶□

正能量的我

八方茶席 · 酒与茶

中国是世界上最早酿酒的国家之一。自夏之后，经商周，历秦汉，至唐宋，皆是以果实粮食蒸煮，加曲发酵，压榨后才出酒。中国是世界第六大葡萄酒产区。史载汉武帝时期张骞出使西域归来带回葡萄种，葡萄种植和酿酒技艺在中国开始了规模发展。山径摘果春酿酒，竹窗留月夜品茶。酒与茶，结伴而来，相拥而去。酒暖心，茶醒神。酒可以解愁，茶可以清心。浅杯茶，满杯酒。无酒何宴席，有茶是敬意。“万丈红尘三杯酒，千秋大业一壶茶”“淡酒邀明月，香茶迎故人”，家国情怀和人生起落，均在其中。“茶的含蓄内敛和酒的热烈奔放代表了品味生命、解读世界的两种不同方式。但是，茶和酒并不是不可兼容的，既可以酒逢知己千杯少，也可以品茶品味品人生”。

自古善酒者情逢知己，古有云：“茶为忘忧子，酒为忘忧君。”与尔同销万古愁，杯斟满，莫教泪空流。举杯豪饮诗百首，论英雄，煮酒说曹刘。畅饮一壶杜康酒，江湖上，笑傲天涯走。

酒 · 元赵孟頫《兰亭修禊》画卷中的酒

SUNDAY. FEB 9，2025

2025 年 2 月 9 日

农历乙巳年 · 正月十二

2月9日

星期日

今日生命叙事

早起____点，午休____点，晚安____点，体温____，体重____，走步____

今日喝茶：绿□　白□　黄□　青□　红□　黑□　花茶□

正能量的我

八方茶席 · 花与茶

古代的“花”字，从甲骨文、金文到小篆，就像一棵开满花的树，下面有根；从隶书开始，才变成了我们今天看到的，上面是“草”字头，下边是变化的“化”，表示草丛中的花儿。花与茶，花是大自然的笑脸，茶是大自然的信笺。花茶，是花与茶的又一完美结合，它是六大茶类中的某一类茶与花的再加工茶，有花的香，亦有茶的醇。花有花语，茶有茶言，衍生出茶艺插花，是花与茶的佳境组合。“品茗谈大地，赏花语人生。”唐代吕温《茶宴序》就记载了茶宴上赏花的雅趣。明代《瓶史》主张烹茶插花，插花品茗，花茶交映。

自古善花者品性怡然，古诗有“芳香清意府，碧绿净心源”。山间桥边萼绿华，随风起，辛苦赴天涯。晓汲清昏到日斜，千愁遣，闭月羞流花。难觅归鸿暮霭霞，百合野，绮丽立天涯。

花 · 宋徽宗《听琴图》中仿古铜鼎蓄花

MONDAY. FEB 10, 2025

2025 年 2 月 10 日

农历乙巳年 · 正月十三

2月10日 星期一

今日生命叙事

早起____点，午休____点，晚安____点，体温____，体重____，走步____

今日喝茶：绿☐ 白☐ 黄☐ 青☐ 红☐ 黑☐ 花茶☐

正能量的我

八方茶席·香与茶

香·元王振朋《伯牙鼓琴图》中有焚香

闻香品茗，自古就是文人雅集不可或缺的内容，熏烧香料可以辅助茶事。春秋战国时期，中国人对香料植物已经有了广泛的利用。其使用方法已非常多样，有熏烧、佩戴、煮汤、熬膏、入酒等。人们对香木香草不仅取之用之，而且歌之咏之，托之寓之，如屈原《离骚》中就有很多精彩的咏叹。秦汉时期，丝绸之路活跃，沉香、苏合香、鸡舌香传入中国。宋人“四雅”为挂画、插花、焚香、煮茶。香与茶，均为人之尚品。香品清、甘、温、烈、媚，茶品清、幽、甘、柔、浓、烈、逸、冷、真。

自古善香者雅致逸韵，“当斯会心境界”。纤指轻扶博山炉，众家聚，香茗谢知己。心沐清香挥逐忧，芬芳烈，千里望清秋。甘温烈媚轻舞时，飞花影，绽笑梅花枝。

TUESDAY. FEB 11, 2025

2025 年 2 月 11 日

农历乙巳年 · 正月十四

2月11日 星期二

今日生命叙事

早起____点，午休____点，晚安____点，体温____，体重____，走步____

今日喝茶：绿□　白□　黄□　青□　红□　黑□　花茶□

正能量的我

节日和茶·元宵节

正月是农历的元月，古人称“夜”为“宵”，所以把一年中第一个月圆之夜（正月十五）称为元宵。元宵节始于汉代，又叫灯节、上元节，汉文帝时期开始把正月十五定为元宵节。汉武帝采纳司马迁提议改定历法启用《太初历》，又确定元宵节为重大节日。元宵节传统习俗包括出门赏月、燃灯放烟花、聚猜灯谜、共吃元宵、拉兔子灯等。此外，不少地方元宵节还有耍龙灯、耍狮子、踩高跷、划旱船、扭秧歌、打太平鼓等传统民俗表演。

元宵节时，家家户户必吃元宵。元宵俗称汤圆、汤团、圆子或团子，南方人还其称为水圆、浮圆子。元宵好吃，但过于甜腻又不易消化，吃元宵喝茶就如同“茶哥米弟”，少不了搭配在一起。

“共吃元宵”的配茶，颇有讲究。芒果、蓝莓、菠萝、山楂等水果馅的元宵，就适宜选择红茶、茉莉花茶；黑芝麻、花生、五仁加糖、巧克力类馅料的元宵，就适宜选择普洱熟茶、六堡茶；菠菜、鲜肉等馅料的元宵，就适宜选择绿茶、白茶。宜在吃过元宵后，再冲泡和饮用茶。

元宵和茶

WEDNESDAY. FEB 12, 2025

2025 年 2 月 12 日

农历乙巳年 · 正月十五

2月12日

星期三

元宵节

今日生命叙事

早起___点，午休___点，晚安___点，体温___，体重___，走步___

今日喝茶：绿□　白□　黄□　青□　红□　黑□　花茶□

正能量的我

茶游艺·啜茶·茶联句

啜茶联句，是以茶为内容的续诗接龙活动，三五诗友促膝围坐，围绕一个茶的题材联唱续成茶诗，续不上诗者当场受罚。该活动始于唐代，由茶宴派生，是有记载的历史上最早的茶游艺形式。

唐代颜真卿为首的“湖州文人群”（在唐大历年间，规模大，成员多达 41 人），常常在湖州古城西南的杼山一带举办雅集，以联句来游戏消遣，如《五言月夜啜茶联句》《五言夜宴咏灯联句》等。

最负盛名的《五言月夜啜茶联句》，整首联句，由七句诗组成，虽题为啜茶，句中却只字未提“茶”字，但浸透着唐代夜空上那皎洁的月光和那流淌在茗盏中的茶香与诗意，映照了六位文人在月下啜茗吟诗的生活剪影。六位文人是颜真卿、陆士修、张荐、李萼、崔万、皎然。他们在这次品茗行令中，创作出了这首脍炙人口的五言联句茶诗。诗曰：

泛花邀坐客，代饮引情言。（陆士修）
醒酒宜华席，留僧想独园。（张荐）
不须攀月桂，何假树庭萱。（李萼）
御史秋风劲，尚书北斗尊。（崔万）
流华净肌骨，疏瀹涤心原。（颜真卿）
不似春醪醉，何辞绿菽繁。（皎然）
素瓷传静夜，芳气满闲轩。（陆士修）

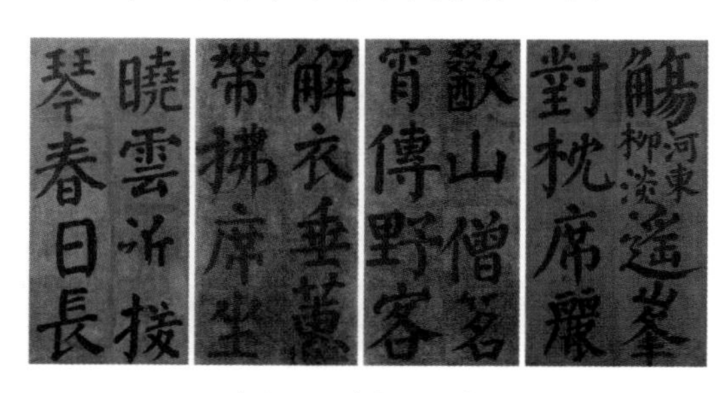

唐代名仕茶会联句遗存

THURSDAY. FEB 13，2025

2025 年 2 月 13 日

2月13日

星期四

农历乙巳年 · 正月十六

今日生命叙事

早起____点，午休____点，晚安____点，体温____，体重____，走步____

今日喝茶：绿□　白□　黄□　青□　红□　黑□　花茶□

正能量的我

茶游艺·斗茶·斗茶品

斗茶品

斗茶源于唐，而盛于宋。斗茶，包括斗茶品、斗茶令、茶百戏。斗茶起源于唐代建州，《云仙杂记》载："建人谓斗茶为茗战。"在唐代，斗茶也称为茗战。

宋代斗茶之初，乃是"二三人聚集一起，煮水烹茶，对斗品论长道短，决出品次"（见宋代唐庚《斗茶记》）。古人斗茶，后发展到每逢清明，新茶初上，或十几人，或五六人，大多为一些名流雅士，还有店铺的老板，街坊亦争相围观，像现代看球赛一样热闹。斗茶者各取所藏好茶，轮流烹煮，相互品评，以分高下。

斗茶品，以茶"新"为贵，斗茶用水以"活"为上。一斗汤色，二斗水痕。首先，看茶汤色泽是否鲜白，纯白者为胜，青白、灰白、黄白为负。汤色能反映茶的采制技艺：茶汤纯白，表明采茶肥嫩，制作恰到好处；色偏青，说明蒸茶火候不足；色泛灰，说明蒸茶火候已过；色泛黄，说明采制不及时；色泛红，说明烘焙过了火候。其次，看汤花持续时间长短。宋代主要饮用团饼茶，调制时先将茶饼烤炙碾细，然后烧水煎煮。如果碾研细腻，点茶、点汤、击拂都恰到好处，汤花就匀细，可以紧咬盏沿，久聚不散，这种最佳效果名曰"咬盏"。

点茶、点汤，指茶、汤的调制，即茶汤煎煮沏泡技艺。点汤的同时，用茶筅旋转击打和拂动茶盏中的茶汤，使之泛起汤花，称为"击拂"。反之，若汤花不能咬盏，而是很快散开，汤与盏相接的地方立即露出水痕，就输定了。水痕出现的早晚，是茶汤优劣的依据。斗茶以水痕晚出为胜，早出为负。

有时，茶质虽略次于对方，但用水得当，也能取胜。所以斗茶需要了解茶性、水质及煎后效果，不能盲目而行。

FRIDAY. FEB 14, 2025

2025年2月14日

农历乙巳年·正月十七

2月14日

星期五

今日生命叙事

早起____点，午休____点，晚安____点，体温____，体重____，走步____

今日喝茶：绿☐　白☐　黄☐　青☐　红☐　黑☐　花茶☐

正能量的我

茶游艺 · 斗茶 · 斗茶令

斗茶令，即古人在斗茶时行的茶令。行茶令所举故事及吟诗作赋，皆与茶有关。茶令如同酒令，用以助兴增趣。茶令，也是茶会时的游戏，最早出现在宋代，它是宋代斗茶兴盛的产物。由一人作令官，令在座者如令行事，失误者受罚。茶令最知名的推动者当属婉约派词人李清照。李清照、赵明诚夫妇经常以诗词唱和，在“酒阑更喜团茶苦”的生活中，李清照更喜欢饮茶行令。她在《金石录后序》中具体描述了这种生活：“余性偶强记，每饭罢，坐归来堂，烹茶，指堆积书史，言某事在某书、某卷、第几页、第几行，以中否决胜负，为饮茶先后。中即举杯大笑，至茶倾覆杯中，反不得饮而起。”这个关于茶令的典故，因为被清人纳兰性德在《浣溪沙 · 谁念西风独自凉》中以“赌书消得泼茶香”的咏唱而广为流传。

南宋时期，还有一位茶令迷，他就是南宋龙图阁学士王十朋。他在《万季梁和诗留别再用前韵》中写有“搜我肺肠著茶令”，并自注曰：“余归与诸子讲茶令，每会茶，指一物为题，各举故事，不通者罚。”

茶令

SATURDAY. FEB 15，2025

2025 年 2 月 15 日

农历乙巳年 · 正月十八

2月15日 星期六

今日生命叙事

早起____点，午休____点，晚安____点，体温____，体重____，走步____

今日喝茶：绿☐　白☐　黄☐　青☐　红☐　黑☐　花茶☐

正能量的我

茶游艺 · 斗茶 · 茶百戏

茶百戏这种茶游艺，大约始于北宋初年。北宋初年人陶谷在《荈茗录》中说："茶至唐始盛，近世有下汤运匕，别施妙诀，使汤纹水脉成物象者。禽兽虫鱼花草之属，纤巧如画，但须臾即散灭。此茶之变也，时人谓茶百戏。"陶谷所述茶百戏便是后来的分茶，玩法是一样的，玩时"碾茶为末，注之以汤，以筅击拂"。此时，盏面上的汤纹水脉会变幻出种种图样，若出水云雾，状花鸟虫鱼，恰如一幅幅水墨图画，故也有称为水丹青的。据说，当时有位佛门弟子叫福全，此人精于分茶，有通神之艺，能着水汤变幻成一句诗，若同时点四瓯，可变幻成一绝句，至于变幻一些花草鱼虫之类，唾手可得。因此，常有施主上门求观，福全颇有点自负，曾自咏："生成盏里水丹青，巧尽工夫学不成。却笑当时陆鸿渐，煎茶赢得好名声。"

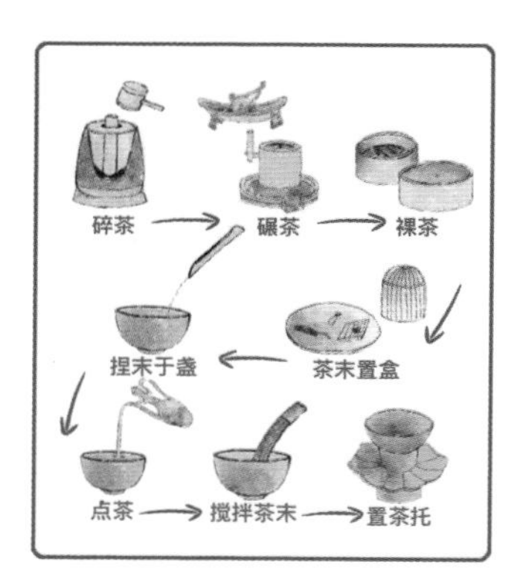

茶百戏流程

茶百戏

茶百戏是斗茶中最为高深的茶游艺，在宋代流传的范围比较小，一般只流行于宫廷和士大夫阶层。有人把茶百戏与琴、棋、书法并列，是士大夫喜爱与崇尚的一种文化活动。

宋人斗茶之风的兴起，与宋代的贡茶制度密不可分。民间向宫廷贡茶之前，即以斗茶的方式，评定茶叶的品级等次，胜者作为上品进贡。后来，斗茶就被分割出来，成为 3 项茶游艺（斗茶品、斗茶令、茶百戏）。

SUNDAY. FEB 16，2025

2025 年 2 月 16 日

农历乙巳年 · 正月十九

2月16日 星期日

今日生命叙事

早起____点，午休____点，晚安____点，体温____，体重____，走步____

今日喝茶：绿□　白□　黄□　青□　红□　黑□　花茶□

正能量的我

茶谱系 · 霞浦元宵茶

霞浦元宵茶，绿茶类（细分为炒青绿茶），原名福宁元宵绿，产于福建省宁德市霞浦县莲花山，主产区为霞浦县大京半岛茶场。20 世纪 70 年代末，在元宵节前研制成功，创我国元宵节可饮新茶的先例，此茶故名“福宁元宵绿”，2000 年起称“霞浦元宵茶”。

霞浦元宵茶的制茶鲜叶于正月十五采摘（最早在正月初二、初三采摘）。采用霞浦县崇儒乡后溪岭村春分茶（早在 1935 年，崇儒乡后溪岭村民在洞凤山脉东麓的茶树中发现一株特早芽茶树，后采用分株法繁殖 2000 多株，取名“春分茶”）群体品种中采用单株选种法育成的茶树鲜叶为原料，鲜叶的采摘标准是 1 芽 1 叶、1 芽 2 叶初展，要求优质芽叶。制茶工序是摊放、杀青、摊凉、辉干、分筛、整形。

霞浦元宵茶成品茶叶条索扁平光滑，尖削挺直，色泽银绿隐翠；内质汤色黄绿清明，香高味醇，鲜爽生津；叶底黄绿明亮。

冲泡霞浦元宵茶时，可每人选用一只容量 130 毫升的盖碗作为泡具和饮具，茶水比为 1∶50，投茶量 2 克，水 100 克（毫升），泡茶水温宜水烧开后降温至 85 ~ 90℃。主要冲泡步骤：温茶碗内凹，投入茶叶后，采用环圈注水法注水，水量达到茶碗八分满后，盖上茶盖。当茶碗中茶汤的水温降至适口温度时，趁热品饮。如觉茶汤淡，可用茶盖拨动茶叶使其翻滚后再品饮。

元宵茶

MONDAY. FEB 17，2025

2025 年 2 月 17 日

农历乙巳年 · 正月二十

2月17日 星期一

今日生命叙事

早起____点，午休____点，晚安____点，体温____，体重____，走步____

今日喝茶：绿☐　白☐　黄☐　青☐　红☐　黑☐　花茶☐

正能量的我

茶和节气·雨水

天地遇水接春情，元宵灯新填仓盈。
伊啊一啊鸿雁北，祸兮福兮茶树萌。
丝丝微雨润无声，缕缕茶烟气象鼎。
谁家日日月华圆，唯有哲人心中明。

雨水·樱花

雨水是农历每年二十四节气中的第 2 个节气。雨水，降水类节气，表示降雨开始或雨量渐增。雨水节气到来，气温回升，冰雪融化，空气湿润，毛毛细雨浸润大地，呈现欣欣向荣的景象。雨水节气中的“雨”主要指“遇”水。农谚有“春雨贵如油”。

雨水物候：初候獭祭鱼，花信风菜花；二候鸿雁北，花信风杏花；三候草木萌动，花信风李花。

雨水、惊蛰、春分都是种植茶树的好时节。茶谚语有“雨水春分，种茶伸根”，“正月栽茶用手捺，二月栽茶用脚踏，三月栽茶用锄夯也夯不活”“公惜孙，茶惜根”。

虽然，雨水节气里，嘉木灵芽借水而发，会有茶农因自用而零星采摘的雨水茶，但这些不是通常所指的雨前茶。

雨水节气里，喝什么茶？雨水，乍暖还寒，湿气重和风寒是这个节气的主要特点，寒湿之邪最易困着脾脏，要特别注意养护脾胃，保持肝气调和顺畅，预防感冒，可多饮用健脾行气之茶。此节气适宜饮黄茶、白茶（白毫银针、白牡丹、寿眉，均 3 年以上）、再加工茶（小青柑、茉莉花茶）、乌龙茶（凤凰单丛）和红茶。

TUESDAY. FEB 18，2025

2025 年 2 月 18 日

农历乙巳年 · 正月廿一

2月18日

星期二

雨水

今日生命叙事

早起____点，午休____点，晚安____点，体温____，体重____，走步____

今日喝茶：绿☐　白☐　黄☐　青☐　红☐　黑☐　花茶☐

正能量的我

茶范 · 清代茶范李渔

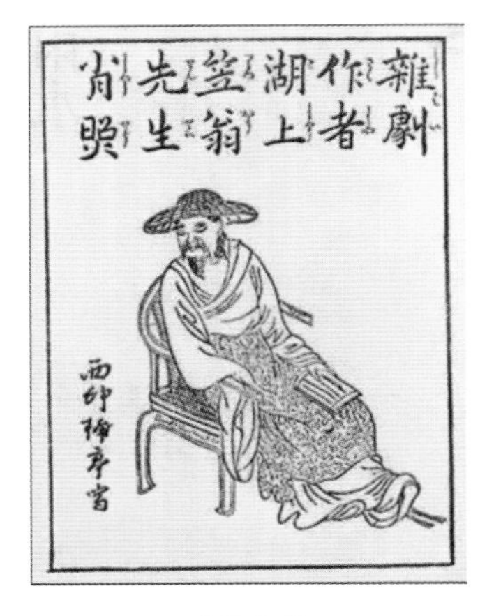

李渔画像

李渔，明末清初文学家、戏剧家、戏剧理论家、美学家。他建造了芥子园别业、伊山别业（即伊园）、层园，并开设书铺，编刻图籍，广交达官贵人、文坛名流。他曾设家戏班，到各地演出，创立了较为完善的戏剧理论体系，成为休闲文化的倡导者、文化产业的先行者，被后世誉为“中国戏剧理论始祖”“世界喜剧大师”。他一生著述500多万字，还批阅《三国志》，改定《金瓶梅》，倡编《芥子园画传》，有著作《笠翁对韵》，等等。

李渔是真茶客，对茶品、茶具、茶道等方面富有研究，还创作过以茶为题材的文学作品，并常将茶事作为展开故事情节的重要手段。李渔论饮茶，讲求艺术与实用的统一，《闲情偶寄》中记述了他的品茶经验和论述，对后人有很大的启发。

李渔以民间文人之身厉行清代文化艺术世俗化，他不但是清代有作为的茶人代表，也是推动清代茶德风气和茶美学走向的重要人物，还是影响清代社会茶德修行的突出典范。李渔称得上是清代茶范，他的茶魂带着清代的气象和自身的本性——融化。

WEDNESDAY. FEB 19，2025

2025 年 2 月 19 日

农历乙巳年·正月廿二

2月19日

星期三

今日生命叙事

早起___点，午休___点，晚安___点，体温___，体重___，走步___

今日喝茶：绿□　白□　黄□　青□　红□　黑□　花茶□

正能量的我

茶文艺·茶歌

茶歌是由茶叶生产、饮用这一主体文化，派生出来的一种茶文艺现象。

从现存的茶史资料来说，茶叶成为歌咏的内容，最早见于西晋孙楚的《出歌》，其称“姜桂荼出巴蜀”，这里的“荼”就是指茶。唐代诗人皮日休的《茶中杂咏序》“昔晋杜育有《荈赋》，季疵有《茶歌》”的记述，可见最早的茶歌可能是陆羽的《茶歌》，但可惜这首茶歌早已散佚。

如《尔雅》所说，“声比于琴瑟曰歌”，《韩诗章句》有“有章曲曰歌”。宋代，王观国《学林》、王十朋《会稽风俗赋》等作品中见“卢仝茶歌”或“卢仝谢孟谏议茶歌”。宋代由茶叶诗词而传为茶歌的情况较多，如熊蕃曾作10首《御苑采茶歌》。

茶歌的另一个来源是民谣，民谣经文人整理配曲后再返回民间。如明清时杭州富阳一带流传的《贡茶鲥鱼歌》。这首歌是明正德九年（1514年）韩邦奇根据《富阳谣》改编的。其歌词曰：“富阳山之茶，富阳江之鱼，茶香破我家，鱼肥卖我儿。采茶妇，捕鱼夫，官府拷掠无完肤。皇天本圣仁，此地亦何辜？鱼兮不出别县，茶兮不出别都。富阳山何日摧？富阳江何日枯？山摧茶已死，江枯鱼亦无。山不摧江不枯，吾民何以苏？！”歌词通过连串的问句，唱出了富阳地区采办贡茶和捕捉贡鱼令百姓遭受的侵扰和痛苦。

茶歌舞片段

茶歌还有一个来源是由茶农茶工自己创作的民歌和山歌。如清代流传在江西每年到武夷山采制茶叶的劳工唱的歌。除了江西、福建外，其他如浙江、湖南、湖北、四川各省的地方志中，也都有不少记载。这些茶歌，开始并未形成统一的曲调，后来孕育产生了专门的采茶歌，和山歌、盘歌、五更调、川江号子等并列，发展成为我国南方一种传统的民歌形式。

THURSDAY. FEB 20，2025

2025 年 2 月 20 日

农历乙巳年 · 正月廿三

2月20日

星期四

今日生命叙事

早起____点，午休____点，晚安____点，体温____，体重____，走步____

今日喝茶：绿□　白□　黄□　青□　红□　黑□　花茶□

正能量的我

茶文艺·采茶调

采茶调是采茶歌的约定俗成的曲调。采茶歌的最早记载见于晚唐五代的诗人韩偓《信笔》诗曰："柳密藏烟易，松长见日多。石崖觅芝叟，乡俗采茶歌。"

采茶调，起源于湖北黄梅一带，故此，人们称之为"黄梅采茶调"。清同治年间，江西何炳元曾作诗："拣得新茶倚绿窗，下河调子赛无双。为何不唱江南曲，尽作黄梅县里腔。"这里的"黄梅县里腔"指的就是黄梅采茶调，可见采茶调的传播之广，以及深受人们喜爱的情形。

采茶调是汉族的民歌曲调，在我国西南的一些少数民族中，也演化产生了不少诸如"打茶调""敬茶调""献茶调"等曲调。居住在滇西北的藏胞，劳动、生活时唱不同的民歌，如挤牛奶时唱"格格调"，结婚时会唱"结婚调"，宴会时会唱"敬酒调"，青年男女相会时唱"打茶调""爱情调"。居住在金沙江西岸的彝族支系白依人，旧时结婚第三天祭过门神开始正式宴请宾客时，吹唢呐的人，按照待客顺序，依次吹"迎宾调""敬茶调""敬烟调""上菜调"。这说明我国少数民族和汉族一样，不仅有茶歌，也形成了若干有关茶事的固定乐曲。

采茶调音乐剧片段

FRIDAY. FEB 21，2025

2025 年 2 月 21 日

2月21日

星期五

农历乙巳年·正月廿四

今日生命叙事

早起____点，午休____点，晚安____点，体温____，体重____，走步____

今日喝茶：绿□ 白□ 黄□ 青□ 红□ 黑□ 花茶□

正能量的我

茶文艺·采茶舞

采茶歌舞的记载最早见于明代王骥德《曲律》（1624 年初版），云："至北之滥，流而为《粉红莲》《银纽丝》《打枣杆》；南之滥，流而为吴之《山歌》，越之《采茶》诸小曲，不啻郑声，然各有其致。"从中可以看出，《采茶》在明代已经以民间小曲形式在浙东出现。至清代，采茶歌又逐步发展出采茶舞。清代李调元《粤东笔记》中记载："粤俗，岁之正月，饰儿童为彩女，每队十二人，人持花篮，篮中燃一宝灯，罩以绛纱，明为大圈，缘之踏歌，歌《十二月采茶》。"这说明以采茶为题材的歌舞早在 17 世纪时已见于我国南方各地。

流行于我国南方各地的"茶灯"或"采茶灯"，是汉族比较常见的一种民间舞蹈形式。茶灯，是福建、广西、江西和安徽"采茶灯"的简称。江西还有"茶篮灯"和"灯歌"；在湖南和湖北则称为"彩茶"和"茶歌"；在广西又称"壮采茶"和"唱茶舞"。采茶歌舞不仅各地名称不一，跳法也不同，一般是由一男一女或一男二女表演。舞者腰系的持一钱尺（鞭）作为扁担、锄头等，女的左手提茶篮，右手拿扇，边歌边舞，主要表现姑娘们在茶园的劳动生活。

除汉族和壮族的民间舞蹈茶灯外，我国有些民族盛行的歌舞往往也以敬茶和饮茶的茶事为主要内容，从一定角度看，也可以说是茶叶舞蹈。

采茶舞片段

SATURDAY. FEB 22，2025

2025 年 2 月 22 日

农历乙巳年 · 正月廿五

2月22日

星期六

今日生命叙事

早起____点，午休____点，晚安____点，体温____，体重____，走步____

今日喝茶：绿□　白□　黄□　青□　红□　黑□　花茶□

正能量的我

茶文艺 · 采茶戏

我国唯一从茶业发展产生的戏剧形式是采茶戏。

采茶戏，流行江西、湖北、湖南、安徽、福建、广东、广西等省（自治区、直辖市）。如广东的“粤北采戏”、湖北的“阳新采茶戏”“黄梅采茶戏”“蕲春采茶戏”，等等。这种戏以江西较普遍，剧种也多。如江西采茶戏的剧种，即有赣南采茶戏、抚州茶戏、南昌采茶戏、武宁采茶戏、赣东采茶戏、吉安采茶戏、景德镇采茶戏和宁都采茶戏等。这些剧种虽然名目繁多，但它们形成的时间大致都在清代中期至清代末年。

采茶戏，是直接由采茶歌和采茶舞脱胎发展而来的。如采茶戏变戏曲，就要有曲牌，其最早的曲牌名叫“采茶歌”。

茶对戏曲的影响不仅直接孕育了采茶戏这种戏曲，更为重要的茶是所有戏曲都有影响，大部分剧作家、演员、观众都喜好饮茶，茶叶文化感染着人们生活的各个方面，以至戏剧也离不开茶叶。如明代剧本创作中有一个艺术流派叫“玉茗堂派”，即因大剧作家汤显祖嗜茶，其将临川的住处命名为“玉茗堂”，因此得名。

我国的许多名戏、名剧，不但有茶事的内容、场景，有的甚至全剧即以茶事为背景题材。如：我国传统剧目《西园记》的开场词中，即有“买到兰陵美酒，烹来阳羡新茶”，把观众一下引到特定的乡土风情中。

采茶戏片段

SUNDAY. FEB 23，2025

2025 年 2 月 23 日

农历乙巳年 · 正月廿六

2月23日

今日生命叙事

早起___点，午休___点，晚安___点，体温___，体重___，走步___

今日喝茶：绿□　白□　黄□　青□　红□　黑□　花茶□

正能量的我

茶典故·妙论茶之为用

在陆羽《茶经》问世之前，古人早有论及茶的功能作用的文字。

东汉许慎说："荼，苦荼也。"

东汉张揖说："其饮醒酒，令人不眠。"

三国时期秦菁说："茶饮使人醒。"

西晋张华说："饮真茶，令人少眠。"

东晋末陶渊明说："因时行病后虚热，更能饮复茗。"

南朝宋时沈怀远说："茗，苦涩。"

南朝梁时陶弘景说："茗茶轻身换骨。"

北魏杨衒之说："渴饮茗汁。"

唐代虞世南说："益思，轻身明目""茗味苦，微寒无毒，治五脏邪气。"

唐代房玄龄说："时夏饮茶苏""茶桓温性俭。"

唐代苏敬说："茗，味甘苦，微寒无毒，主瘘疮，利小便，去痰止渴，令人少睡""苦荼，味苦寒，无毒，主五（脏）藏邪气，厌谷胃痺肠，辟渴贽，安心益气，聪察，轻身，能老耐饥寒，高气不老"。

唐代被尊为"药王"的孙思邈说："茗叶，味甘、咸、酸、冷，可久食，令人有力，悦志，微动气。"这种说法，不但超越了古人之前所言，也对后来论述者有影响和启示。后有陆羽《茶经》言茶"最宜精行俭德之人"，可以看作是对这一说法的发挥和升华。

药王孙思邈

MONDAY. FEB 24，2025

2025 年 2 月 24 日

农历乙巳年 · 正月廿七

2月24日 星期一

今日生命叙事

早起____点，午休____点，晚安____点，体温____，体重____，走步____

今日喝茶：绿□　白□　黄□　青□　红□　黑□　花茶□

正能量的我

茶典故·皎然、颜真卿鼎力协助陆羽建茶亭

唐代陆羽，于唐肃宗至德二年（757 年）前后来到吴兴（湖州古称），住在妙喜寺，与著名诗僧皎然结识，并成为“缁素忘年之交”。后来，陆羽构想建一座茶亭在妙喜寺旁，得到了皎然和吴兴刺史颜真卿的鼎力协助，茶亭于唐代宗大历八年（773 年）落成。

由于时间正好是癸丑岁癸卯月癸亥日，因此茶亭名为“三癸亭”。皎然并赋《奉和颜使君真卿与陆处士羽登妙喜寺三癸亭》以为志，诗云：“秋意西山多，列岑萦左次。缮亭历三癸，疏趾邻什寺。元化隐灵踪，始君启高诔。诛榛养翘楚，鞭草理芳穗。俯砌披水容，逼天扫峰翠。境新耳目换，物远风烟异。倚石忘世情，援云得真意。嘉林幸勿剪，禅侣欣可庇。卫法大臣过，佐游群英萃。龙池护清澈，虎节到深邃。徒想嵊顶期，于今没遗记。”

此诗记载了当日群英齐聚的盛况，并盛赞三癸亭构思精巧，布局有序，将亭池花草、树木岩石与庄严的寺院和巍峨的杼山自然风光融为一体，清幽异常。时人将陆羽筑亭、颜真卿命名题字与皎然赋诗，称为“三绝”，一时传为佳话，而三癸亭更成为吴兴的胜景之一。

三癸亭

TUESDAY. FEB 25, 2025

2025 年 2 月 25 日

农历乙巳年 · 正月廿八

2月25日 星期二

今日生命叙事

早起____点，午休____点，晚安____点，体温____，体重____，走步____

今日喝茶：绿□ 白□ 黄□ 青□ 红□ 黑□ 花茶□

正能量的我

茶典故·吃茶去

“吃茶去”，是很普通的一句话，但在佛教界，却是一句禅林法语。

唐大中十一年（857 年），80 岁高龄的从谂禅师行脚至赵州，受信众敦请驻锡观音院，弘法传禅达 40 年，僧俗共仰，为丛林模范，人称“赵州古佛”。其证悟渊深、年高德劭，享誉南北禅林，与福建雪峰义存禅师并称“南有雪峰，北有赵州”。赵州从谂禅师住世 120 年，圆寂后，寺内建塔供奉衣钵和舍利，谥号“真际禅师”。他喜爱茶饮，也喜欢用茶作为机锋语。

宋代《五灯会元》中记载赵州从谂禅师，师问新来僧人：“曾到此间否？”答曰：“曾到。”师曰：“吃茶去。”又问一新来僧人，僧曰：“不曾到。”师曰“吃茶去。”后院主问禅师：“为何曾到也云‘吃茶去’。不曾到也云‘吃茶去’？”师召院主，主应诺，师曰：“吃茶去。”

禅宗讲究顿悟，认为何时、何地、何物都能悟道，极平常的事物中蕴藏着真谛。茶对僧人来说，是每天必饮的日常饮品，因而，从谂禅师以“吃茶去”作为悟道的机锋语。对僧人来说，此语既平常又深奥，能否觉悟，则靠自己的灵性了。

柏林禅寺

WEDNESDAY. FEB 26，2025

2025 年 2 月 26 日

2月26日 星期三

农历乙巳年 · 正月廿九

今日生命叙事

早起____点，午休____点，晚安____点，体温____，体重____，走步____

今日喝茶：绿□　白□　黄□　青□　红□　黑□　花茶□

正能量的我

茶典故 · 吃茶会么

扣冰古佛，法名藻光，精于苦修，因“夏着衣褚，冬则扣冰而浴”而被称为扣冰古佛。唐末至五代时期以茶参禅，北方有赵州古佛，南方有扣冰古佛。著名的禅林法语分别是“吃茶去”和“吃茶会么”。

928 年，闽王三延请而终于把 85 岁的扣冰古佛请进福州城，拜为王师。《五灯会元》记载：“闽王躬迎入城，馆于府沼之水亭。方啜茶，提起槖子曰：‘大王会么？’王曰：‘不会。’师曰：‘人王法王各自照了。’”说的是：闽王招待古佛时，用上一种奉茶木偶，能自动送茶，“手捧茶槖，自能移步供客。客举瓯啜茗，即立以待。瓯返于槖，即转其身，仍内向而入。”古佛提起奉茶木偶问闽王说：“吃茶会么。”闽王说：“不会。”古佛说：“人王和法王真是生活在不同的境界啊。”他便亲自给闽王奉茶，还一再亲自给闽王倒满茶，并表示：吃茶会么？吃茶不但要会奉茶，还要知道心正如这茶盅一样，茶已经满盅了，要喝空，一空万有，真空妙有。

在古佛眼里，茶已经不单单是一盅茶，而是“我为法王，于法自在”（引自《法华经 · 譬喻品》）的自性流露和宣讲。古佛与闽王以茶参禅后，古佛执意即当日回到择善地麒麟山而立的法场（今金钟阁禅寺）。闽王更加崇拜古佛，倡“吃茶”之道，主张“以茶净心，心净则国土净”，并在建州（今福建建瓯）设“北苑御茶园”。

扣冰创建唐举麒麟山禅居下的古榕树

扣冰古佛的禅林法语“吃茶会么”，也成了“人生如茶，空杯以对”的出处。

THURSDAY. FEB 27，2025

2025 年 2 月 27 日

农历乙巳年 · 正月三十

2月27日 星期四

今日生命叙事

早起___点，午休___点，晚安___点，体温___，体重___，走步___

今日喝茶：绿□ 白□ 黄□ 青□ 红□ 黑□ 花茶□

正能量的我

茶博物馆 · 洛阳万里茶道博物馆

洛阳万里茶道博物馆，位于河南省洛阳市老城区九都东路 171 号，依托洛阳山陕会馆古建筑群兴建，建筑面积 5000 余平方米，是一家专题性博物馆。2023 年 4 月 21 日建成并对外开放。

洛阳万里茶道博物馆基本陈列“洛阳与万里茶道”。通过“以茶为媒，中俄互通”“天下之中，茶道重镇”“举国之饮，品味茶香”三部分，将万里茶道与洛阳故事娓娓道来。展览从茶道的兴起入手，带领观众走进 17 世纪的恰克图，遥看“彼以皮来，我以茶往”的繁荣景象。茶商从南方的产茶区福建省武夷山市下梅村出发，穿过乡间小道，走过繁华街市，越过江河湖泊，跨过瀚海沙漠。一声声驼鸣，一件件茶器，一座座会馆，让人感触马道“世纪动脉”的温度。

洛阳山陕会馆

FRIDAY. FEB 28，2025

2025 年 2 月 28 日

农历乙巳年 · 二月初一

2月28日 星期五

今日生命叙事

早起___点，午休___点，晚安___点，体温___，体重___，走步___

今日喝茶：绿□　白□　黄□　青□　红□　黑□　花茶□

正能量的我

茶谱系·珠兰花茶

珠兰花茶，再加工茶（细分为窨香花果茶），选用黄山毛峰、徽州烘青、老竹大方等优质绿茶作为茶坯，混合窨制而成的花茶。珠兰花茶清香幽雅、鲜爽持久，是中国主要花茶品种之一，主要产地包括安徽歙县、福建福州、浙江金华和江西南昌等。珠兰花茶，原产于安徽省黄山市歙县，创制于清代乾嘉年间，为历史名茶。清代歙县人江某由福建罢官回乡，因酷爱珠兰花香，将其引种到徽州，初期作为观赏植物，后用于窨制花茶。

珠兰属金粟兰科，花朵小，直径约 0.15 厘米，似粟粒，色金黄，花粒紧贴在花枝上，每一花枝上有 6 ～ 7 对花粒，构成一花序。珠兰花开自 4 月上旬至 7 月，在 5—6 月盛开，香气浓郁芬芳。珠兰花早晨采收成熟花枝，薄摊在竹匾上，散失水分促进吐香，中午前后及时将花与茶拼合窨制，成珠兰花茶。

珠兰花茶

冲泡珠兰花茶时，每人可选用一只容量 130 毫升的盖碗作为泡具和饮具，茶水比为 1∶50，投茶量 2 克，水 100 克（毫升），泡茶水温宜用水烧开后降温至 95℃。主要冲泡步骤：温茶碗内凹，投入茶叶后，合盖后摇香，开盖后采用螺旋形法注水，水量达到茶碗八分后，盖上茶盖，当茶碗中茶汤的水温降至适口温度时品饮。

SATURDAY. MAR 1，2025

2025 年 3 月 1 日

农历乙巳年 · 二月初二

3月1日

今日生命叙事

早起___点，午休___点，晚安___点，体温___，体重___，走步___

今日喝茶：绿□　白□　黄□　青□　红□　黑□　花茶□

正能量的我

茶谱系 · 黄金桂

黄金桂，青茶（乌龙茶）类（细分为闽南乌龙），主产于福建省安溪虎邱镇美庄村，为新创名茶。

全年可采 4 ～ 5 次（含早春茶），春茶开采于 4 月上中旬。采用黄棪茶树品种茶树鲜叶作为原料，选用鲜叶标准是中开面 2 ～ 4 叶，要求鲜叶嫩度适中、匀净、新鲜。制茶工艺工序是晒青、摇青、炒青、揉捻、初烘、包揉、复烘、复包揉、烘干等。

黄金桂条成品茶叶条索紧结卷曲，细秀、匀整、美观，色泽黄绿油润；内质香气高强清长，香型优雅，俗称“透天香”（冲泡后，未揭杯盖便有茶香扑鼻，揭盖嗅香，芳香满屋）；滋味清醇鲜爽，汤色金黄明亮；叶底柔软黄绿明亮，红边鲜亮。黄金桂品质具有“一早二奇”的特点：一早即萌芽、开面、采制、上市早；二奇即外形“黄、匀、细”，内质“香、奇、鲜”。

黄金桂

冲泡黄金桂时，可每人选用一只容量 130 毫升的盖碗作为泡具和饮具，茶水比为 1 : 35，投茶量 3 克，水 105 克（毫升），泡茶水温宜水烧开至 100℃。主要冲泡步骤：温茶碗内凹，投入茶，加茶盖合盖后摇香，开盖后采用单边定点注水法，水量达到茶碗七八分后，盖上茶盖。当茶碗中茶汤的水温降至适口温度时品饮。

SUNDAY. MAR 2，2025

2025 年 3 月 2 日

3月2日

星期日

农历乙巳年 · 二月初三

今日生命叙事

早起____点，午休____点，晚安____点，体温____，体重____，走步____

今日喝茶：绿□ 白□ 黄□ 青□ 红□ 黑□ 花茶□

正能量的我

茶谱系 · 重庆沱茶

重庆沱茶，绿茶类（细分为晒青绿茶），产于重庆市，创制于1950年。

重庆沱茶以川东、川南地区14个产茶区栽种的云南大白茶、福鼎大白茶等为原料。选用原料标准是中上等晒青、烘青和炒青毛茶，经精制加工而成，属紧压绿茶。制茶工艺工序是选料、原料整理、蒸热做形、低温慢烘干燥、包装成件。

重庆沱茶（每个净重100克）成品茶叶圆正如碗臼状，松紧适度，色泽乌绿油润；汤色橙黄明亮，香气馥郁陈香，滋味醇厚甘和；叶底较嫩。

重庆沱茶的饮用方法有：

先将沱茶掰成碎块，也可用蒸汽蒸热后一次性把沱茶解散晾干，每次取3克，用开水冲泡5分钟后饮用。

先将掰成碎块的沱茶放入小瓦罐中在火膛上烧香后，冲入沸水烧涨后饮用；还可在煮烧沱茶的小瓦罐中，加入油、盐、糖后饮用。

重庆沱茶

MONDAY. MAR 3，2025

2025 年 3 月 3 日

农历乙巳年 · 二月初四

3月3日 星期一

今日生命叙事

早起____点，午休____点，晚安____点，体温____，体重____，走步____

今日喝茶：绿☐ 白☐ 黄☐ 青☐ 红☐ 黑☐ 花茶☐

正能量的我

茶谱系 · 三杯香茶

三杯香茶，绿茶类（细分为炒青绿茶），产于浙江省温州市泰顺县，创制于 20 世纪 70 年代后期。

三杯香茶的制茶鲜叶于 2 月中旬至 5 月中旬采摘。主要采用鸠坑群体种茶树鲜叶、泰顺深山茶园中的茶树细嫩芽叶作为原料，鲜叶采摘标准是 1 芽 2 叶、1 芽 3 叶初展，要求优质芽叶。制茶工艺工序是摊青、杀青、揉捻、二青、三青、辉锅等。

三杯香茶成品茶叶条索细紧苗秀，色泽翠绿油润；内质栗香持久，三杯犹存余香；汤色黄绿明亮，滋味鲜爽醇厚；叶底淡黄绿。

三杯香茶

冲泡三杯香茶时，可每人选用一只容量 130 毫升的盖碗作为泡具和饮具，茶水比为 1∶50，投茶量 2 克，水 100 克（毫升），泡茶水温宜水烧开后降温至 85℃。主要冲泡步骤：温茶碗内凹，投入茶叶后，采用环圈法注水，水量达到茶碗八分后，盖上茶盖。当茶碗中茶汤的水温降至适口温度时，趁温热品饮。

TUESDAY. MAR 4，2025

2025 年 3 月 4 日

3月4日 星期二

农历乙巳年·二月初五

今日生命叙事

早起____点，午休____点，晚安____点，体温____，体重____，走步____

今日喝茶：绿□　白□　黄□　青□　红□　黑□　花茶□

正能量的我

茶和节气·惊蛰

春雷掀动天地纱，草木纵横虫欲爬。
枝头跳跃仓庚鸣，满园生机桃始华。
惊蛰一到芽脱壳，春分过后抽萌丫。
苍鹰化鸠翔天隅，借雨消声乐戏茶。

惊蛰·月季

惊蛰是农历每年二十四节气的第3个节气。惊蛰，物候类节气，表示春雷乍动，惊醒冬眠的动植物。蛰，是藏的意思。动物入冬藏伏土中，不饮不食，称为“蛰”。“春雷响，万物生”，惊蛰时分，天气转暖，渐有春雷，是万物复苏萌芽初始的时节。惊蛰还是种植茶树的好时节。茶树，大多在惊蛰期间开始进入萌发生长期。茶谚语有“万物长，惊蛰过，茶脱壳”。对于自然生长3年以上的茶树而言，通常再过20天左右就可以采摘鲜茶芽。

惊蛰物候：初候桃始华，花信风桃花；二候仓庚鸣，花信风棠梨；三候鹰化为鸠，花信风蔷薇。

惊蛰节气里，喝什么茶？惊蛰时节阳气上升但还弱，气温冷暖变幻不定，“暖和和”“倒春寒”“春困”都令人生燥，应顺春天阳气之生，助肾补肝，力促微汗散发出冬季蕴藏的寒气。此节气适宜多饮白茶（白牡丹、寿眉，均3年以上）。适合此节气饮用的茶还有：武夷岩茶、黑茶（包括普洱熟茶、金尖茶、六堡茶、砖茶，均5年以上）、红茶、再加工茶（小青柑、茉莉花茶）。

WEDNESDAY. MAR 5, 2025

2025 年 3 月 5 日

农历乙巳年 · 二月初六

3月5日 星期三 惊蛰

今日生命叙事

早起____点，午休____点，晚安____点，体温____，体重____，走步____

今日喝茶：绿□　白□　黄□　青□　红□　黑□　花茶□

正能量的我

茶画 ·《复竹炉煮茶图》

明代王绂《竹炉煮茶图》遭毁后，清代大臣、书画家董诰在乾隆庚子（1780 年）仲春，奉乾隆皇帝之命，复绘一幅，因此称《复竹炉煮茶图》。纸本墨笔的画面，有茂林修篁，茅屋数间，屋前茶几上置竹炉和水瓮。画面远处有清秀的山，近处有清丽的水，景色幽邃，引人入胜。画右下有画家题诗："都篮惊喜补成图，寒具重体设野夫。试茗芳辰欣拟昔，听松韵事可能无。常依榆夹教龙护，一任茶烟避鹤雏。美具漫云难恰并，缀容尘墨愧纷吾。巨董诰恭和。"画正中有"乾隆御览之宝"印。

《复竹炉煮茶图》

THURSDAY. MAR 6, 2025

2025 年 3 月 6 日

农历乙巳年 · 二月初七

3月6日 星期四

今日生命叙事

早起____点，午休____点，晚安____点，体温____，体重____，走步____

今日喝茶：绿□　白□　黄□　青□　红□　黑□　花茶□

正能量的我

茶谱系 · 竹叶青

3 月 5 日采摘（制）竹叶青

3 月 25 日采摘（制）竹叶青

4 月 10 日采摘（制）竹叶青

竹叶青，绿茶类（细分为烘青绿茶或炒青绿茶），产于四川省峨眉山，创制于 1964 年。因成品茶叶形似嫩竹叶，得名“竹叶青”。

竹叶青的制茶鲜叶于 3 月上旬开始采摘。采用四川中小叶群体种、福鼎大白茶、福选 9 号、福选 12 号等无性系良种茶树鲜叶为原料，鲜叶的采摘标准是单独芽至 1 芽 1 叶初展，要求不采病虫叶、不采雨水叶、不采露水叶。制茶工艺工序是杀青、初烘、理条、压条、辉锅。

竹叶青成品茶叶条索紧直扁平，两头尖细，形似竹叶；色泽翠绿油润；清香气雅悠长，滋味鲜爽回甘；汤色黄绿明亮，叶底鲜绿嫩匀。

冲泡竹叶青时，可每人选用一只容量 130 毫升的盖碗作为泡具和饮具，茶水比为 1∶50，投茶量 2 克，水 100 克（毫升），泡茶水温宜水烧开后降温至 80 ～ 85℃。主要冲泡步骤：温茶碗内凹，投入茶叶后，采用定点旋冲法注水，水量达到茶碗八分满后，盖上茶盖，3 分钟后即可品饮。如觉茶汤淡，可用茶盖拨动茶叶使其翻滚后再品饮。

FRIDAY. MAR 7，2025

2025 年 3 月 7 日

农历乙巳年 · 二月初八

3月7日 星期五

今日生命叙事

早起____点，午休____点，晚安____点，体温____，体重____，走步____

今日喝茶：绿□ 白□ 黄□ 青□ 红□ 黑□ 花茶□

正能量的我

茶画·《宫乐图》

唐《宫乐图》(又称《会茗图》),以工笔重彩描绘唐代宫廷十二佳丽在室内举行茶会(宴)娱乐品茗的盛况。画中人物,神态生动,体态丰腴,描绘细腻,色彩艳丽,展现大唐宽宏健硕的审美风尚。竹编长案中间放着茶汤盆、长柄勺、漆盒、小碟、茶碗等,一仕女正用长柄茶勺舀取茶盆中的茶汤,进行分茶。四位演奏中的佳丽,由右往左,手持胡笳、琵琶、古筝与笙,另有一位侍立者击打拍板以为节奏律;其余佳丽手执纨扇,赏曲啜茗,姿态各异。这件作品并没有画家的款印。据考证,《宫乐图》完成于晚唐,也正是唐代"尚茶成风"的时期。

唐代宫廷经常举办这类茶会,有在室内的,也有在室外的,还有在亭中的。唐德宗时期的宫女诗人鲍君徽,在她的《东亭茶宴》诗中就描写了宫女妃嫔的茶会情形:"闲朝向晓出帘栊,茗宴东亭四望通。远眺城池山色里,俯聆弦管水声中。幽篁引沼新抽翠,芳槿低檐欲吐红。坐久此中无限兴,更怜团扇起清风。"诗中的"茗宴"就是指茶宴。

唐佚名《宫乐图》宋人摹本(台北故宫博物院藏)

SATURDAY. MAR 8，2025

2025 年 3 月 8 日

农历乙巳年 · 二月初九

3月8日

今日生命叙事

早起____点，午休____点，晚安____点，体温____，体重____，走步____

今日喝茶：绿☐　白☐　黄☐　青☐　红☐　黑☐　花茶☐

正能量的我

茶画 ·《陆羽烹茶图》

这是以茶圣陆羽隐居苕溪时的“陆羽烹茶”为题材的山水画，画作表达了画家赵厚对茶圣的敬仰，也体现了元代文人的生活追求。画面朴实无华的宽敞茅舍里，堂上陆羽一人双手按膝端庄而坐，旁有一位童子拥炉烹茶。画师没有细描烹茶的场景，而是用水墨山水画反映优雅恬静的环境，那清逸秀美的远山，辽阔清澈的水面，山岩平缓突出，一轩宏敞，茅檐数座，丛树挺拔，茂密掩映……观赏此画有一种深远寂静的感觉，仿若置身于大自然，心情瞬间舒畅清爽。此画突显陆羽“不羡黄金罍，不羡白玉杯。不羡朝入省，不羡暮入台”的高士风范。此画高明之处在于表达了陆羽要倡导的不止于烹茶品茗，更在于以茶育德，以茶养俭。

画面左上角作者自题画诗：“山中茅屋是谁家？兀坐闲吟到日斜。俗客不来山鸟散，呼童汲水煮新茶。”画卷右上有落款为“窥斑”的一首七律：“睡起山斋渴思长，呼童煎茗涤枯肠。软尘落碾龙团绿，活水翻铛蟹眼黄。耳底雷鸣轻著韵，鼻端风过细闻香。一瓯洗得双瞳豁，饱玩苕溪云水乡。”

据文献记载，早期以陆羽为题材创作的绘画有宋代王齐翰《陆羽煎茶图》和董逌《陆羽点茶图》，得以传世的仅为元代赵原《陆羽烹茶图》，收藏于台北故宫博物院。

元赵原《陆羽烹茶图》（台北故宫博物院藏）

SUNDAY. MAR 9，2025

2025 年 3 月 9 日

农历乙巳年 · 二月初十

3月9日 星期日

今日生命叙事

早起___点，午休___点，晚安___点，体温___，体重___，走步___

今日喝茶：绿□ 白□ 黄□ 青□ 红□ 黑□ 花茶□

正能量的我

茶画 ·《卢仝烹茶图》

《卢仝烹茶图》，宋代，原传为刘松年作，绢本设色，纵 24.1 厘米，横 120.6 厘米，故宫博物院藏。

画面中，山石嶙峋，有松槐与生石交错，根深枝繁叶茂，下覆茅屋。屋内卢仝拥书而坐，气定神闲，侧耳聆听松风。赤脚的婢女执扇对茶鼎，长须的奴翁肩挑瓢壶去汲泉。人物生动，衣褶清劲，生活感强，烹茶清幽静雅的境界跃然于绢上。款落刘松年，蝇头小楷，署在画中的松节。后幅有唐寅跋："右《玉川子烹茶图》，乃宋刘松年作。玉川子豪宕放逸，傲睨一世，甘心数间之破屋，而独变怪鬼神于诗。观其《茶歌》一章，其平生宿抱忧世超物之志，洞然于几语之间，读之者可想见其人矣。松年复绘为图，其亦景行高风，而将以自企也。夫玉川子之向，洛阳人不知也，独昌黎知之。去昌黎数百年，知之者复寒矣。而松年温之，亦不可不为之遭也。予观是图于石湖卢臬副第，喜其败炉故鼎、添火候鸣之状宛然在目，非松年其能握笔乎书此以俟具法眼者。唐寅。"

该画生动地描绘了唐宋的清贫文士烹茶之情景。

宋刘松年《卢仝烹茶图》（故宫博物院藏）

MONDAY. MAR 10, 2025

2025年3月10日

农历乙巳年·二月十一

3月10日 星期一

今日生命叙事

早起____点，午休____点，晚安____点，体温____，体重____，走步____

今日喝茶：绿□ 白□ 黄□ 青□ 红□ 黑□ 花茶□

正能量的我

茶谱系 · 武阳春雨

武阳春雨

武阳春雨，绿茶类（细分为烘青绿茶），产于浙江省金华市武义县武阳川，为新创名茶。因干茶外形紧细似松针，似江南春雨丝丝缕缕，并兼顾武义古名“武阳川”，故取名“武阳春雨”。

武阳春雨的制茶鲜叶于 3 月中旬前后开始采摘，采自迎霜、龙井长叶、武阳香等优良茶树品种，鲜叶的采摘标准是 1 芽 1 叶初展。制茶工艺工序是摊放、杀青、理条、初烘、复烘、整理等。

武阳春雨成品茶叶条索似松针丝雨，显茸毫，色泽嫩绿稍黄，兰花清香，幽远持久；滋味鲜醇回甘，汤色清澈明亮；叶底新鲜嫩绿，芽叶匀整。

冲泡武阳春雨时，可每人选用一只容量 130 毫升的盖碗作为泡具和饮具，茶水比为 1∶50，投茶量 2 克，水 100 克（毫升），泡茶水温宜水烧开后降温至 80℃。主要冲泡步骤：温茶碗内凹，投入茶叶后，采用环圈法注水，水量达到茶碗八分后，盖上茶盖。当茶碗中茶汤的水温降至适口温度时，趁温热品饮。

TUESDAY. MAR 11，2025

2025 年 3 月 11 日

农历乙巳年 · 二月十二

3月11日 星期二

今日生命叙事

早起____点，午休____点，晚安____点，体温____，体重____，走步____

今日喝茶：绿□ 白□ 黄□ 青□ 红□ 黑□ 花茶□

正能量的我

节日和茶·植树节

树木，代表着生命与希望，《礼记》有言：“孟春之月，盛德在木。”意在春天种下希望。孟子云：“五亩之宅，树之以桑，五十者可以衣帛矣。”故在古代就倡导植树。

植树节是国家用法律规定的以宣传保护森林，并动员群众参加植树造林的节日。1979 年 2 月 23 日，第五届全国人民代表大会常务委员会第六次会议决定每年 3 月 12 日为中国的植树节，以鼓励全国各族人民植树造林，绿化祖国，改善环境，造福子孙后代。

植树

陆羽在《茶经》里的“茶之源”中写道：“茶者，南方之嘉木也。”一棵棵茶树，凝集着劳动人民的辛劳和智慧，也正是这一棵棵的茶树，才孕育出我们杯中的片片茶叶。

今年的植树节在农历二月初三，茶谚语有“正月栽茶用手捺，二月栽茶用脚踏，三月栽茶用锄夯也夯不活”。农历二月初三，正处种植茶树的最佳时期，要注重种植和保护优质茶苗、茶树。

WEDNESDAY. MAR 12, 2025

2025 年 3 月 12 日

农历乙巳年 · 二月十三

3月12日

星期三

植树节

今日生命叙事

早起____点，午休____点，晚安____点，体温____，体重____，走步____

今日喝茶：绿□ 白□ 黄□ 青□ 红□ 黑□ 花茶□

正能量的我

茶画 ·《调琴啜茗图》

《调琴啜茗图》以工笔重彩描绘园林中贵妇品茗听琴的优雅情调。画面上桃花灼灼，春天的大自然里，唐代女子们听琴品茗，姿态各异。三位贵族妇女为主角，第一位贵妇坐在桃树旁的磐石上操琴；第二位贵妇坐在圆凳上，面向着弹琴女，一边啜茗，一边沉浸在琴乐雅音中；第三位贵妇坐在高椅凳上，欲言又止，自在回想茶和乐的韵味。画面最右侧立着一位奉完茶的侍女，手还托奉着漆盘；画面最左侧站立的侍女，为身旁的贵妇人捧着茶碗，注视着主人。

画中人物曲眉润肌，雅艳明丽，体态丰腴华贵，反映了唐代的审美观；画中人物神态娴静端庄，有坐有立，人物景致疏密得体，富有变化，轻松展现出唐代贵族妇女悠闲自得的生活情景。画家把品茶与听琴这两种不同的雅生活内容集于同一画面，生动表明了茶饮在当时的文化娱乐生活中，已经有相当重要的地位。

唐周昉《调琴啜茗图》（台北故宫博物院藏）

THURSDAY. MAR 13，2025

2025 年 3 月 13 日

农历乙巳年 · 二月十四

3月13日

星期四

今日生命叙事

早起___点，午休___点，晚安___点，体温___，体重___，走步___

今日喝茶：绿□　白□　黄□　青□　红□　黑□　花茶□

正能量的我

节气茶 · 明前茶

春茶，也称头茶，泛指春季和立夏、小满节气里采制的茶叶。按节气分，春分、清明、谷雨、立夏、小满采制的茶为春茶；按时间分，3 月中旬（华南茶区为 2 月或 3 月）至 5 月下旬采制的为春茶。而在 4 月上旬及前采制的茶属早春茶。

明前茶，是指清明节前采制的茶叶。其受到虫害的侵扰少，芽叶细嫩，色翠香幽，味醇形美，是茶中佳品。同时，由于清明节前气温普遍较低，发芽数量有限，生长速度较慢，能达到采摘标准的茶叶产量很少，所以在江南茶区又有“明前茶，贵如金”之说。中国古代的农业生产依循节气指导农事，茶叶生产也一样，早发品种的茶树往往在惊蛰和春分时开始萌芽，清明前就可采茶。

中国古代的贡茶是“求早为珍”，唐代皇宫清明宴上所用的紫笋贡茶，是春分时节采制的，属明前茶中的社前茶。社前，是指春社前，大约是清明前半个月。社前茶比明前茶更加细嫩和珍贵。

明前茶叶

FRIDAY. MAR 14，2025

2025 年 3 月 14 日

农历乙巳年 · 二月十五

3月14日

星期五

今日生命叙事

早起____点，午休____点，晚安____点，体温____，体重____，走步____

今日喝茶：绿☐ 白☐ 黄☐ 青☐ 红☐ 黑☐ 花茶☐

正能量的我

茶谱系·阳羡雪芽

阳羡雪芽

阳羡雪芽，绿茶类（细分为蒸青绿茶，1984 年起恢复的新制阳羡雪芽多为烘青绿茶，也有的是炒青绿茶），产于江苏省宜兴市南部阳羡。宜兴产茶盛于唐代，有山僧进献阳羡茶，陆羽品后赞其“芬芳冠世”而推荐为“阳羡贡茶”，卢仝更有“天子未尝阳羡茶，百草不敢先开花”的诗句流传。阳羡雪芽的茶名，由苏轼“雪芽我为求阳羡”诗句得来。

阳羡雪芽制茶的鲜叶于谷雨前后采摘。选用无性系福鼎大白茶、大毫品种茶树鲜叶为原料，鲜叶的采摘标准是 1 芽 1 叶初展、半展，长 2 ～ 3 厘米，要求进行严格拣剔，剔除单叶、鱼叶、紫芽、霜冻芽、伤芽和虫芽等，保证芽叶完整。鲜叶摊凉 3 ～ 6 小时即可付制。制茶工艺工序是摊青、杀青、揉捻、整形、干燥和割末贮藏等。

阳羡雪芽成品茶叶条索纤细挺秀，银毫披覆；汤色润绿明亮，香气清鲜，滋味醇厚，回味甘甜；叶底嫩匀完整。阳羡雪芽以汤清、芳香、味醇的特点享盛誉。

冲泡阳羡雪芽时，可每人选用一只容量 130 毫升的盖碗作为泡具和饮具，茶水比为 1 : 50，投茶量 2 克，水 100 克（毫升），泡茶水温宜水烧开后降温至 85℃。主要冲泡步骤：温茶碗内凹，投入茶叶后，采用环圈注水法注水，水量达到茶碗八分满后，盖上茶盖。当茶碗中茶汤的水温降至适口温度时，趁温热品饮。如觉茶汤淡，可用茶盖拨动茶叶使其翻滚后再品饮。

SATURDAY. MAR 15，2025

2025 年 3 月 15 日

农历乙巳年 · 二月十六

3月15日

今日生命叙事

早起____点，午休____点，晚安____点，体温____，体重____，走步____

今日喝茶：绿□　白□　黄□　青□　红□　黑□　花茶□

正能量的我

茶谱系 · 长兴紫笋

长兴紫笋

长兴紫笋，绿茶类（细分为蒸青绿茶），又名湖州紫笋茶、顾渚紫笋茶，产自浙江省湖州市长兴县顾渚山区，为历史名茶。

长兴紫笋的制茶鲜叶于 4 月上旬开始采摘，选用鸠坑种茶树鲜叶，特级原料为 1 芽 1 叶初展。制茶工艺工序包括摊青、杀青、揉捻、烘干。

长兴紫笋成品茶叶条索细嫩紧结，芽叶微紫，芽形似笋，色泽绿润；香气清高，高档茶还有兰香扑鼻；茶汤清澈碧绿；滋味鲜醇，甘味生津，叶底芽头肥壮成朵。

长兴紫笋茶名源于陆羽《茶经》：“阳崖阴林，紫者上，绿者次；笋者上，芽者次。”唐代在湖州长兴设贡茶院。陆羽《茶经》于湖州问世。长兴茶文化史迹尚存，目前已发掘、恢复、重建的有：顾渚山贡茶院、紫笋贡茶摩崖石刻碑林、抒山三癸亭、陆羽墓、皎然塔、韵海楼、青塘别业等。白居易有诗云：“遥闻境会茶山夜，珠翠歌钟俱绕身。盘下中分两州界，灯前合作一家春。青娥递舞应争妙，紫笋齐尝各斗新。”此诗生动描绘了湖、常两州的太守在境会亭举办茶会的盛况。

冲泡长兴紫笋时，可每人选用一只容量 130 毫升的盖碗作为泡具和饮具，茶水比为 1∶50，投茶量 2 克，水 100 克（毫升），泡茶水温宜水烧开后降温至 85℃。主要冲泡步骤：温茶碗内凹，投入茶叶后，采用环圈注水法注水，水量达到茶碗八分满后，盖上茶盖。当茶碗中茶汤的水温降至适口温度时，趁温热品饮。如觉茶汤淡，可用茶盖拨动茶叶使其翻滚后再品饮。

SUNDAY. MAR 16，2025

2025 年 3 月 16 日

农历乙巳年 · 二月十七

3月16日 星期日

今日生命叙事

早起____点，午休____点，晚安____点，体温____，体重____，走步____

今日喝茶：绿□　白□　黄□　青□　红□　黑□　花茶□

正能量的我

古代雅集·境会亭茶会

唐代啄木岭上的境会亭，是为皇帝递送“急程茶”的驿站，是贡茶的始发站。唐代啄木岭属宜兴，宜兴是常州府（包括毗陵郡、晋陵郡）的辖县。从唐肃宗始，每年早春，春茶开摘、焙造之时，常州、湖州刺史都要坐镇境会亭，举行新茶开采仪式，以保义兴、长兴贡茶区的贡茶生产；广邀重点茶农、茶人和达官雅士共同品尝，共同制定优质贡茶标准，协商运呈贡茶应急宫廷“清明宴”的相关事宜，形成了一年一次的境会亭茶会。

在颜真卿的积极帮助和推动下，唐代宗大历五年（770年），中国历史上第一座规模宏大的官焙贡茶院——顾渚山贡茶院诞生。

白居易在《夜闻贾常州崔湖州茶山境会亭欢宴因寄此诗》中，生动描述了当时茶宴上官民同乐的盛景：“遥闻境会茶山夜，珠翠歌钟俱绕身。盘下中分两州界，灯前合作一家春。青娥递舞应争妙，紫笋齐尝各斗新。”虽然境会亭是以品鉴新季春茶为主，但是会上通常宾朋满座、歌舞相伴、热闹非凡，非一般文人聚会可比。

南宋常州地方志《咸淳毗陵志》有云：“啄木岭，在县（宜兴）东南七十里，唐湖常二守贡茶相会之地。”如今，唐代境会亭遗存的古石墩还在，它们残缺的身躯仿佛诉说着1200多年前境会亭雅集的风流往事。

通往啄木岭山顶境会亭茶会遗址的唐代贡茶道

MONDAY. MAR 17, 2025

2025 年 3 月 17 日

农历乙巳年 · 二月十八

3月17日 星期一

今日生命叙事

早起____点，午休____点，晚安____点，体温____，体重____，走步____

今日喝茶：绿□ 白□ 黄□ 青□ 红□ 黑□ 花茶□

正能量的我

古代雅集·清明宴和顾渚山贡茶院

唐代宫廷茶宴，最豪华的当属一年一度的清明宴。唐朝皇宫在每年清明节这一天，要举行规模盛大的清明宴。这之前，在千里之外的顾渚山焙制而成的贡品“阳羡茶”和“紫笋茶”，被日夜兼程送往京城长安。皇帝在收到贡茶后，先用其祭祀祖宗。茶宴中，官员们向皇帝敬茶，也相互敬茶，皇帝还会把顾渚贡茶奖给有功之臣，以资鼓励。

李郢的《茶山贡焙歌》描写了赶制、赶运贡茶的紧张情景：

一时一饷还成堆，蒸之馥之香胜梅。
研膏架动轰如雷，茶成拜表贡天子。
万人争啖春山摧，驿骑鞭声砉流电。
半夜驱夫谁复见，十日王程路四千。
到时须及清明宴，吾君可谓纳谏君。

当贡茶运到京城之后，整个皇宫都忙碌起来，张文规的《湖州贡焙新茶》这样描述：

凤辇寻春半醉归，仙娥进水御帘开。
牡丹花笑金钿动，传奏吴兴紫笋来。

清明宴

TUESDAY. MAR 18，2025

2025 年 3 月 18 日

农历乙巳年 · 二月十九

3月18日 星期二

今日生命叙事

早起____点，午休____点，晚安____点，体温____，体重____，走步____

今日喝茶：绿□　白□　黄□　青□　红□　黑□　花茶□

正能量的我

茶画 ·《斗茶图》

这幅绢本设色的画作生动地描绘了宋代茶师斗茶的场面。

画面上六位基本统一装束的茶师，一律头戴幞头，腰挎雨伞。似三位为一组，各自身旁有一都篮，或手提，或放于地上。都篮内有汤瓶，下置茶炉，旁有炭、扇、火箸、茶碗、茶盒等茶具。汤瓶瓶嘴细长尖利，便于点茶时急缓曲直的水流把控。茶盒里是茶末，便于取点、斗试。

左边三人中，一位（擅长煮茶汤者）正欲在炉边煮水；一位卷袖人（擅长匀汤者）正持汤瓶点茶；还有一位（擅长讲解者）手提汤瓶和盏在介绍本组的茶，并准备听右边这组茶师品茶后的评论。右边三位中，两人正在仔细品饮，一位赤脚者（碾茶高手）腰间有小茶盒，而打开的是对方作交流的小茶盒，正观察感知盒中的茶品质；同时三人似乎都在认真听取对方的介绍，也准备发表斗茶高论。

整个画面人物动作、神情刻画逼真，形象生动，再现了宋代专业茶师的斗茶交流情景。

宋佚名《斗茶图》（黑龙江省博物馆藏）

WEDNESDAY. MAR 19，2025

2025 年 3 月 19 日

3月19日 星期三

农历乙巳年 · 二月二十

今日生命叙事

早起___点，午休___点，晚安___点，体温___，体重___，走步___

今日喝茶：绿□　白□　黄□　青□　红□　黑□　花茶□

正能量的我

茶和节气·春分

春社日祭谢百花，太阳糕快春菜奢。
新燕戏扰竖蛋娃，响雷喊来嘉木丫。
狮峰山边夕阳斜，虎跑泉畔晚霞华。
春风十里添夜火，家家有客竞试茶。

春分·白玉兰

春分是农历每年二十四节气的第4个节气。春分，天文类节气，表示昼夜平分。分，平分的意思。

春分物候：初候元鸟至，花信风海棠；二候雷乃发声，花信风梨花；三候始电，花信风木兰。

此时节，阳光明媚，春意融融，雨霁风光，万物竞生，春色惹人醉，茶芽万种情。我国四大茶区的茶树已经从惊蛰节气里的萌芽，进入了春分节气的抽芽。这时茶树春梢芽叶肥壮，嫩度好，持嫩性强，色泽翠绿，叶质柔软，富有光泽，幼嫩芽叶茸毛多，便又开始采摘了。正常达标并采摘制作的茶，属明前茶中的社前茶。

春分节气里，喝什么茶？自春分之日起，阳气将逐渐生发胜过阴气，应当遵循少阳初生之气的规律，注意养阳气，补肝益肾，润燥祛火（南方若是湿冷则要注意祛湿保暖）。适宜多饮再加工茶（茉莉花茶）、黑茶（包括普洱熟茶、金尖茶、六堡茶、砖茶，均5年以上）、白茶（白牡丹、寿眉，均3年以上）、红茶。生活在南方湿冷地区的人们，不宜喝新上的绿茶。

THURSDAY. MAR 20，2025

2025 年 3 月 20 日

农历乙巳年 · 二月廿一

3月20日

星期四

春分

今日生命叙事

早起___点，午休___点，晚安___点，体温___，体重___，走步___

今日喝茶：绿□　白□　黄□　青□　红□　黑□　花茶□

正能量的我

茶谱系 · 蒙顶甘露

蒙顶甘露，绿茶类（细分为炒青绿茶），卷曲形绿茶的代表，产于四川省雅安市邛崃山脉之中的蒙顶山。蒙顶山茶作为贡茶，一直延续到清朝，达千年之久，为历史名茶。

蒙顶甘露制茶的鲜叶于春分时节采摘，采摘标准是单芽或 1 芽 1 叶初展。特级蒙顶甘露原料的采摘标准是实心的肥壮单芽。

蒙顶甘露制法工序沿用明代的“三炒三揉”制法。鲜叶采回后，先经过摊放、杀青，杀青后需经过 3 次揉捻和 3 次炒青。再经过初烘、匀小堆和复烘达到足干，匀拼大堆后，入库收藏。由于在加工过程中加入了揉捻工艺，蒙顶甘露与普通的绿茶相比，滋味更加清鲜甘爽。

蒙顶茶种类繁多，有蒙顶甘露、蒙顶黄芽、蒙顶石花、玉叶长春、万春银针等。其中蒙顶甘露品质最佳。

蒙顶甘露成品茶叶条索为卷曲形，紧卷多毫，嫩绿油润；内质香高而爽，毫香馥郁；滋味甘鲜醇爽，汤色黄中透绿，透明清亮；叶底匀整，嫩绿鲜亮。

冲泡蒙顶甘露时，可每人选用一只容量 130 毫升的盖碗作为泡具和饮具，茶水比为 1∶50，投茶量 2 克，水 100 克（毫升），泡茶水温宜水烧开后降温至 80 ～ 85℃。主要冲泡步骤：温茶碗内凹，投入茶叶后，采用环圈注水法注水，水量达到茶碗八分满后，盖上茶盖，3 分钟后即可品饮。

特级蒙顶甘露

一级蒙顶甘露

FRIDAY. MAR 21，2025

2025 年 3 月 21 日

3月21日

星期五

农历乙巳年 · 二月廿二

春分

今日生命叙事

早起____点，午休____点，晚安____点，体温____，体重____，走步____

今日喝茶：绿□　白□　黄□　青□　红□　黑□　花茶□

正能量的我

茶谱系 · 蒙顶黄芽

蒙顶黄芽，属于黄茶类（细分为黄芽茶），产于四川省雅安市蒙顶山，为历史名茶。蒙顶茶的栽培始于西汉，距今已有2000多年的历史。

春分时节，当茶树上有10%左右的芽头鳞片展开，即可开园采摘。蒙顶黄芽鲜叶的采摘标准是独芽和1芽1叶初展，要求芽头肥壮匀齐。采摘时严格做到"五不采"，即紫芽不采、病虫为害芽不采、露水芽不采、瘦芽不采、空心芽不采。采回的嫩芽要及时摊放和加工。制茶工序是杀青、初包、二炒、复包、三炒、堆积摊放、整形提毫、烘焙。包黄是形成蒙顶黄芽品质特点的关键工序。由于芽叶特嫩，要求制工精细。

蒙顶黄芽成品茶叶条索扁直，芽条匀整，黄毫显露，色泽嫩黄油润；清香浓郁，汤黄明亮，滋味鲜醇回甘；叶底全芽嫩黄匀齐。其"黄叶黄汤"特点鲜明。

冲泡蒙顶黄芽时，可每人选用一只容量130毫升的盖碗作为泡具和饮具，茶与水的比例为1∶50，投茶量2克，水100克（毫升），水温宜用水烧开后降温至85℃。主要冲泡步骤：温茶碗内凹，投入茶，采用环圈注水法注水，水量达到茶碗八分满后，盖上茶盖。当茶碗中茶汤的水温降至适口温度时，趁温热品饮。如觉茶汤淡，可用茶盖拨动茶叶使其翻滚后再品饮。

蒙顶黄芽

SATURDAY. MAR 22，2025

2025 年 3 月 22 日

农历乙巳年 · 二月廿三

3月22日

今日生命叙事

早起____点，午休____点，晚安____点，体温____，体重____，走步____

今日喝茶：绿□　白□　黄□　青□　红□　黑□　花茶□

正能量的我

茶谱系·西湖龙井

西湖龙井

西湖龙井，绿茶类（细分为炒青绿茶），片形炒青绿茶的代表，其产于浙江省杭州市西湖西南的秀山峻岭之间，一级产区包括传统的“狮（峰）、龙（井）、云（栖）、虎（跑）、梅（家坞）”五大核心产区，二级产区是除了一级产区外西湖区所产的龙井。“狮”字号为龙井狮峰一带所产，“龙”字号为龙井、翁家山一带所产，“云”字号为云栖、五云山一带所产，“虎”字号为虎跑一带所产，“梅”字号为梅家坞一带所产。唐代陆羽《茶经》中，就有杭州天竺、灵隐二寺产茶的记载。其为历史名茶。

西湖龙井的制茶鲜叶于3月中下旬开始采摘，采用龙井群体种、龙井43和龙井长叶茶树品种鲜叶为原料。选用鲜叶标准是：特级采1芽1叶初展，一级采1芽1叶至1芽2叶初展（量10%内），二级采1芽1叶至1芽2叶（量30%内），三级采1芽2叶至1芽3叶初展（量30%内），四级采1芽2叶至1芽3叶（量50%内）。西湖龙井在特制的龙井锅中炒制，以“色翠、香郁、味醇、形美”四大特点驰名中外。

冲泡西湖龙井时，可每人选用一只容量130毫升的盖碗作为泡具和饮具，茶水比为1∶50，投茶量2克，水100克（毫升），泡茶水温宜水烧开后降温至85～90℃。主要冲泡步骤：温茶碗内凹，投入茶叶后，采用环圈注水法注水，水量达到茶碗八分满后，盖上茶盖。当茶碗中茶汤的水温降至适口温度时，趁温热品饮。如觉茶汤淡，可用茶盖拨动茶叶翻滚后再品饮。

SUNDAY. MAR 23，2025

2025 年 3 月 23 日

农历乙巳年 · 二月廿四

3月23日

星期日

今日生命叙事

早起____点，午休____点，晚安____点，体温____，体重____，走步____

今日喝茶：绿☐ 白☐ 黄☐ 青☐ 红☐ 黑☐ 花茶☐

正能量的我

茶典故 · 乾隆《观采茶作歌》

清代乾隆皇帝 6 次南巡，曾四次到过西湖茶区。他在西湖狮峰山下胡公庙前饮龙井茶时，赞赏茶叶香清味醇，遂封庙前 18 棵茶树为御茶，并派专人看管，年年岁岁采制茶进贡。乾隆皇帝关心御茶，也关心体察茶农。

乾隆十六年（1751 年），他第一次南巡到杭州，在天竺寺看了茶叶采制的过程，颇有感受，写了《观采茶作歌》：“火前嫩，火后老，惟有骑火品最好。西湖龙井旧擅名，适来试一观其道。村男接踵下层椒，倾筐雀舌还鹰爪。地炉文火续续添，乾釜柔风旋旋炒。慢炒细焙有次第，辛苦工夫殊不少。王肃酪奴惜不知，陆羽茶经太精讨。我虽贡茗未求佳，防微犹恐开奇巧。防微犹恐开奇巧，采茶朅览民艰晓。”

诗中描述了茶农采摘、炒制龙井茶的经过。乾隆皇帝通过此次南巡对茶农的辛苦功夫有了切身认知，体恤民情，表达了自己已享有贡茶的满足，反对地方官再“开奇巧”采制茶，而劳民伤财。诗中的“火”就是指“寒食”禁火的火，但又是借这“火”指清明节，“骑火品”就是清明茶。

“龙井问茶”石碑

MONDAY. MAR 24，2025

2025 年 3 月 24 日

农历乙巳年 · 二月廿五

3月24日 星期一

今日生命叙事

早起____点，午休____点，晚安____点，体温____，体重____，走步____

今日喝茶：绿□　白□　黄□　青□　红□　黑□　花茶□

正能量的我

古代雅集 · 玉山雅集

元末，文学家顾瑛在东南吴中地区（今苏州一带）玉山草堂举办过具有极大影响力的文人雅集活动，参与人数上百。据堂主顾瑛《玉山草堂名胜集》记载，在 1348—1356 年间共举办大小雅集 50 多次。首次玉山雅集举办是“至正戊子二月一十九日之会为诸集冠”。其以才子佳茗、诗酒风流的宴集唱和，被清代永瑢、纪昀主编的《四库全书总目提要》赞为“文采风流，照映一世”。

清代钱谦益所编《列朝诗集小传》中的“玉山草堂留别寄赠诸诗人”包括柯九思、黄公望、倪瓒、杨维桢、熊梦祥、顾瑛、袁华、王蒙等 37 人，《草堂雅集》中收录吟诗唱咏的诗人 80 位。这些诗人不单擅诗文曲赋，还兼长于琴棋书画花香茶诸艺。绘画“元四家”中的黄公望、倪云林和王蒙先后都出入过玉山草堂，元末江南文人画家中的重要代表如张渥、王冕、赵元都在玉山草堂留下过诗书画合璧的佳作。据统计，元至正年间的诗作，有 1/10 竟都是写于小小草堂“玉山佳处”。玉山之会与金谷、兰亭、西园雅集的区别是，后者几乎都是官僚与贵族士大夫的雅集，而玉山之会是真正的文人之会。尤其是玉山主人顾瑛，无论是读书习儒还是广结朋友，他纯粹是出于兴趣爱好和精神生活的需要，而无任何功利目的。他既不打算应举出仕，也没有走终南捷径的念头，始终秉持一种以文学至上、艺术至上的态度。

昆山东阳澄湖畔重建的玉山草堂

玉山草堂的主要胜迹荷池

TUESDAY. MAR 25，2025

2025 年 3 月 25 日

3月25日

星期二

农历乙巳年 · 二月廿六

今日生命叙事

早起____点，午休____点，晚安____点，体温____，体重____，走步____

今日喝茶：绿□　白□　黄□　青□　红□　黑□　花茶□

正能量的我

茶范 · 现代茶范林语堂

林语堂（1895—1976 年），中国现代著名作家、翻译家、语言学家。他曾在清华大学、北京大学、厦门大学任教，后赴新加坡筹建南洋大学并任校长；曾任联合国教科文组织美术与文学处主任；先后两度获得诺贝尔文学奖提名。

林语堂写《苏东坡传》，在苏轼身上完成了自身某些特质的投射：诗人、乐天派、作家、工程师及政治上的坚持己见者、生性诙谐的人。

林语堂被称为幽默大师，在民国时期大动荡、民不聊生的社会环境下，他仍然信仰完美人性。

林语堂身体力行，双语齐发，通过多种题材的文字，试图促进东西方文化的交流。他身处两种文化环境中，向世界说："捧着一把茶壶，中国人把人生煎熬到最本质的精髓。""只要有一壶茶，中国人到哪里都是快乐的。"林语堂还拥有人望、才情和亲和力，自然成了那个时代向世界传播中国茶的大使。

林语堂直面人生，并不缀以惨淡的笔墨；倡改造国民性，但并不攻击任何对象，而以观者的姿态把世间纷繁视为一出戏，书写其滑稽可笑处；品茶，进而追求一种心灵的启悟，以达到平和冲淡的心境。他称得上是现代茶范，他的"茶魂"带着现代的气象和自身的本性——诙谐。

林语堂夫妇饮茶

WEDNESDAY. MAR 26，2025

2025 年 3 月 26 日

农历乙巳年 · 二月廿七

3月26日 星期三

今日生命叙事

早起____点，午休____点，晚安____点，体温____，体重____，走步____

今日喝茶：绿☐ 白☐ 黄☐ 青☐ 红☐ 黑☐ 花茶☐

正能量的我

茶谱系 · 都匀毛尖

都匀毛尖，绿茶类（细分为炒青绿茶），产于贵州省黔南布依族苗族自治州。创制于明清时期，最早产于州首府都匀府一带，1968年恢复生产，为历史名茶。据传都匀茶中的“鱼钓茶”“雀舌茶”在明代已成为贡茶。

都匀毛尖的制茶鲜叶于清明前3～5日采摘第一批为上品。都匀毛尖选用当地的苔茶良种，具有发芽早、芽叶肥壮、茸毛多、持嫩性强、内含物成分丰富的特性。鲜叶的采摘标准是1芽1叶初展。通常炒制1斤（500克）高级都匀毛尖茶，需5.3万～5.6万个芽头。制茶的主要工序是杀青、锅揉、搓团提毫、焙干。

都匀毛尖成品茶叶的特点是“三绿透三黄”，即干茶色泽绿中带黄，汤色绿中透黄，叶底绿中显黄；条索紧卷似螺，绿润显毫，色泽隐绿，外形匀整；茶汤黄绿清澈，嫩香香气清醇高长，滋味鲜醇回甜。

冲泡都匀毛尖时，可每人选用一只容量130毫升的盖碗作为泡具和饮具，茶水比为1∶50，投茶量2克，水100克（毫升），泡茶水温宜水烧开后降温至80℃。主要冲泡步骤：温茶碗内凹，投入茶叶后，采用环圈注水法注水，水量达到茶碗八分满后，盖上茶盖。当茶碗中茶汤的水温降至适口温度时，趁温热品饮。如觉茶汤淡，可用茶盖拨动茶叶使其翻滚后再品饮。

都匀毛尖

THURSDAY. MAR 27，2025

2025 年 3 月 27 日

农历乙巳年 · 二月廿八

3月27日 星期四

今日生命叙事

早起____点，午休____点，晚安____点，体温____，体重____，走步____

今日喝茶：绿☐ 白☐ 黄☐ 青☐ 红☐ 黑☐ 花茶☐

正能量的我

古代雅集·惠山茶会

明正德十三年（1518 年）二月十九日，文徵明同书画好友蔡羽、汤珍、王守、王宠等游览无锡惠山，会集于惠山山麓“竹炉山房”，在“天下第二泉”亭下，“注泉于王氏鼎，三讲而三啜之”，饮茶赋诗。对这次茶会的记叙，文徵明作画《惠山茶会图》，画前引首处有蔡羽书的《惠山茶会序》，后写有蔡明、汤珍、王宠诸位的记游诗。诗画相应，抒性达意。惠山茶会的时间，在蔡羽书的《惠山茶会序》记有“戊子为二月十九清明日”。

惠山茶会在一片高大的松树林间举行。青山绿水，草亭泉井，苍松翠柏，枝叶浓密，文徵明同好友游玩在其间，或围井而坐，展卷论泉；或散步林间，赏景交谈；或观看童子煮茶，吟哦起兴。草地上置有两方茶桌，桌上摆着多种精致的茶事用具以及插花用的花瓶；桌边有一方形的风炉正在烧泡茶的泉水。有两位茶童忙着烹茶和布置茶具。刚到的一位文士拱手而立，向草亭中两文士致意。草亭中有一口井，井旁有两位文士倚屈膝而坐，凝神思索，闲谈论诗。草亭后一条小径通向密林深处，也有两位文士一路交谈，漫步而来。前面有一书童沿石阶而下，前行引路。

明文徵明《惠山茶会图》（故宫博物院藏）

FRIDAY. MAR 28, 2025

2025 年 3 月 28 日

农历乙巳年 · 二月廿九

3月28日 星期五

今日生命叙事

早起____点，午休____点，晚安____点，体温____，体重____，走步____

今日喝茶：绿□　白□　黄□　青□　红□　黑□　花茶□

正能量的我

茶谱系 · 碧螺春

碧螺春，绿茶类（细分为炒青绿茶），是条形炒青绿茶的代表。其产于江苏省苏州市西南太湖洞庭山，创制于明末清初，为历史名茶。相传，洞庭东山的碧螺峰，石壁长出几株野茶。有一年，茶树长得特别茂盛，勤劳的农妇争相采摘，竹筐装不下，只好放在怀中。鲜叶受到农妇怀中热气熏蒸，奇异香气忽发，茶人惊呼"吓煞人香"，此茶由此得名。有一次，清朝康熙皇帝游览太湖，巡抚宋公进"吓煞人香"茶，康熙品尝后觉香味俱佳，但觉名称不雅，遂赐名为"碧螺春"。

碧螺春的制茶鲜叶于春分开始采摘至谷雨结束。鲜叶的采摘标准是1芽1叶初展。对采摘下来的芽叶要进行严格拣剔，除去鱼叶、老叶和过长的茎梗。制茶主要工序为杀青、炒揉、搓团、焙干，在同一锅内一气呵成。炒制特点是炒揉并举，关键在提毫，即搓团焙干工序。

碧螺春成品茶叶条索纤细紧结，卷曲成螺，白毫显露，色泽银绿碧翠相间；冲泡后白云翻滚，雪花飞舞，汤绿水澈；香气清高持久，茶香中带有果香味醇，回味无穷；叶底细匀嫩。

冲泡碧螺春时，可每人选用一只容量130毫升的盖碗作为泡具和饮具，茶水比为1∶50，投茶量2克，水100克（毫升），泡茶水温宜水烧开后降温至80℃。主要冲泡步骤：温茶碗内凹，投入茶叶后，采用环圈注水法注水，水量达到茶碗八分满后，盖上茶盖。当茶碗中茶汤的水温降至适口温度时，趁温热品饮。如觉茶汤淡，可用茶盖拨动茶叶使其翻滚后再品饮。

特级碧螺春

一级碧螺春

SATURDAY. MAR 29，2025

2025 年 3 月 29 日

3月29日

农历乙巳年 · 三月初一

今日生命叙事

早起___点，午休___点，晚安___点，体温___，体重___，走步___

今日喝茶：绿☐ 白☐ 黄☐ 青☐ 红☐ 黑☐ 花茶☐

正能量的我

茶谱系 · 君山银针

君山银针，黄茶类（细分为黄芽茶），产于湖南省岳阳市西洞庭湖中的君山岛，为历史名茶。君山岛在唐代就已产茶。

君山银针于清明前3天开始采摘。鲜叶的采摘标准是没有开叶的肥壮嫩芽，芽头长2.5～3厘米，芽蒂长约0.2厘米；要求“九不采”：雨天不采，露水芽不采、紫色芽不采、空心芽不采、开口芽不采、冻伤芽不采、虫伤芽不采、瘦弱芽不采、过长过短的芽不采。制茶工艺工序是杀青、摊放、初烘、初包、复烘、摊放、复包、干燥。

君山银针成品茶叶芽头壮实挺直，茶芽大小长短均匀，形如银针，芽身金黄，黄毫显露，嫩香带毫香，享有“金镶玉”之誉。冲泡时，叶尖向水面悬空竖立，恰似群笋破土而出，又如刀枪林立，茶影汤色交相辉映，蔚成趣观，继而又徐徐下沉，随冲泡次数而三起三落。茶汤色泽杏黄明澈，入口滋味甘醇，香气清鲜，叶底明亮。

君山银针

冲泡君山银针时，茶与水的比例为1∶50，投茶量3克，水150克（毫升）；主要泡具宜用无色透明的玻璃杯（杯子高度10～15厘米，杯口直径4～6厘米）；泡茶水温宜水烧开后降温至80℃。采用定点旋冲法注水，利用水的冲力，先快后慢冲入茶杯一半的水量时，暂停而使茶芽湿透后，再冲至八分满杯止。注意给水杯加上盖，泡好后通过公道杯均分茶盏品饮。

SUNDAY. MAR 30，2025

2025 年 3 月 30 日

3月30日 星期日

农历乙巳年 · 三月初二

今日生命叙事

早起____点，午休____点，晚安____点，体温____，体重____，走步____

今日喝茶：绿☐　白☐　黄☐　青☐　红☐　黑☐　花茶☐

正能量的我

茶谱系 · 蒙顶石花

蒙顶石花

蒙顶石花，绿茶类（细分为炒青绿茶），扁型绿茶早期代表，产于四川省雅安市邛崃山脉之中的蒙顶山。西汉时期，吴理真开启在蒙顶驯化栽种野生茶树，开始了人工种茶的历史，从唐玄宗天宝元年（742年）到清末，蒙顶石花成为中国历史上唯一的正贡茶。蒙顶石花造型自然美观，如丛林古石上寄生的苔藓，形似花。

特级蒙顶石花茶青采用明前全芽头制作、每斤干茶需要4万～5万个芽头。蒙顶石花的制作工艺沿用唐宋时期的“三炒三晾”制法。

蒙顶石花成品茶叶扁平匀直，嫩绿油润；汤色嫩绿，清澈明亮，香气浓郁，芬芳鲜嫩，滋味鲜嫩，浓郁回甘；叶底细嫩，芽叶匀整。

冲泡蒙顶石花时，每人可选用一只容量130毫升的盖碗作为泡具和饮具，茶水比为1∶50，投茶量2克，水100克（毫升），泡茶水温宜水烧开后降温至80℃。主要冲泡步骤：温茶碗内凹，投入茶叶后，采用环圈法注水，水量达到茶碗八分后，盖上茶盖。当茶碗中茶汤的水温降至适口温度时，趁温热品饮。

MONDAY. MAR 31，2025

2025年3月31日

农历乙巳年 · 三月初三

3月31日

今日生命叙事

早起____点，午休____点，晚安____点，体温____，体重____，走步____

今日喝茶：绿□　白□　黄□　青□　红□　黑□　花茶□

正能量的我

茶谱系 · 雨花茶

雨花茶，绿茶类（细分为炒青绿茶），产于江苏省南京市中山陵和南京雨花台风景名胜区，创制于1958年，成品茶“形如松针，翠绿挺拔”，以此寓意革命烈士忠贞不屈、万古长青，并定名为“雨花茶”。此茶让人饮茶思源，表达对雨花台革命烈士的崇敬与怀念。此茶产区已扩大到栖霞、浦口、江宁、江浦、六合、溧水、高淳各区。

雨花茶的制茶鲜叶于清明前约10天开始采摘至清明。雨花茶鲜叶主要采自祁门槠叶种、宜兴小叶种、鸠坑种和龙井43。鲜叶的采摘标准是半开展的1芽1叶，当新梢萌发至1芽2～3叶时采下1芽1叶。要求嫩度均匀，长度一致，芽叶长度2～3厘米。制茶工序是杀青、揉捻、整形、干燥。

雨花茶成品茶叶条索犹似松针，细紧圆直，两端略尖，锋苗挺秀，色呈墨绿，白毫隐露；香气浓郁高雅，汤色新绿清澈明亮，滋味鲜爽甘醇；叶底嫩绿匀亮。

雨花茶

冲泡雨花茶时，可每人选用一只容量130毫升的盖碗作为泡具和饮具，茶水比为1∶50，投茶量2克，水100克（毫升），泡茶水温宜水烧开后降温至85℃。主要冲泡步骤：温茶碗内凹，投入茶叶后，采用环圈注水法注水，水量达到茶碗八分满后，盖上茶盖。当茶碗中茶汤的水温降至适口温度时，趁温热品饮。如觉茶汤淡，可用茶盖拨动茶叶使其翻滚后再品饮。

TUESDAY. APR 1，2025

4月1日 星期二

2025年4月1日

农历乙巳年 · 三月初四

今日生命叙事

早起____点，午休____点，晚安____点，体温____，体重____，走步____

今日喝茶：绿□　白□　黄□　青□　红□　黑□　花茶□

正能量的我

茶谱系 · 紫阳毛尖

紫阳毛尖，绿茶类（细分为炒青绿茶），产于陕西省紫阳县，始创于清代，为历史名茶。紫阳县在西周时属巴国，紫阳茶在唐代以前属巴蜀茶。清代安康知府叶世倬《春日兴安舟中杂咏》诗句有："自昔关南春独早，清明已煮紫阳茶。"清代《西乡县志》称："陕西惟紫阳茶有名。"

紫阳毛尖制茶的鲜叶于清明前 10 天开始采摘至谷雨前结束。选用鲜叶的标准是 1 芽 1 叶，鲜叶采自紫阳种和紫阳大叶袍茶，芽肥壮，茸毛多。制茶工序是杀青、初揉、炒坯、复揉、初烘、理条、复烘、提毫、足干、焙香。

紫阳毛尖成品茶叶条索圆紧壮结、略曲，较匀整，色泽翠绿，毫显；内质香气嫩香持久，汤色嫩绿清亮，滋味鲜爽回甘；叶底肥嫩，较完整，嫩绿明亮。

冲泡紫阳毛尖时，可每人选用一只容量 130 毫升的盖碗作为泡具和饮具，茶水比为 1∶50，投茶量 2 克，水 100 克（毫升），泡茶水温宜水烧开后降温至 85℃。主要冲泡步骤：温茶碗内凹，投入茶叶后，采用环圈注水法注水，水量达到茶碗八分满后，盖上茶盖。当茶碗中茶汤的水温降至适口温度时，趁温热品饮。如觉茶汤淡，可用茶盖拨动茶叶使其翻滚后再品饮。

紫阳毛尖

WEDNESDAY. APR 2，2025

2025 年 4 月 2 日

农历乙巳年 · 三月初五

4月2日 星期三

今日生命叙事

早起____点，午休____点，晚安____点，体温____，体重____，走步____

今日喝茶：绿□ 白□ 黄□ 青□ 红□ 黑□ 花茶□

正能量的我

节日和茶·寒食节

清明节的前一日为寒食节，寒食节是汉族传统节日中唯一以饮食习俗来命名的节日。

寒食节是春秋时的名君晋文公为纪念忠臣介之推而设的节日，距今已有 2600 多年的历史。这一天，禁烟火，只吃冷食，以寄哀思。寒食节的文化内涵是尊崇先贤介之推忠诚为国的坚定信念，功成身退的奉献精神，清正廉明的政治抱负，隐不违亲的孝道品德，是传承中华优秀传统文化的重要节日。

寒食节食品包括寒食粥、寒食面、寒食浆、青精饭及饧（用麦芽或谷芽熬成的饴糖）等；寒食供品有面燕、蛇盘兔、枣饼、细稞、神餤等；饮料有春酒、新茶、清泉甘水等数十种之多。

寒食饮用的茶叶，首选新茶，绿茶特别是蒸青绿茶以及白茶中的白毫银针。

采用冷泡法泡茶，取未开封的新鲜矿泉水一瓶，按照茶叶与水 1∶150 的比例，约相当于 7 克茶兑 1000 克（毫升）水，将茶叶和水按比例投入矿泉水瓶中，盖好盖放置于室内常温下 3 小时以上即以品饮，每人饮用量不超过 260 毫升为宜（500 多毫升的矿泉水冷泡的茶可供 2 人喝）。

冷泡茶

THURSDAY. APR 3，2025

2025 年 4 月 3 日

农历乙巳年 · 三月初六

4月3日

星期四

寒食节

今日生命叙事

早起____点，午休____点，晚安____点，体温____，体重____，走步____

今日喝茶：绿☐ 白☐ 黄☐ 青☐ 红☐ 黑☐ 花茶☐

正能量的我

茶和节气·清明

桐花恬淡杜鹃啼，清明祭墓礼源周。
禁火寒食雨见虹，曲水流殇盏为舟。
蹴鞠拔河荡秋千，戴柳鸣鸢踏春游。
重熙累盛家国事，精行俭德必同修。

清明·杜鹃花

清明是农历每年二十四节气的第 5 个节气。清明，物候类节气，表示天气晴朗、草木繁茂。茶谚语有“三月三，茶出山”。

清明物候：初候桐始华，花信风桐花；二候田鼠化为鴽，花信风麦花；三候虹始见，花信风柳花。

“清明时节雨纷纷”，我国江南、华南开始出现较大的降水，天气时阴时晴，又有充沛的雨量，满足了茶树茶芽生长的需要。茶园里，“明前茶、两片芽”，一片片、一丛丛的茶树正处于生长旺季。

从春分到清明采摘的茶叶叫作明前茶，从清明往后一周时间内采摘制作的茶叶称为“明后茶”。明前茶与明后茶，通常是茶叶的第一次采摘（头采）、第二次采摘（二采），头采与二采的茶叶，可以统称为早春茶。早春茶好，明前茶尤甚。

清明节气里，喝什么茶？清明时节，勿大汗，令神气清，更要注意养脏气，养血柔肝，健脾补肺。适宜饮再加工茶（茉莉花茶）、绿茶、红茶、白茶。喝适宜口感温度的茶水，避免因饮烫茶、急茶，导致大汗淋漓。

清明，采茶、喝茶、论茶时，茶人往往也会忆及茶圣陆羽，此时可以再翻翻《茶经》。

FRIDAY. APR 4, 2025

2025年4月4日

农历乙巳年 · 三月初七

4月4日

星期五

清明

今日生命叙事

早起___点，午休___点，晚安___点，体温___，体重___，走步___

今日喝茶：绿□ 白□ 黄□ 青□ 红□ 黑□ 花茶□

正能量的我

节气茶·清明茶

清明茶是清明时节采制的嫩芽茶叶，新春季上量的第一波茶叶。清明茶色泽绿翠，叶质柔软，香高味醇，奇特优雅；春茶中的清明茶，一般无病虫危害，无须使用农药，茶叶无污染，是一年之中的佳品。

春茶，也称头茶，泛指春季和立夏、小满节气里采制的茶叶，用春季和立夏、小满节气里采制的茶叶沏泡的茶（水、汤）。春茶一般指采摘越冬后茶树第一次萌发的芽叶（约 3 月中下旬萌芽）而制成的茶叶，按节气分，春分、清明、谷雨、立夏、小满采制的茶为春茶；按时间分，3 月中旬（华南茶区为 2 月或 3 月）至 5 月下旬采制的为春茶。而在 4 月上旬及之前采制的茶属早春茶。清明茶属早春茶。

清明茶之说源于古代祭天祀祖用茶。清代王士祯《陇蜀余闻》记载：“每茶时，叶生，智矩寺僧辄报有司往视，籍记其叶之多少，采制才得数钱许。明时贡京师仅一钱有奇。”蒙顶贡茶从唐代至清代，一千多年，岁岁入宫，年年进贡，以供皇室清明宴祭天祀祖之用。

清明茶叶

SATURDAY. APR 5，2025

2025 年 4 月 5 日

农历乙巳年 · 三月初八

4月5日

星期六

今日生命叙事

早起____点，午休____点，晚安____点，体温____，体重____，走步____

今日喝茶：绿☐　白☐　黄☐　青☐　红☐　黑☐　花茶☐

正能量的我

茶谱系·径山茶

径山茶

径山茶，绿茶类（细分为炒青绿茶），产于浙江省杭州市余杭区的径山，为恢复的历史名茶。径山茶现有品种有径山毛峰、径山玉露、径山龙井。

径山茶制茶的鲜叶于清明后谷雨前采摘，采用发芽早的无性系良种茶树鲜叶，采摘鲜叶的标准是1芽1叶或1芽2叶初展。一般只采春茶，谷雨节气前采摘结束，这一时段气温较低，湿度大，茶山中云雾多，茶叶生长缓慢、均匀，芽叶细嫩、整齐。谷雨节气后也采一部分径山茶，但一般在4月底结束。制茶工序是小锅杀青、扇风摊凉、轻轻解块、初烘摊凉、文火烘干。

径山茶成品茶叶条索纤细，稍微卷曲，芽锋显露，略带白毫，色泽绿翠；内质嫩香持久；茶汤呈鲜明绿色，口感鲜爽回甘；叶底细嫩成朵，嫩绿明亮。

冲泡径山茶时，可每人选用一只容量130毫升的盖碗作为泡具和饮具，茶水比为1∶50，投茶量2克，水100克（毫升）；泡茶水温宜水烧开后降至80～85℃。主要冲泡步骤：温茶碗内凹，投入茶叶后，采用环圈注水法注水，水量达到茶碗八分满后，盖上茶盖，3分钟后即可品饮。

陆羽曾在径山植茶、制茶、考察研究茶，写《茶经》。径山万寿禅寺从建寺起便盛行饮茶之风，唐宋时期佛教典籍《百丈清规》《禅苑清规》，将饮茶列入僧侣日常行为，规定仪式，称为茶礼；并加以提炼以宴请上宾，成为茶宴，这就是著名的径山茶宴。

SUNDAY. APR 6，2025

2025 年 4 月 6 日

农历乙巳年 · 三月初九

4月6日 星期日

今日生命叙事

早起____点，午休____点，晚安____点，体温____，体重____，走步____

今日喝茶：绿□　白□　黄□　青□　红□　黑□　花茶□

正能量的我

茶谱系 · 安吉白茶

安吉白茶，绿茶类（细分为半烘炒绿茶），产于浙江省安吉县，创制于 20 世纪 90 年代。

安吉白茶制茶的鲜叶于 4 月上旬至 5 月初这一特定的时段采摘。这期间的茶叶呈现玉白色，叶脉翠绿色，形如凤羽，远望似雪，近看似兰。鲜叶的采摘标准是 1 芽 2 叶初展。制茶工艺工序是摊青、杀青、理条、初烘、摊凉、复烘、收灰干燥。

安吉白茶成品茶叶条索翠绿鲜活，略带金黄色，细秀、匀整；内质香气清高鲜爽；汤色嫩绿鲜亮，清澈明亮，其香气馥郁，鲜爽甘醇，令人齿颊生香；叶底舒展，张叶玉白，观之如春水浮雪，新秀清润。

冲泡安吉白茶时，可每人选用一只容量 130 毫升的盖碗作为泡具和饮具，茶水比为 1：50，投茶量 2 克，水 100 克（毫升），泡茶水温宜水烧开降温至 85℃。主要冲泡步骤：温茶碗内凹，投入茶，采用环圈注水法注水，水量达到茶碗八分满后，盖上茶盖。当茶碗中茶汤的水温降至适口温度时趁热品饮。如觉茶汤淡，可用茶盖拨动茶叶使其翻滚后再品饮。

安吉白茶（特级）

MONDAY. APR 7，2025

2025 年 4 月 7 日

农历乙巳年·三月初十

4月7日 星期一

今日生命叙事

早起____点，午休____点，晚安____点，体温____，体重____，走步____

今日喝茶：绿☐ 白☐ 黄☐ 青☐ 红☐ 黑☐ 花茶☐

正能量的我

茶谱系 · 松萝茶

松萝茶

松萝茶，绿茶类（细分为炒青绿茶，炒青茶的工序源起），产于安徽省黄山市休宁县休歙边界黄山余脉的松萝山，为历史名茶，创制于明隆庆年间，工艺影响扩展到浙江、江西、福建、湖北等地。明代闻龙的《茶笺》中记载："茶初摘时，须拣去枝梗老叶，惟取嫩叶，又须去尖与柄，恐其易焦，此松萝法也。炒时须一人从旁扇之，以祛热气，否则色香味俱减。予所亲试，扇者色翠。令热气稍退，以手重揉之，再散入铛，文火炒干入焙。盖揉则其津上浮，点时香味易出。"当时的制茶工艺与现今的炒青绿茶制法无异。现今的"屯绿"炒制技术就在此规范基础上完善。

松萝茶以当地松萝群体种茶树鲜叶为主要原料，于谷雨前后采摘。选用鲜叶的标准是 1 芽 2 ～ 3 叶。鲜叶采回后要经过验收，不能夹带鱼叶、老片、梗等，并做到现采现制。制茶工序是杀青、揉捻、烘焙、做形、炒干、足干等。

松萝茶成品茶叶条索紧卷匀壮，色泽绿润；香气高爽，滋味浓厚，带有橄榄香；汤色绿明，叶底绿嫩；呈现出松萝茶的显著特点——色重、香重、味重。

冲泡松萝茶时，可每人选用一只容量 130 毫升的盖碗作为泡具和饮具，茶水比为 1∶50，投茶量 2 克，水 100 克（毫升），泡茶水温宜水烧开降温至 85 ～ 90℃。主要冲泡步骤：温茶碗内凹，投入茶，采用回旋低冲法注水，水量达到茶碗八分满后，盖上茶盖。当茶碗中茶汤的水温降至适口温度时趁热品饮。如觉茶汤淡，可用茶盖拨动茶叶使其翻滚后再品饮。

TUESDAY. APR 8，2025

2025 年 4 月 8 日

农历乙巳年 · 三月十一

4月8日 星期二

今日生命叙事

早起____点，午休____点，晚安____点，体温____，体重____，走步____

今日喝茶：绿☐　白☐　黄☐　青☐　红☐　黑☐　花茶☐

正能量的我

茶谱系·黄山毛峰

黄山毛峰

黄山毛峰，绿茶类（细分为烘青绿茶），创制于清末，为历史名茶。其主产区位于安徽黄山风景区和黄山市黄山区的汤口、冈村、芳村、三岔、谭家桥、焦村，徽州区的充川、富溪、杨村、洽舍，歙县的大谷运、辣坑、许村、黄村、璜蔚、璜田，休宁县的千金台等地。

黄山毛峰的制茶鲜叶于清明前后采摘特级黄山毛峰原料，鲜叶的采摘标准为1芽1叶初展；谷雨前后采摘1～3级黄山毛峰原料，采摘标准分别为1芽1叶、1芽2叶初展、1芽1～3叶初展。采制黄山毛峰的茶树品种主要为黄山大叶种。制茶工艺工序是杀青、揉捻、烘焙等。

特级黄山毛峰成品茶叶条索形似雀舌，匀齐壮实，色如象牙，鱼叶金黄，白毫显露；嫩香带毫香，清香高长；汤色清澈，滋味鲜浓、醇厚、甘甜；叶底嫩黄，肥壮成朵。其中“金黄片”和“象牙色”是不同于其他毛峰的两大明显特征。

冲泡黄山毛峰时，可每人选用一只容量130毫升的盖碗作为泡具和饮具，茶水比为1∶50，投茶量2克，水100克（毫升），泡茶水温宜水烧开后降温至85～90℃。主要冲泡步骤：温茶碗内凹，投入茶叶后，采用回旋低冲法注水，水量达到茶碗八分满后，盖上茶盖。当茶碗中茶汤的水温降至适口温度时，趁温热品饮。如觉茶汤淡，可用茶盖拨动茶叶使其翻滚后再品饮。

WEDNESDAY. APR 9，2025

2025 年 4 月 9 日

农历乙巳年 · 三月十二

4月9日 星期三

今日生命叙事

早起____点，午休____点，晚安____点，体温____，体重____，走步____

今日喝茶：绿□ 白□ 黄□ 青□ 红□ 黑□ 花茶□

正能量的我

茶谱系·古丈毛尖

古丈毛尖，绿茶类（细分为炒青绿茶），产于湖南省湘西土家族苗族自治州古丈县，故得此名。据《桐君录》记载，古丈栽种茶叶始于西汉，古丈在东汉时就被列为著名的产茶地之一。唐代杜佑《通典》记载："溪州（今古丈县罗依镇会溪坪）等地均有茶芽入贡。"

古丈毛尖制茶的鲜叶于清明前后 15 天以内采摘完成，专采 1 芽 1 叶，芽叶要鲜嫩、匀称、洁净。制茶工艺工序是杀青、清风、初揉、炒二青、复揉、炒三青、做条、提毫收锅。

古丈毛尖成品茶叶条索紧细，锋苗挺秀，色泽翠润，白毫显露；嫩香高悦，香气持久；汤色清澈，滋味醇爽回甘；叶底肥厚嫩绿。

冲泡古丈毛尖时，可每人选用一只容量 130 毫升的盖碗作为泡具和饮具，茶水比为 1∶50，投茶量 2 克，水 100 克（毫升），泡茶水温宜水烧开后降温至 85℃。主要冲泡步骤：温茶碗内凹，投入茶叶后，采用环圈注水法注水，水量达到茶碗八分满后，盖上茶盖。当茶碗中茶汤的水温降至适口温度时，趁温热品饮。如觉茶汤淡，可用茶盖拨动茶叶使其翻滚后再品饮。

古丈毛尖

THURSDAY. APR 10，2025

2025 年 4 月 10 日

农历乙巳年 · 三月十三

4 月 10 日

星期四

今日生命叙事

早起____点，午休____点，晚安____点，体温____，体重____，走步____

今日喝茶：绿☐　白☐　黄☐　青☐　红☐　黑☐　花茶☐

正能量的我

茶谱系 · 信阳毛尖

信阳毛尖，绿茶类（细分为烘青绿茶），又称豫毛峰，为历史名茶。其产于河南省信阳市，主要产地在信阳市、新县、商城县及境内大别山一带，驰名产地是“五云”（车云山、集云山、云雾山、天云山、连云山）、“两潭”（黑龙潭、白龙潭）、“一山”（震雷山）、“一寨”（何家寨）、“一寺”（灵山寺）。

信阳毛尖制茶的鲜叶于清明前开始采摘。鲜叶的采摘标准是：特级采1芽1叶初展，一级采1芽2叶初展，二级采1芽2～3叶初展为主兼有2叶对夹叶，三级采1芽2～3叶兼采较嫩的2叶对夹叶，四、五级采1芽3叶及2～3叶对夹叶。制茶工艺工序是生锅、熟锅、初烘、摊凉、复烘、拣剔、再复烘。

信阳毛尖成品茶叶条索细圆紧直，色泽翠绿，白毫显露；汤色嫩绿明亮，熟板栗香高长，滋味鲜浓，鲜爽回甘；叶底嫩绿匀整。

信阳毛尖采春、夏、秋三季茶。明前茶，清明前采制的茶叶，全是春天刚刚冒出的嫩芽头，细小多毫，汤色明亮，有淡淡的香。谷雨茶，谷雨节气前采制的茶，茶叶含苞的1芽1叶，味道稍微加重。

冲泡信阳毛尖时，可每人选用一只容量130毫升的盖碗作为泡具和饮具，茶水比为1∶50，投茶量2克，水100克（毫升）。泡茶水温宜水烧开后降温至85～90℃。采用回旋低冲法注水，水量达到茶碗八分满后，盖上茶盖。当茶碗中茶汤的水温降至适口温度时，趁温热品饮。

特级信阳毛尖　　　　一级信阳毛尖

FRIDAY. APR 11，2025

2025 年 4 月 11 日

农历乙巳年 · 三月十四

4月11日

星期五

今日生命叙事

早起___点，午休___点，晚安___点，体温___，体重___，走步___

今日喝茶：绿□ 白□ 黄□ 青□ 红□ 黑□ 花茶□

正能量的我

古代雅集·兰亭雅集和茶宴

东晋永和九年（353 年）三月初三上巳节，时任会稽内史的右军将军、大书法家王羲之，召集筑室东土的一批名士和家族子弟，有谢安、谢万、孙绰、王凝之、王徽之、王献之等 42 位名士参加，在会稽山阴之兰亭举办兰亭雅集。依山傍水，清脍疏笋，“群贤毕至，少长咸集”，行修禊事，曲水流觞，诗文吟咏，酒助诗兴，共得诗 37 首。唱吟这些兴象遥远、意味无穷的诗作，时年 51 岁的王羲之于酒酣之时，用蚕茧纸、鼠须笔乘兴疾书，写下了《兰亭序》这篇享有“天下第一行书”之称、传颂千古的名作。

“茶宴”一词的最早文字记载，出自南北朝时山谦之的《吴兴记》，其中提道：“每岁吴兴、昆陵二郡太守采茶宴会于此。”

唐代吕温在《三月三日茶宴序》中写道：“三月三日，上巳禊饮之日也。诸子议以茶酌而代焉。”此句说三月初三这日，大家用茶宴上的品茶方式代替了“兰亭雅集”上的饮酒方式了。

“三月三”，这跨越时空的雅集，诠释了茶助修行，酒助诗兴；茶可静人心，酒亦助情怀；君子爱茶，诗人爱酒。

《曲水流觞图》

SATURDAY. APR 12，2025

4月12日

2025年4月12日

农历乙巳年·三月十五

今日生命叙事

早起____点，午休____点，晚安____点，体温____，体重____，走步____

今日喝茶：绿□　白□　黄□　青□　红□　黑□　花茶□

正能量的我

茶谱系 · 庐山云雾

庐山云雾，绿茶类（细分为烘青绿茶），产于江西省九江市庐山，为历史名茶。据记载，东晋时，名僧慧远在山上居住 30 多年，聚集僧徒，讲授佛学，在山中将野生茶树改造为家生茶。唐代诗人白居易，曾在庐山峰挖药种茶，写下：“长松树下小溪头，斑鹿胎巾白布裘。药圃茶园为产业，野麋林鹤是交游。”庐山云雾茶古称闻林茶，从明代始称云雾。

庐山的茶树萌发多在谷雨后，谷雨至立夏之间开始采摘。鲜叶的采摘标准是 1 芽 1 叶初展，长 3 厘米。制茶工艺工序是杀青、抖散、揉捻、炒二青、理条、搓条、拣剔、提毫、烘干。

庐山云雾成品茶叶条索粗壮尚结，匀整多毫，色泽绿翠；内质香气，清鲜持久；汤色清澈明亮，滋味醇厚回甜；叶底肥软、嫩绿、匀齐。通常用“六绝”来形容庐山云雾茶，即“条索粗壮、青翠多毫、汤色明亮、叶嫩匀齐、香凛持久、醇厚味甘”。

冲泡庐山云雾时，可每人选用一只容量 130 毫升的盖碗作为泡具和饮具，茶水比为 1∶50，投茶量 2 克，水 100 克（毫升），泡茶水温宜水烧开后降温至 85 ～ 90℃。主要冲泡步骤：温茶碗内凹，投入茶叶后，采用环圈注水法注水，水量达到茶碗八分满后，盖上茶盖。当茶碗中茶汤的水温降至适口温度时，趁温热品饮。如觉茶汤淡，可用茶盖拨动茶叶使其翻滚后再品饮。

汉阳峰私茶

汉阳峰国营茶

小天池处茶

SUNDAY. APR 13，2025

2025 年 4 月 13 日

农历乙巳年 · 三月十六

4月13日

星期日

今日生命叙事

早起____点，午休____点，晚安____点，体温____，体重____，走步____

今日喝茶：绿□　白□　黄□　青□　红□　黑□　花茶□

正能量的我

茶谱系 · 鸠坑毛峰

鸠坑毛峰，绿茶类（细分为烘青绿茶），产于浙江省淳安县境内，为历史名茶。唐代李肇《唐国史补》记载当时的主要名茶：“剑南有蒙顶石花，或小方或散芽，号称第一。湖州有顾渚紫笋……婺州有东白，睦州有鸠坑……”鸠坑乡常青村鸠岭山自然村今尚存鸠坑古茶树群，茶树树龄从 100 年到 800 年不等，此处是一个野生型、过渡型、栽培型保存完整的古茶树群，是茶树的“活化石”。

鸠坑毛峰一般在 4 月中旬开始采摘鲜叶原料制茶，鲜叶的采摘标准为 1 芽 1 叶初展。青叶采后应适度摊放 3 ～ 6 小时，即可杀青。制茶主要工序是杀青、揉捻、烘焙。

鸠坑毛峰成品茶叶条索肥壮成条，匀整多毫，色泽绿翠显毫；内质香气，清高持久；汤色清澈明亮，滋味浓厚甘醇；叶底肥软嫩绿。

冲泡鸠坑毛峰时，可每人选用一只容量 130 毫升的盖碗作为泡具和饮具，茶水比为 1∶50，投茶量 2 克，水 100 克（毫升），泡茶水温宜水烧开后降温至 85℃。主要冲泡步骤：温茶碗内凹，投入茶叶后，采用环圈注水法注水，水量达到茶碗八分满后，盖上茶盖。当茶碗中茶汤的水温降至适口温度时，趁温热品饮。如觉茶汤淡，可用茶盖拨动茶叶使其翻滚后再品饮。

鸠坑毛峰

MONDAY. APR 14, 2025

2025 年 4 月 14 日

农历乙巳年 · 三月十七

4月14日 星期一

今日生命叙事

早起____点，午休____点，晚安____点，体温____，体重____，走步____

今日喝茶：绿☐　白☐　黄☐　青☐　红☐　黑☐　花茶☐

正能量的我

茶谱系 · 峨眉峨蕊

峨眉峨蕊，绿茶类（细分为炒青绿茶），产于四川省乐山市峨眉山市国家级旅游风景区峨眉山，创制于1959年。《峨眉志》记载：“峨山多药草，茶尤好，异于天下。今黑水寺磨绝顶产一种茶，味初苦终甘，不减江南春采。”宋代陆游《煮茶诗》有：“雪芽近自峨眉得，不减红囊顾渚春。”峨蕊，因其形似花蕊，故得名。

峨蕊最初采制的茶树品种为四川中小叶群体种，后引种了福鼎无性系良种。其制茶鲜叶于3月上旬开始采摘（福鼎无性系良种在2月中下旬即可采摘），鲜叶的采摘标准是独芽至1芽1叶开展。制茶工艺工序是高温杀青、三炒三揉（初揉、二炒、二揉、三炒、三揉、四炒）、整形提毫、文火慢烘、足火干燥、摊晾、包装。

峨眉峨蕊成品茶叶紧结纤秀，全毫如眉，似片片绿萼开放，朵朵花蕊吐香，色泽嫩绿，鲜润显毫，嫩香香气馥郁持久；汤色嫩绿清澈，滋味鲜醇，饮后回甘；叶底嫩绿、明亮。

峨眉峨蕊

冲泡峨眉峨蕊时，可每人选用一只容量130毫升的盖碗作为泡具和饮具，茶水比为1：50，投茶量2克，水100克（毫升），泡茶水温宜水烧开后降温至85℃。主要冲泡步骤：温茶碗内凹，投入茶叶后，采用环圈法注水，水量达到茶碗八分后，盖上茶盖。当茶碗中茶汤的水温降至适口温度时，趁温热品饮。

TUESDAY. APR 15，2025

2025 年 4 月 15 日

农历乙巳年 · 三月十八

4月15日

星期二

今日生命叙事

早起____点，午休____点，晚安____点，体温____，体重____，走步____

今日喝茶：绿□　白□　黄□　青□　红□　黑□　花茶□

正能量的我

茶谱系 · 老竹大方

老竹大方，绿茶类（细分为炒青绿茶中的扁炒青，为扁形茶的工序起源），产于安徽省黄山市歙县老竹铺、三阳坑、金川一带，历史上称为竹铺大方、拷方和竹叶大方，为历史名茶。老竹大方由大方和尚于明隆庆年间（1567—1572 年）在歙县南乡老竹铺创制，故取名老竹大方。

谷雨前采摘顶谷大方原料鲜叶，鲜叶的采摘标准是 1 芽 2 叶初展新梢，长度约 3 厘米，每斤鲜叶有 3000 ～ 4000 个芽头；谷雨至立夏之间采摘一般大方的原料鲜叶，选用 1 芽 2 ～ 3 叶。鲜叶加工前要进行选剔薄摊。制茶工艺工序是手工杀青、做坯、整形、辉锅等。

老竹大方成品茶叶形似竹叶，条索扁伏匀齐，挺秀光滑，色泽墨绿微黄，芽藏不露，披满金色茸毫；汤色清澈微黄，香气高长，有板栗香，滋味浓醇爽口；叶底嫩匀、芽显、肥壮。老竹大方茶外形和品质特征都与龙井茶极为相似。

老竹大方

冲泡老竹大方时，可每人选用一只容量 130 毫升的盖碗作为泡具和饮具，茶水比为 1 : 50，投茶量 2 克，水 100 克（毫升），泡茶水温宜水烧开降温至 85 ～ 90℃。主要冲泡步骤：温茶碗内凹，投入茶，采用回旋低冲法注水，水量达到茶碗八分满后，盖上茶盖。当茶碗中茶汤的水温降至适口温度时趁温热品饮。如觉茶汤淡，可用茶盖拨动茶叶使其翻滚后再品饮。

WEDNESDAY. APR 16, 2025

2025 年 4 月 16 日

农历乙巳年 · 三月十九

4月16日

星期三

今日生命叙事

早起___点，午休___点，晚安___点，体温___，体重___，走步___

今日喝茶：绿□　白□　黄□　青□　红□　黑□　花茶□

正能量的我

茶谱系 · 五峰毛尖

五峰毛尖，绿茶类（细分为炒青绿茶），也称采花毛尖，产于湖北省五峰土家族自治县，创制于 1991 年。陆羽《茶经》记载的“峡州山南出好茶”，即指今五峰土家族自治县地域。

五峰毛尖的制茶原料为福鼎大白茶及本地良种，一般在清明前 10 天开始采摘。鲜叶的采摘标准：极品鲜叶原料为长 2.5 厘米的单芽，单芽无露水、无紫色、无空心、无冻伤、无虫害；特级鲜叶原料为 1 芽 1 叶初展；一级鲜叶原料为 1 芽 1 叶；二级鲜叶原料为 1 芽 2 叶初展。制茶工艺工序是鲜叶在竹席上摊放 6 ～ 8 小时后，杀青、摊凉、揉捻、毛火、摊凉、整形、摊凉、足干、提香。

五峰毛尖成品茶叶条索形紧细秀，匀直显露，色泽翠绿油润；内质嫩香持久；滋味清新鲜爽回甘；汤色嫩绿，清澈明亮；叶底嫩绿、匀齐。

冲泡五峰毛尖时，可每人选用一只容量 130 毫升的盖碗作为泡具和饮具，茶水比为 1∶50，投茶量 2 克，水 100 克（毫升），泡茶水温宜水烧开后降温至 85℃。主要冲泡步骤：温茶碗内凹，投入茶叶后，采用环圈注水法注水，水量达到茶碗八分满后，盖上茶盖。当茶碗中茶汤的水温降至适口温度时，趁温热品饮。如觉茶汤淡，可用茶盖拨动茶叶使其翻滚后再品饮。

五峰毛尖

THURSDAY. APR 17，2025

2025 年 4 月 17 日

农历乙巳年 · 三月二十

4月17日 星期四

今日生命叙事

早起___点，午休___点，晚安___点，体温___，体重___，走步___

今日喝茶：绿☐　白☐　黄☐　青☐　红☐　黑☐　花茶☐

正能量的我

茶谱系·天山绿茶

天山绿茶，绿茶类（细分为炒青绿茶），产于福建省天山山脉的洋中、霍童等乡镇，为历史名茶。

天山绿茶制茶的鲜叶于 4 月上旬开园采摘。鲜叶的采摘标准是 1 芽 2 叶、1 芽 3 叶。制茶工艺工序是摊放、杀青、揉捻、烘焙，制成毛茶。

天山绿茶成品茶叶的外形有针、圆、扁、曲几种，具有香高、味浓、色翠、耐泡四大特点。现有天山毛峰、天山银毫、天山毛尖、四季春、清水绿、迎春绿、白玉螺、毫芽、翠芽、银针、银芽、松针、雀舌、螺茗、松子茶、龙珠、绣球、明前早、雨前绿等 20 个产品。尤其是里、中、外天山所产的绿茶品质更佳，称为“正天山绿茶”。由于天山有 7 座山峰，故有“七峰茶”之称。其条索细长匀整，白毫显身，具有“三绿”（外形翠绿、汤色碧绿、叶底嫩绿），香气浓久清高，回味甘甜。

天山绿茶

冲泡天山绿茶时，可每人选用一只容量 130 毫升的盖碗作为泡具和饮具，茶水比为 1∶50，投茶量 2 克，水 100 克（毫升），泡茶水温宜水烧开后降温至 85 ～ 90℃。主要冲泡步骤：温茶碗内凹，投入茶叶后，采用回旋低冲法注水，水量达到茶碗八分满后，盖上茶盖。当茶碗中茶汤的水温降至适口时，趁温热品饮。如觉茶汤淡，可用茶盖拨动茶叶使其翻滚后再品饮。

FRIDAY. APR 18, 2025

2025 年 4 月 18 日

农历乙巳年 · 三月廿一

4月18日 星期五

今日生命叙事

早起___点，午休___点，晚安___点，体温___，体重___，走步___

今日喝茶：绿□ 白□ 黄□ 青□ 红□ 黑□ 花茶□

正能量的我

节气茶·雨前茶

雨前茶，即谷雨前（4 月 5 日至 4 月 20 日左右）采摘茶树的细嫩芽尖芽叶制成的茶叶称雨前茶。雨前茶虽不及明前茶（清明前采摘的茶）那么细嫩，但由于这时气温回暖趋高，芽叶生长相对较快，积累的内含物也较丰富，因此，雨前茶滋味鲜浓且耐泡。

明代许次纾《茶疏》中谈到采茶时节时说："清明太早，立夏太迟，谷雨前后，其时适中。"清明后，谷雨前，正是江南茶区的大宗炒青绿茶最适宜的采制时节。

春茶，也称头茶，泛指春季和立夏、小满节气里采制的茶叶，用春季和立夏、小满节气里采制的茶叶沏泡的茶（水、汤）。春茶一般指由越冬后茶树第一次萌发的芽叶采制而成的茶叶（约 3 月中下旬萌芽），按节气分，春分、清明、谷雨、立夏、小满采制的茶为春茶；按时间分，3 月中旬（华南茶区为 2 月或 3 月）至 5 月下旬采制的为春茶。而在 4 月上旬及前采制的茶属是早春茶。

春茶的特征。干看（冲泡前）成品茶的特征：凡红茶、绿茶条索紧结，珠茶颗粒圆紧；红茶色泽乌润，绿茶色泽绿润；茶叶肥壮重实，或有较多毫毛；香气馥郁。湿看（冲泡后）成品茶的特征：冲泡时茶叶下沉较快，香气浓烈持久，滋味醇厚；绿茶汤色绿中透黄，红茶汤色红艳显金圈；茶底柔软厚实，正常芽叶多；叶张脉络细密，叶缘锯齿不明显。

雨前茶叶

SATURDAY. APR 19, 2025

2025 年 4 月 19 日

农历乙巳年 · 三月廿二

4月19日

今日生命叙事

早起____点，午休____点，晚安____点，体温____，体重____，走步____

今日喝茶：绿□　白□　黄□　青□　红□　黑□　花茶□

正能量的我

茶和节气·谷雨

槚蔎荈诧仪礼供，牡丹花会萍雨浮。
女娲伏羲辨荼茶，黄帝仓颉识茗枞。
功德流芳笃适志，耕读继世戒疏慵。
拂羽八千云和路，尝新戴降五老峰。

谷雨·紫藤花

谷雨是农历每年二十四节气的第 6 个节气。谷雨，降水类节气，表示雨量充足而及时，谷类作物茁壮成长。

谷雨物候：初候萍始生，花信风牡丹；二候鸣鸠拂其羽，花信风荼蘼；三候戴胜降于桑，花信风楝花。

两个月前，雨水节气开始的“雨”是由寒冷冬天转暖后的初春雨，气温低，水雾细绵绵，有时落地过夜即成冰。现在，谷雨节气的“雨”是渐暖的春天里暮春时的雨，气温稳定上升，雨量充沛，空气湿润，极其适合农作物的播种及生长。这时的雨是“雨生百谷”的意思。

茶谚语有“谷雨茶，满地抓”“要好茶，谷雨芽”，茶多到“谷雨茶，满把抓”。2012 年开始，我国陆续有城市把谷雨节气这天定为全民饮茶日，越来越多人在追求：一人喝茶，和心；二人喝茶，和气；一家人喝茶，和睦；全国喝茶，和谐；全世界喝茶，和平。

谷雨节气里，喝什么茶？谷雨处于春夏之交，此时气温、湿度变化大，要注意寒热调节，避免湿气，喜悦养心，舒展养肝，安眠养肾；适宜饮绿茶、红茶、白茶、黄茶、乌龙茶、茉莉花茶，可适量尝新茶。

SUNDAY. APR 20, 2025

2025 年 4 月 20 日

农历乙巳年 · 三月廿三

4月20日

星期日

谷雨

今日生命叙事

早起____点，午休____点，晚安____点，体温____，体重____，走步____

今日喝茶：绿☐　白☐　黄☐　青☐　红☐　黑☐　花茶☐

正能量的我

节气茶·谷雨茶

谷雨茶叶

古诗有“诗写梅花月，茶煎谷雨春”“二月山家谷雨天，半坡芳茗露华鲜”。谷雨茶是谷雨时节采制的春茶，又叫二春茶。春季温度适中，雨量充沛，加上茶树经过了冬季的休养生息，春梢芽叶肥硕，色泽翠绿，叶质柔软，富含多种成分，因此其滋味鲜活，香气怡人。此时节，江南茶区万里碧绿，千里飘香，一派生机勃勃的景象，此时也正是采茶、收茶、制茶的重要阶段。

我国绝大部分产茶地区，茶树生长和茶叶采制是有季节性的。按节气分，春分、清明、谷雨、立夏、小满采制的茶为春茶；按时间分，3月中旬（华南茶区为2月或3月）至5月下旬采制的为春茶，而在4月上旬及前采制的茶是早春茶。

谷雨茶有嫩芽制作的茶，还有1芽1嫩叶或1芽2嫩叶的茶。1芽1嫩叶的茶叶，泡在水里像古代兵器枪和旌旗林立，被称为旗枪；1芽2嫩叶的茶是三春茶，像雀鸟的舌头，被称为雀舌。与清明茶“莲心”同为一年之中的佳品。

在谷雨前一周采制的茶叶，称为雨前茶；谷雨之后一周采制的茶叶，被称为雨后茶。雨前茶与雨后茶，通常是茶叶的第三次采摘（三采）、第四次采摘（四采），三采与四采的茶叶，可以统称为正春茶。再往后约一周，在立夏前采制的茶叶，是春茶的第五次采摘（五采），被称为晚春茶。

MONDAY. APR 21，2025

2025 年 4 月 21 日

农历乙巳年 · 三月廿四

4月21日

星期一

今日生命叙事

早起____点，午休____点，晚安____点，体温____，体重____，走步____

今日喝茶：绿□ 白□ 黄□ 青□ 红□ 黑□ 花茶□

正能量的我

茶用水·古人“以石养水”

以石养水

古代茶人深感“水者，茶之母”。

明许次纾《茶疏》说：“精茗蕴香，借水而发，无水不可与论茶也。”说的就是茶性借水而发，水质的不同对茶汤的色、香、味、韵都有明显的不同影响，好水更能激发出好茶的品质。古人的感官检验得出沏茶的理想用水，应该是“清、活、轻”的水质，“甘、冽”的水味。比较后，古人认为理想用水的顺序是：泉水、溪水、雨水、雪水、江河湖水、井水。

但在古代交通不便，真可谓“汲泉远道，必失原味”。为了保持泉水、溪水的水质水味，避免水质、水味变差，古代人想出“以石养水”的方法。“以石养水”是指为保持山泉之味之质，而带石而煮，亦增添了煮茶的清幽之趣。古人主要选取名泉之石子，通过“以石养水”的方法来解决“居家，苦泉水难得”的求水难题。足见古人为了泡茶用水，真是煞费苦心。“以石养水”，也不失为陶冶情操、增加品茶乐趣的一条途径。

明代高濂在《遵生八笺》中写道：“凡水泉不甘，能损茶味。”故他对梅雨水、雪水提出“以石养水”的蓄存方法：“大瓮收藏黄梅雨水、雪水，下放鹅子石十数石，经年不坏。用栗炭三四寸许，烧红投淬水中，不生跳虫。”清代袁枚《随园食单》载：“然天泉水、雪水，力能藏之。水新则味疏，陈则味甘。”

古代人还常常在水坛里放入白石等石子，既养水味又求澄清水中杂质。明代田艺衡《煮泉小品》说：“移水取石子置瓶中，虽养其味，亦可澄水，令之不淆。”“择水中洁净白石，带泉煮之，尤妙，尤妙！”

TUESDAY. APR 22，2025

2025 年 4 月 22 日

农历乙巳年 · 三月廿五

4月22日 星期二

今日生命叙事

早起____点，午休____点，晚安____点，体温____，体重____，走步____

今日喝茶：绿□　白□　黄□　青□　红□　黑□　花茶□

正能量的我

茶谱系·望海茶

望海茶

望海茶，绿茶类（细分为烘青绿茶），产于浙江省宁波市宁海县，主产于宁海县深甽镇望海岗村一带，为新创名茶，创制于20世纪80年代。宁海产茶早在宋代已享盛誉，宋代庄茹芝所撰《续茶谱》引嘉定十六年（1223年）《赤城志》云：“宋公祁答如吉茶诗：有‘佛天雨露，帝苑仙浆’之语，盖盛称茶美，而未言其所出之处，今紫凝之外，临海言延峰山，仙居言白马山，黄岩言紫高山，宁海言茶山，皆号最珍。而紫高、茶山昔以为日铸之上者也。”

望海茶制茶的鲜叶于清明至谷雨后采摘。采用鸠坑群体种茶树鲜叶为主要原料，鲜叶的采摘标准以1芽1叶初展和1芽1叶为主，要求茶芽紧裹，芽长于叶；紫色芽、虫食芽、霜冻芽不采，并于晴天或露水干后开始采摘。制茶的工艺工序是摊放、杀青、摊凉、揉捻、做形、初烘、摊凉、足烘、筛分、包装。

望海茶成品茶叶条索细紧、挺直、嫩秀，翠绿显毫；香高持久，有嫩栗香；汤色嫩绿，清澈明亮，滋味鲜醇，爽口回甘；叶底芽叶成朵，嫩绿明亮，具有高山云雾茶的风韵。其尤有色泽翠绿、汤色清绿、叶底嫩绿的“三绿”特色。

冲泡望海茶时，可每人选用一只容量130毫升的盖碗作为泡具和饮具，茶水比为1∶50，投茶量2克，水100克（毫升），泡茶水温宜水烧开后降温至85℃。主要冲泡步骤：温茶碗内凹，投入茶叶后，采用环圈注水法注水，水量达到茶碗八分满后，再加盖上茶盖。当茶碗中茶汤的水温降至适口温度时，趁温热品饮。如觉茶汤淡，可用茶盖拨动茶叶使其翻滚后再品饮。

WEDNESDAY. APR 23，2025

2025 年 4 月 23 日

农历乙巳年 · 三月廿六

4月23日 星期三

今日生命叙事

早起____点，午休____点，晚安____点，体温____，体重____，走步____

今日喝茶：绿☐　白☐　黄☐　青☐　红☐　黑☐　花茶☐

正能量的我

茶谱系·六安瓜片

六安瓜片，绿茶类（细分为半烘炒绿茶），简称瓜片、片茶，是唯一无芽无梗的茶叶，由单片生鲜叶制成，产自安徽省六安市大别山一带，为历史名茶。唐代称庐州六安茶，明代始称六安瓜片。

六安瓜片的制茶鲜叶于谷雨前后开始采摘，至小满节气前结束。鲜叶的采摘标准是1芽2～3叶为主，习惯称之为“开面”采摘。用于采制六安瓜片的茶树品种主要为六安双锋山中叶群体种，俗称大瓜子种。制茶工序是采摘、板片（除去芽头和茶梗，掰分嫩片、老片），杀青、生锅与熟锅、烘焙（毛火、小火、老火等）。根据采制季节，六安瓜片分成3种“片”：谷雨前采称“提片”，其后采制的称“瓜片”，进入梅雨季节采制的称为“梅片”。

六安瓜片成品茶叶是似瓜子形的单片，条索顺直匀整，叶边背卷平展，不带芽梗；色泽宝绿，起霜有润，香气高长；汤色清澈透亮，滋味鲜醇回甘；叶底绿黄匀亮。

冲泡六安瓜片时，泡具宜用无色透明玻璃杯；茶水比为1∶50，投茶3克，水150克（毫升）；根据“片”的老嫩程度，从嫩向老，可以采用中投法或下投法冲泡。泡茶时把100℃开水先少量倒入玻璃杯温杯后，倒去杯中水，水温降至85～90℃时冲泡杯中的茶叶。注意要给玻璃杯盖上杯盖。

六安瓜片

THURSDAY. APR 24，2025

2025 年 4 月 24 日

农历乙巳年 · 三月廿七

4月24日

今日生命叙事

早起____点，午休____点，晚安____点，体温____，体重____，走步____

今日喝茶：绿□　白□　黄□　青□　红□　黑□　花茶□

正能量的我

茶谱系 · 太平猴魁

太平猴魁

太平猴魁，绿茶类（细分为烘青绿茶中的尖形茶魁首），产于安徽省黄山市黄山区（原太平县）新民、龙门一带，始创于清代，为历史名茶。

制茶的鲜叶于谷雨前后开园采摘，到立夏结束。采用柿大茶群体种鲜叶作为主要原料，选用鲜叶标准是 1 芽 3 叶新梢。制茶主要工序是杀青和烘干。杀青选用平口深锅，用木炭作为燃料，要求杀青均匀，老而不焦，无黑泡、白泡和焦边现象；烘干又分子烘（毛烘）、老烘（足烘）和打老火（复烘）3 个过程。改良制作还增加了理条形成工序。

太平猴魁成品茶叶条索两叶抱芽，平扁挺直，自然舒展，白毫隐伏，有“猴魁两头尖，不散不翘不卷边”的说法。芽叶成朵，肥硕、重实、匀齐，叶色苍绿鲜润，叶脉绿中隐红，俗称“红丝线”；兰香高爽、滋味醇厚、鲜爽、饱满，回味持久，香味有独特的“猴韵”，汤色清绿明澈；叶底嫩绿匀亮。太平猴魁的茶香有“头泡香高，二泡味浓，三泡四泡幽香存，热饮冷饮仍清甘”之说。太平猴魁按品质为太平猴魁、魁尖和尖茶 3 个等级。

冲泡太平猴魁时，主要泡具首选无色透明玻璃杯，茶与水的比例为 1∶50，投茶量 3 克，水 150 克（毫升）。主要冲泡步骤：采用下投法冲泡。水烧开至 100℃后，先少量倒入玻璃杯温杯后，倒去杯中水，当烧水壶中的水温降至 85 ～ 95℃时冲泡杯中的茶叶。注意不要给玻璃杯盖上杯盖，且通过公道杯均分茶汤到茶盅后品饮。

FRIDAY. APR 25，2025

2025 年 4 月 25 日

农历乙巳年 · 三月廿八

4月25日

星期五

今日生命叙事

早起____点，午休____点，晚安____点，体温____，体重____，走步____

今日喝茶：绿□　白□　黄□　青□　红□　黑□　花茶□

正能量的我

茶谱系 · 七境堂绿茶

七境堂绿茶，绿茶类（细分为炒青绿茶），亦称作七境绿茶，为历史名茶，产于福建省福州市罗源县西部的七境堂。七境堂生产的茶叶称为正七境堂茶，以七境堂生产的茶叶为主，并入部分红塔、飞竹、霍口等乡镇所产的茶叶，称之七境茶。明代的罗源县已盛产茶叶，茶品久负盛名。

七境堂绿茶清明后开采，白露时封园，一年可采春、夏、秋三季茶，采用福鼎大白茶、福云 6 号及当地菜茶的 1 芽 1 ～ 2 叶（幼年壮树可采1芽2～3叶）鲜叶为原料加工而成。制茶工艺工序是摊放、杀青、揉捻、烘干。炒茶全程保持高温，保持炒茶锅面洁净光滑，防止产生烟焦味是炒制七境茶的技术要点。

七境堂绿茶成品茶叶条索匀整壮结，色泽油绿；内质香郁持久，含自然花香；汤色嫩绿鲜亮；叶底润绿明亮。

冲泡七境堂绿茶时，可每人选用一只容量 130 毫升的盖碗作为泡具和饮具，茶水比为 1 : 50，投茶量 2 克，水 100 克（毫升），泡茶水温宜水烧开后降温至 90 ～ 95℃。主要冲泡步骤：温茶碗内凹，投入茶叶后，采用回旋低冲法注水，水量达到茶碗八分满后，盖上茶盖。当茶碗中茶汤水温降至适口温度时，趁热品饮。如觉茶汤淡，可用茶盖拨动茶叶使其翻滚后再品饮。

七境堂绿茶

SATURDAY. APR 26，2025

2025 年 4 月 26 日

农历乙巳年 · 三月廿九

4月26日

今日生命叙事

早起____点，午休____点，晚安____点，体温____，体重____，走步____

今日喝茶：绿□　白□　黄□　青□　红□　黑□　花茶□

正能量的我

茶谱系·凌云白毫

凌云白毫

凌云白毫，绿茶类（细分为炒青绿茶），原名白毛茶，又名凌云白毛茶。该茶产于广西壮族自治区凌云县和乐业县境内的云雾山中，主产地在凌云岑王老山、青龙山脉一带，创于清代乾隆以前。

凌云白毫是用凌云白毛茶茶树品种的鲜叶加工而成的。凌云白毫的茶树品种属有性繁殖系，小乔木型、大叶类、中生种；其植株高大，茶树径粗，芽叶肥壮，叶质柔软，持嫩性强，茸毫长而密，具有天然的清香，自然生长树高达6～9米，树姿半张开，分枝较稀。制茶的鲜叶于清明、谷雨期间采摘，鲜叶的采摘标准是：特级茶和一级茶的鲜叶以1芽1叶为主；二级茶的鲜叶为1芽2叶；不采露水叶、紫色叶、病虫叶。制作工序有摊青、杀青、初揉和复揉、干燥（炒二青和炒三青）4道工序。炒制方法有手炒和机炒两种，高级茶采用手工炒制。

凌云白毫茶成品茶叶条索紧结，螺丝翠绿，芽端微勾，白毫显露；香气清高持久，略有花香；冲泡水后茶叶速沉，液面无泡，汤色清明温润，黄绿明亮，滋味醇厚，回味甘甜；叶底黄绿。

冲泡凌云白毫时，可每人选用一只容量130毫升的盖碗作为泡具和饮具，茶水比为1∶50，投茶量2克，水100克（毫升），泡茶水温宜水烧开后降温至90℃。主要冲泡步骤：温茶碗内凹，投入茶叶后，采用环圈注水法注水，水量达到茶碗八分满后，盖上茶盖，4分钟后品饮。

SUNDAY. APR 27，2025

2025 年 4 月 27 日

农历乙巳年 · 三月三十

4月27日 星期日

今日生命叙事

早起___点，午休___点，晚安___点，体温___，体重___，走步___

今日喝茶：绿□　白□　黄□　青□　红□　黑□　花茶□

正能量的我

茶谱系·莫干黄芽

莫干黄芽

莫干黄芽，黄茶类（细分为黄芽茶），产于浙江省德清县莫干山，为 20 世纪 70 年代后期恢复的历史名茶。

莫干黄芽于 4 月上中旬开始采摘。清明前后所采摘称芽茶，夏初采摘称梅尖，7—8 月采摘称秋白，10 月采摘称小春；春茶又有芽茶、毛尖、明前及雨前之分，以芽茶最为细嫩，于清明与谷雨之间采摘。鲜叶的采摘标准是 1 芽 1 叶、1 芽 2 叶。制茶工序是采摘（经芽叶拣剔分等），摊放、杀青、轻揉、理条、微渥堆（闷黄）、烘焙干燥、过筛。

莫干黄芽成品茶叶条索紧细，形似莲心，茸毫显露，色泽嫩黄绿润；内质高香清鲜，芬芳持久；汤色黄绿清澈，滋味鲜爽浓醇；叶底嫩黄成朵。

冲泡莫干黄芽时，可每人选用一只容量 130 毫升的盖碗作为泡具和饮具，茶水比为 1∶50，投茶量 2 克，水 100 克（毫升），泡茶水温宜水烧开后降温至 85 ～ 90℃。主要冲泡步骤：温茶碗内凹，投入茶叶后，采用回旋低冲法注水，水量达到茶碗八分满后，盖上茶盖。当茶碗中茶汤的水温降至适口温度时，趁温热品饮。如觉茶汤淡，可用茶盖拨动茶叶使其翻滚后再品饮。

MONDAY. APR 28，2025

2025 年 4 月 28 日

农历乙巳年·四月初一

4月28日 星期一

今日生命叙事

早起___点，午休___点，晚安___点，体温___，体重___，走步___

今日喝茶：绿□　白□　黄□　青□　红□　黑□　花茶□

正能量的我

茶诗词·《临安春雨初霁》

临安春雨初霁

（宋）陆游

世味年来薄似纱，谁令骑马客京华。
小楼一夜听春雨，深巷明朝卖杏花。
矮纸斜行闲作草，晴窗细乳戏分茶。
素衣莫起风尘叹，犹及清明可到家。

诗人陆游诗叙：早春，只身于小楼中，听春雨淅淅沥沥，闻深幽小巷卖杏花声，来灵感时吟诗作画。天气好时，隔窗可见成群的人在斗茶点茶，身边阵阵茶香飘来。诗句“晴窗细乳戏分茶”，把宋代斗茶点茶的活动场面，吟唱得有景、有形、有声、有色、有味，令人称绝！

宋代陆游《临安春雨初霁》创作地

TUESDAY. APR 29, 2025

2025 年 4 月 29 日

农历乙巳年 · 四月初二

4月29日 星期二

今日生命叙事

早起___点，午休___点，晚安___点，体温___，体重___，走步___

今日喝茶：绿□ 白□ 黄□ 青□ 红□ 黑□ 花茶□

正能量的我

茶诗词 ·《望江南 · 超然台作》

望江南 · 超然台作

（宋）苏轼

春未老，风细柳斜斜。

试上超然台上看，半壕春水一城花。

烟雨暗千家。

寒食后，酒醒却咨嗟。

休对故人思故国，且将新火试新茶。

诗酒趁年华。

这首词以清明时节登台游春起笔，勾画了一幅细风斜柳、春水鲜花，烟雨下人群涌动在路上的景象。登上超然台远眺，护城河里春水漾漾，城内满目鲜花，烟雨下涌动的人群一家又一家。寒食节后酒醒，思念故乡、故友，思考新的人生旅途何在？面对故友，面对往事，还是不要去回首，也不必纠结心间。如同重新生火品尝刚焙制的春茶一般，吟诗创意，趁着大好时光、时机，奋力有所作为吧！一句“且将新火试新茶”，诗人将它作为点眼之笔，抒发了“游于物外”的超然心境，表达以乐观豁达的人生态度消除心中郁闷。

新火试新茶

WEDNESDAY. APR 30，2025

2025 年 4 月 30 日

农历乙巳年 · 四月初三

4月30日

星期三

今日生命叙事

早起___点，午休___点，晚安___点，体温___，体重___，走步___

今日喝茶：绿☐　白☐　黄☐　青☐　红☐　黑☐　花茶☐

正能量的我

茶谱系 · 宜红

宜红，红茶类（细分为工夫红茶），又称宜昌工夫茶，是我国主要工夫红茶品种之一，创制于19世纪中叶。其因由宜昌集散、加工、出口而得名，为历史名茶，其产区有湖北宜昌、恩施和湖南常德的20多个县（市），是我国历史悠久的著名茶区。早在公元3世纪西晋时，《荆州土地记》就记有："武陵七县通出茶。"唐代陆羽《茶经》载："巴山峡川有两人合抱者""山南，以峡州上"。

宜红在春、夏、秋茶季均可采摘鲜叶制茶，以夏、秋鲜叶为主。鲜叶的采摘标准是1芽2叶、1芽3叶及同等嫩度对夹叶。制茶工序是萎凋、揉捻、发酵、干燥。

宜红成品茶叶条索细紧，带金毫，色泽乌润；高香持久；滋味甜香浓醇，汤色红褐，有"冷后浑"乳凝现象特色；叶底红亮。

冲泡宜红时，可每人选用一只容量130毫升的盖碗作为泡具和饮具，茶水比为1∶50，投茶量2克，水100克（毫升），泡茶水温宜水烧开后降温至95℃。主要冲泡步骤：温茶碗内凹，投入茶叶后，采用回旋低冲法注水，水量达到茶碗八分满后，盖上茶盖。当茶碗中茶汤的水温降至适口温度时，趁温热品饮。如觉茶汤淡，可用茶盖拨动茶叶使其翻滚后再品饮。

宜红

THURSDAY. MAY 1, 2025

2025 年 5 月 1 日

农历乙巳年 · 四月初四

5月1日

星期四

劳动节

今日生命叙事

早起___点，午休___点，晚安___点，体温___，体重___，走步___

今日喝茶：绿□　白□　黄□　青□　红□　黑□　花茶□

正能量的我

古代雅集·香山九老会

《香山九老图》

唐武宗会昌五年（845 年）三月二十四日，“九老会”在白居易的居处香山寺欢聚。这是香山九老会成员于该寺的林下堂上，隐山遁水、坐禅谈经、品茶饮酒、赋诗作画的一次活动。此处所提的“香山”是古都洛阳城南的香山。

这次与会七老，分别为原怀州司马胡杲（89 岁）、原卫尉卿吉皎（88 岁）、原磁州刺史刘贞（87 岁）、原龙武军长史郑据（85 岁）、原侍御史内供奉官卢真（82 岁）、原永州刺史张浑（77 岁）、原刑部尚书白居易（74 岁）。白居易作《七老会诗》。那年夏天，白居易在洛阳履道坊又一次举办逸游文会。这些宴会新添两位高寿老人，136 岁的李元爽和 95 岁的和尚僧如满。这群平均年龄九旬的老人不时游宴于香山龙门寺，诗酒唱酬。为此盛事，白居易写了《九老图诗》，着重描绘李、僧二老的仙姿道骨：“雪作须眉云作衣，辽东华表鹤双归。当时一鹤犹稀有，何况今逢两令威！”白居易还作了《香山九老会诗序》。

香山九老会以参禅三人为主，由富有诗才的诗人和僧人组成，是古代怡老诗社（指老年文人所结的会社）之祖。洛阳香山环境清幽淡远，古松耸立，梅花绽放，假山叠石，祥鹤唳鸣，厅堂楼榭，晨钟暮鼓，实为人间的“桃源仙境”。白居易与成员们在此饮酒品茗，切磋诗艺，挥毫泼墨，评书赏画；围观者，有的若有所思，有的凝神静观；茶童书童磨墨陈纸，抱琴侍立，煮茶温酒，备办佳肴，服侍周到。闲适静雅的生活中，九老创作了大量恬淡静美、富有禅意的“闲适诗”。

FRIDAY. MAY 2，2025

2025 年 5 月 2 日

农历乙巳年 · 四月初五

5月2日 星期五

今日生命叙事

早起____点，午休____点，晚安____点，体温____，体重____，走步____

今日喝茶：绿□　白□　黄□　青□　红□　黑□　花茶□

正能量的我

古代雅集 · 千叟宴

清康熙五十二年（1713年），清圣祖康熙皇帝60岁，布告天下耆老（原指六七十岁的老人），年65岁以上者，官民不论，均可按时赶到京城参加畅春园的聚宴。这是清代首次举办千叟宴。

当年三月二十五日，康熙帝在畅春园正门前首宴汉族官员及士庶，年90岁以上者33人，80岁以上者538人，70岁以上者1823人，65岁以上者1846人。诸皇子、皇孙、宗室子孙凡年纪在10岁以上、20岁以下者，均来向老人奉杯敬茶、执爵敬酒、分发食品，扶80岁以上老人到康熙帝面前亲视饮酒，以示恩宠，并赏给外地老人银两不等。

每次千叟宴上均会用到茶。康熙、乾隆两朝举行过4次规模巨大的千叟宴，每次人数多达二三千人。席上，先由御膳茶房向皇帝进献红奶茶一碗，然后分赐殿内及东西檐下王公大臣，连茶碗也赏给他们，其余赴宴者则不赏茶。被赏茶的王公大臣接茶后均行一叩礼，以谢赏茶之恩。之后，才正式开宴，开始上酒菜。此外，清代皇宫举行的各种宴会开始都要先进奶茶，再摆酒席。

清乾隆郎世宁等绘《千叟宴》

SATURDAY. MAY 3，2025

2025 年 5 月 3 日

5月3日

农历乙巳年 · 四月初六

今日生命叙事

早起____点，午休____点，晚安____点，体温____，体重____，走步____

今日喝茶：绿□　白□　黄□　青□　红□　黑□　花茶□

正能量的我

茶诗词 ·《采茶诗》

采茶诗

（明）高启

雷过溪山碧云暖，幽丛半吐枪旗短。
银钗女儿相应歌，筐中摘得谁最多？
归来清香犹在手，高品先将呈太守。
竹炉新焙未得尝，笼盛贩与湖南商。
山家不解种禾黍，衣食年年在春雨。

这首诗浅显通俗，描写的是采茶女的劳动情景及茶农生活：一阵春雨过后，茶树丛中，暖气升腾，溪山天上飘过云彩，还有那温暖人心的阳光；茶树丛上的茶芽和初展的叶儿，长短雅致，生机盎然。采茶姑娘们一边相互应答着对唱采茶歌，一边进行采茶比赛，看谁的筐中茶鲜叶最多。姑娘们从茶山归回，茶叶的鲜香，还长久地留在手上。这些山村人家以茶为生计，制成的茶叶要分级，最好的献给官府，一般的卖给商人，而采茶人自己却舍不得尝新。采茶人每年的温饱，就靠这茶，他们看这春茶的卖价也看这春茶季的天气吃饭。

诗中寄寓了诗人对茶农深深的同情。在民间，勤劳的茶农通常在辛苦耕耘之后，以唱歌唱戏的方式来缓解疲乏。久而久之，采茶诗、采茶歌便成为茶区民俗的一部分。

采茶女

SUNDAY. MAY 4，2025

2025 年 5 月 4 日

农历乙巳年 · 四月初七

5月4日 星期日

今日生命叙事

早起____点，午休____点，晚安____点，体温____，体重____，走步____

今日喝茶：绿☐ 白☐ 黄☐ 青☐ 红☐ 黑☐ 花茶☐

正能量的我

茶和节气·立夏

朱旗飘飘启迎夏，蝼蝈鸣砌王瓜甜。
祭神供祖称人数，斗蛋乞茶尝三先。
梦里云烟锁涧壑，壶中日月出林泉。
长风始飘茶野趣，清朗夜气养天年。

立夏·铃兰花

立夏是农历每年二十四节气的第7个节气。立夏，季节类节气。从天文学来说，立夏表示即将告别春天，夏天要开始了；而从物候现象看，立夏的“夏”是“大”的意思，立夏解作“宽作万物，使生长也”。明代学者高濂的养生学专著《遵生八笺》中以“孟夏之日，天地始交，万物并秀”来描述立夏的繁茂景象。

立夏物候：初候蝼蝈鸣；二候蚯蚓出；三候王瓜生。立夏前后，我国只有福州及岭南地区进入物候学上真正的夏季。

立夏时节，茶树生长发育加快，茶叶较易老化，茶谚语有“茶过立夏，一夜粗一夜”。同时，茶园的杂草生长也极其旺盛，勿用除草剂，锄草的工作量极大，农谚有“（立夏）一天不锄草，三天锄不尽”。加之，茶树病虫害进入高发期，需要做好病虫害防护，应严格依国家标准，限制使用农药化肥。

立夏节气里，喝什么茶？立夏时节，暑气易入心，勿大怒、大汗，应定心气、重养心。除了前往茶山茶园，借大自然之景气达到神清气和、心情愉快，还适宜饮绿茶、红茶、白茶、黄茶、乌龙茶。

MONDAY. MAY 5，2025

2025 年 5 月 5 日

农历乙巳年 · 四月初八

5月5日

星期一

立夏

今日生命叙事

早起____点，午休____点，晚安____点，体温____，体重____，走步____

今日喝茶：绿□　白□　黄□　青□　红□　黑□　花茶□

正能量的我

节气茶·立夏茶

立夏至小满前采摘的茶叶为立夏茶。

立夏后，气温大幅度提高，茶树也进入了旺盛的生长期。江南茶区迎来梅雨季节，雨量和降雨频率均有明显的增多。立夏，阳气由“生”向“长”转化，草木的叶子舒展长肥，茶叶的香味渐浓。立夏茶的茶汤含在口里，既有淡淡茶香，味美不浓，又令人神清气爽。立夏茶汲取的是初夏时节里大自然的时空能量。

立夏茶又指立夏这天喝茶的民俗活动。金国楠《金筑山歌》载诗：“立夏良辰试新茶，为品新茶乞十家。大壶泡出清香味，邻居分饮闲磕牙。”后注云：“立夏日，筑习乞邻给新茶，得十数家之茶叶杂合以大壶泡好，邻舍分饮聊天，谓吃立夏茶。”

早在周朝时，每逢立夏日，天子都会率领文武百官，用茶祭祀于南郊，迎接夏季，称为迎夏。在民间，人们以多种多样的民俗活动来迎接夏天的到来。

旧时，浙江、江西等地有喝立夏茶的习俗。江浙一带喝“七家茶”，即在立夏日，家家烹煮新茶，配上各种果品，于亲友邻里间互相馈送。小孩子在立夏过 7 条门槛，吃“七家茶”，老天即可保佑其夏天不会得病。江西南昌一带也流行立夏茶，在立夏这一天，妇女们要聚集 7 家的茶叶，混同烹饮。说是立夏饮了 7 家茶，可以保证整个夏天不会犯困；不饮立夏茶，则会一夏苦难熬。民国时期的《平坝县志》中也载有：“立夏日，煮鸡蛋，遍食家人，每人一枚，意取添气，或各家互相索取茶叶和而烹饮，名曰立夏茶。”

立夏茶叶

TUESDAY. MAY 6, 2025

2025年5月6日

农历乙巳年·四月初九

5月6日 星期二

今日生命叙事

早起___点，午休___点，晚安___点，体温___，体重___，走步___

今日喝茶：绿□　白□　黄□　青□　红□　黑□　花茶□

正能量的我

茶典故 · 王船山《摘茶词》

明末清初的王船山，今湖南衡阳人。他与顾炎武、黄宗羲并称明清之际三大思想家，与黑格尔并称“东西方哲学双子星座”。清顺治十六年（1659年），王船山居南岳续梦庵，饮“南岳云雾茶”写下《摘茶词》10首。

诗一：深山三月雪花飞，折笋禁桃乳雀饥。
昨日刚传过谷雨，紫茸的的赛春肥。

诗二：湿云不起万峰连，云里闻他笑语喧。
一似洞庭烟月夜，南湖北浦钓鱼船。

诗三：晴云不采意如何，带雨掠云摘倍多。
一色石姜叶笠子，不须绿箬衬青蓑。

诗四：一枪才展二旗斜，万簇绿沉间五花。
莫道风尘飞不到，鞠尖队队满洲靴。

诗五：琼尖新炕凤毛毸，玉版兼蒸龙子胎。
新化客迟六峒远，明朝相趁出城来。

诗六：小筑团瓢乞食频，邻僧劝典半畦春。
偿他监寺帮官买，剩取筛馀几两尘。

诗七：丁字床平一足雄，踏云稳坐似凌空。
商羊能舞晴天雨，底用劳劳百脚虫。

诗八：清梵木鱼暂放松，园园锯齿绿阴浓。
揉香挼翠三更后，刚打乌啼半夜钟。

诗九：山下秧争韭叶长，山中茶赛马兰香。
逐队上山收晚茗，奈他布谷为人忙。

诗十：沙弥新学唱皈依，板眼初清错字稀。
贪听姨姨采茶曲，家鸡又逐野凫飞。

WEDNESDAY. MAY 7，2025

2025 年 5 月 7 日

农历乙巳年 · 四月初十

5月7日 星期三

今日生命叙事

早起____点，午休____点，晚安____点，体温____，体重____，走步____

今日喝茶：绿☐ 白☐ 黄☐ 青☐ 红☐ 黑☐ 花茶☐

正能量的我

茶诗词·《幽居初夏》

幽居初夏

（宋）陆游

湖山胜处放翁家，槐柳阴中野径斜。
水满有时观下鹭，草深无处不鸣蛙。
箨龙已过头番笋，木笔犹开第一花。
叹息老来交旧尽，睡来谁共午瓯茶。

这首诗紧紧围绕“幽居初夏”四字展开，四字中又着重在“幽”字。诗的前6句，景是幽景，情亦幽情，但幽情中自有感寂。水满、草深、笋（箨龙）、花（辛夷花）开、鹭停、蛙鸣，自是典型的初夏景物景色。景之清幽，物之安详，人之闲适，三者交融，构成了恬静深远的意境。尽管万物欣然，诗人却心情低落，倦而欲睡，睡醒则思茶。忽然想到往日旧交竟零落殆尽，于是有“睡来谁共午瓯茶”的寂寞之感袭上心头：这首《幽居初夏》，固然有陶渊明的恬静，白居易的明浅，此外另有他们所不曾有的幽寂。

幽居

THURSDAY. MAY 8, 2025

2025 年 5 月 8 日

农历乙巳年 · 四月十一

5月8日 星期四

今日生命叙事

早起____点，午休____点，晚安____点，体温____，体重____，走步____

今日喝茶：绿□ 白□ 黄□ 青□ 红□ 黑□ 花茶□

正能量的我

茶谱系·凤凰单丛

凤凰单丛，乌龙茶（青茶）类（细分为广东乌龙），产于广东省潮州市潮安区，为历史名茶。

一年四季皆可采制凤凰单丛鲜叶。该茶采用凤凰水仙种的优异单株茶树鲜叶作为原料，春茶采制凤凰单丛（夏、秋采制的称为浪菜和水仙），鲜叶的采摘标准是新梢形成对夹2～3叶。采茶要求严格，清晨不采，雨天不采，太阳过强不采，一般是在晴天下午2点至5点采摘。制茶工序是晒青、凉青、碰青、杀青、揉捻、干燥。

凤凰单丛成品茶叶素有“形美、色翠、香郁、味甘”四绝。其条索挺直，肥硕油润；自然花香气，清高浓郁；汤色橙黄，清澈明亮，山韵蜜味，滋味醇厚，爽口回甘；叶底青蒂绿腹红镶边。凤凰单丛“鸭屎香”名种，大俗即大雅，名称虽不雅，而高雅特殊的自然花香却回味无穷。

冲泡凤凰单丛时，茶与水的比例为1：14，投茶量7克，水约100克（毫升）；泡具首选紫砂壶（投茶后，注水要快速冲向壶内，盖上壶盖），也可用容量130毫升的盖碗（投茶后，摇香，注水要快速冲向茶碗，盖上茶盖）；适宜用100℃开水冲泡茶叶，采用悬壶高冲法注水。泡好后，通过公道杯均分到茶盅后再品饮。

凤凰单丛

FRIDAY. MAY 9，2025

2025 年 5 月 9 日

农历乙巳年 · 四月十二

5月9日 星期五

今日生命叙事

早起____点，午休____点，晚安____点，体温____，体重____，走步____

今日喝茶：绿□ 白□ 黄□ 青□ 红□ 黑□ 花茶□

正能量的我

茶谱系·凤凰浪菜

凤凰浪菜，乌龙茶（青茶）类（细分为广东乌龙），产于广东省潮州市潮安区北部的凤凰镇，为历史名茶。浪菜的茶名得自 20 世纪 50 年代初，统购统销茶叶的部门，协作制定收购茶叶的标准，把凤凰茶分成了 3 个档次，即顶级为单丛，次之为浪菜，再次之为水仙。这一标准也成了凤凰三大珍品名茶，闻名海内外。

凤凰浪菜每年 5—11 月为采摘期，可年采 4 ～ 5 轮；采摘遵守“三不采”要诀，即阳光太耀（眼时）不采、清晨不采、沾雨水不采；宜在晴天下午采摘，采摘的鲜叶要有一定成熟度，不宜过老或过嫩，一般以嫩梢形成驻芽后第一叶开展到中开面时最适宜。制茶工序是晒青、晾青、做青、揉青、炒青、烘干。

凤凰浪菜成品茶叶条索边缘呈银米色，叶片绿色带黄；茶汤橙黄，既有绿茶的清香，又有红茶的甘醇；具有色翠、形美、味甘、香郁的特点。

冲泡凤凰浪菜时，茶与水的比例为 1∶14，投茶量 7 克，水约 100 克（毫升）；泡具首选紫砂壶（投茶后，注水要快速冲向壶内，盖上壶盖），也可用容量 130 毫升的盖碗（投茶后，摇香，注水要快速冲向茶碗，盖上茶盖）；适宜用 100℃开水冲泡茶叶，采用悬壶高冲法注水。泡好后，通过公道杯均分到茶盅后再品饮。

凤凰浪菜

SATURDAY. MAY 10, 2025

2025 年 5 月 10 日

农历乙巳年 · 四月十三

5月10日

今日生命叙事

早起____点，午休____点，晚安____点，体温____，体重____，走步____

今日喝茶：绿☐　白☐　黄☐　青☐　红☐　黑☐　花茶☐

正能量的我

茶谱系·凤凰水仙

凤凰水仙，乌龙茶（青茶）类（细分为广东乌龙），产于广东省潮州市潮安区北部的凤凰镇，为历史名茶。凤凰水仙为茶树品种名。

凤凰水仙每年5—11月为采摘期，可年采4～5轮；采摘遵守“三不采”要诀，即阳光太耀（眼时）不采、清晨不采、沾雨水不采；宜在晴天下午采摘，采摘的鲜叶要有一定成熟度，不宜过老或过嫩，一般以嫩梢形成驻芽后第一叶开展到中开面时最适宜。制茶工序是晒青、晾青、做青、杀青、揉捻、烘焙。

凤凰水仙成品茶叶条索紧直、细长，色泽乌褐或墨绿乌润；香气馥郁，高锐持久，花蜜香浓厚；滋味鲜灵爽口，浓郁回甘；叶底黄亮，红边鲜，匀齐。

冲泡凤凰水仙时，茶与水的比例为1∶14，投茶量7克，水约100克（毫升）；泡具首选紫砂壶（投茶后，注水要快速冲向壶内，盖上壶盖），也可用容量130毫升的盖碗（投茶后，摇香，注水要快速冲向茶碗，盖上茶盖）；适宜用100℃开水冲泡茶叶，采用悬壶高冲法注水。泡好后，通过公道杯均分到茶盅后再品饮。

凤凰水仙

SUNDAY. MAY 11，2025

2025 年 5 月 11 日

农历乙巳年 · 四月十四

5月11日 星期日

今日生命叙事

早起___点，午休___点，晚安___点，体温___，体重___，走步___

今日喝茶：绿☐　白☐　黄☐　青☐　红☐　黑☐　花茶☐

正能量的我

茶谱系 · 九曲红梅

九曲红梅，红茶类（细分为工夫红茶），简称九曲红。其产于浙江省杭州市西湖区双浦镇的湖埠、双灵、张余、冯家、灵山、社井、仁桥、上杨、下杨一带，尤以湖埠大坞山所产的品质最佳。其创制于19世纪70年代，为历史名茶。九曲红梅源自武夷山的九曲。当年，闽北、浙南一带农民北迁，在大坞山一带落户，开荒种粮种茶，并制作九曲红梅，带动当地茶业生产。

九曲红梅鲜叶原料的采摘期以谷雨前后为优，清明前后开园，品质反居其下。九曲红梅采摘鲜叶的标准为1芽2叶初展。制茶工艺工序为萎凋、揉捻、发酵、烘焙。

九曲红梅成品茶叶条索细若发丝，弯曲细紧如银钩，抓起来互相钩挂呈环状，披满金色的茸毛，色泽乌润；滋味浓郁，香气芬馥，汤色鲜亮；叶底红艳成朵。其因色红香清如红梅，故得此名。

冲泡九曲红梅时，可每人选用一只容量130毫升的盖碗作为泡具和饮具，茶水比为1∶50，投茶量2克，水100克（毫升），泡茶水温宜水烧开后降温至95℃。主要冲泡步骤：温茶碗内凹，投入茶叶后，采用回旋低冲法注水，水量达到茶碗八分满后，盖上茶盖。当茶汤的水温降至适口温度时趁热品饮。如觉茶汤淡，可用茶盖拨动茶叶使其翻滚后再品饮。

九曲红梅

MONDAY. MAY 12，2025

2025 年 5 月 12 日

农历乙巳年 · 四月十五

5月12日 星期一

今日生命叙事

早起____点，午休____点，晚安____点，体温____，体重____，走步____

今日喝茶：绿☐　白☐　黄☐　青☐　红☐　黑☐　花茶☐

正能量的我

茶谱系 · 茉莉银针

茉莉银针，再加工茶（细分为窨香花果茶），产地在茉莉花茶发源地福建省福州市，是福州茉莉花茶的一种。

茉莉银针选用原料为烘青或炒青（含半烘炒）绿茶，按茶叶精制加工工艺加工成符合窨制茉莉花茶（茉莉银针）的茶坯。进入窨花工序前，还要进行茶坯复火、通凉，成为待窨茶坯。茉莉鲜花原料要求成熟、饱满、洁白，含苞欲放，无劣变、无污染。进入窨花前，还要进行鲜花养护。制茶工艺工序有窨花、通花、收堆续窨、起花、烘焙、冷却、提花、匀堆装箱。

茉莉银针成品茶叶条索紧细，呈针芽状，肥壮多毫，匀整洁净，色泽黄褐油润；香气鲜灵，浓郁持久；滋味鲜浓醇厚，汤色清澈明亮；叶底嫩黄绿明亮。冲泡时茶芽耸立，沉落时如雪花下落，蔚然奇观。

冲泡茉莉银针时，可每人选用一只容量 130 毫升的盖碗作为泡具和饮具，茶水比为 1：50，投茶量 2 克，水 100 克（毫升），泡茶水温宜水烧开后降至 95℃。主要冲泡步骤：温茶碗内凹，投入茶叶后，盖上茶盖后摇香，开盖后采用正中定点注水法注水，水量达到茶碗八分满后，再盖上茶盖，当茶汤的水温降至适口温度时趁热品饮。

茉莉银针

TUESDAY. MAY 13, 2025

5月13日 星期二

2025年5月13日

农历乙巳年·四月十六

今日生命叙事

早起____点，午休____点，晚安____点，体温____，体重____，走步____

今日喝茶：绿□　白□　黄□　青□　红□　黑□　花茶□

正能量的我

茶谱系 · 茉莉银毫

茉莉银毫，再加工茶（细分为窨香花果茶），产地在茉莉花茶发源地福建省福州市，是福州茉莉花茶的一种。

茉莉银毫选用原料为烘青或炒青（含半烘炒）绿茶，按茶叶精制加工工艺加工成符合窨制茉莉花茶（茉莉银毫）的茶坯，用茉莉花经6次窨花1次提花制成。进入窨花工序前，还要进行茶坯复火、通凉，成为待窨茶坯。茉莉鲜花原料要求成熟、饱满、洁白，含苞欲放，无劣变、无污染。进入窨花前，还要进行鲜花养护。制茶工艺工序有窨花、通花、收堆续窨、起花、烘焙、冷却、提花、匀堆装箱。

茉莉银毫成品茶叶条索紧结肥壮，毫芽显露，匀整洁净，色泽黄褐油润；香气鲜灵浓郁，滋味鲜爽醇厚，汤色浅黄或黄；叶底肥嫩黄绿匀亮。

冲泡茉莉银毫时，可每人选用一只容量130毫升的盖碗作为泡具和饮具，茶水比为1∶50，投茶量2克，水100克（毫升），水温宜90℃。主要冲泡步骤：温茶碗内凹，投入茶叶后，盖上茶盖后摇香，开盖后采用正中定点注水法注水，水量达到茶碗八分满后，再盖上茶盖，当茶汤的水温降至适口温度时再品饮。

茉莉银毫

WEDNESDAY. MAY 14, 2025

2025 年 5 月 14 日

农历乙巳年 · 四月十七

5月14日 星期三

今日生命叙事

早起____点，午休____点，晚安____点，体温____，体重____，走步____

今日喝茶：绿□ 白□ 黄□ 青□ 红□ 黑□ 花茶□

正能量的我

茶谱系 · 茉莉春毫

茉莉春毫，再加工茶（细分为窨香花果茶），产地在茉莉花茶发源地福建省福州市，是福州茉莉花茶的一种。

茉莉春毫制茶原料为烘青或炒青（含半烘炒）绿茶，按茶叶精制加工工艺加工成符合窨制茉莉花茶（茉莉春毫）的茶坯，用茉莉花经 5 次窨花 1 次提花制成。进入窨花环节前，还要进行鲜花养护、茶坯复火、通凉，成为待窨茶坯。茉莉鲜花原料要求成熟、饱满、洁白，含苞欲放，无劣变、无污染。制茶工艺工序有窨花、通花、收堆续窨、起花、烘焙、冷却、提花、匀堆装箱。

茉莉春毫成品茶叶条索紧结、肥壮、平伏，毫芽显露，匀整洁净，色泽黄褐油润；香气鲜灵浓郁，滋味鲜爽醇厚；汤色浅黄或黄；叶底肥嫩、黄绿、匀亮。

冲泡茉莉春毫时，可每人选用一只容量 130 毫升的盖碗作为泡具和饮具，茶水比为 1 : 50，投茶量 2 克，水 100 克（毫升），水温宜用水烧开后降温至 95℃。主要冲泡步骤：温茶碗内凹，投入茶叶后，盖上茶盖后摇香，开盖后采用正中定点注水法注水，水量达到茶碗八分满后，再盖上茶盖，当茶汤的水温降至适口温度时品饮。

茉莉春毫

THURSDAY. MAY 15, 2025

2025 年 5 月 15 日

农历乙巳年 · 四月十八

5月15日 星期四

今日生命叙事

早起____点，午休____点，晚安____点，体温____，体重____，走步____

今日喝茶：绿□ 白□ 黄□ 青□ 红□ 黑□ 花茶□

正能量的我

茶谱系 · 茉莉大白毫

茉莉大白毫，再加工茶（细分为窨香花果茶），产地在茉莉花茶发源地福建省福州市，是福州茉莉花茶的一种。该茶于1973年研制，主销北京、天津。

茉莉大白毫选用高山芽叶肥壮多毫的大白茶等品种茶树头春毫芽制成茶坯，用茉莉花经7次窨花1次提花制成。进入窨花环节前，还要进行鲜花养护、茶坯复火、通凉，成为待窨茶坯。茉莉鲜花原料要求成熟、饱满、洁白，含苞欲放，无劣变、无污染。制茶工艺工序有窨花、通花、收堆续窨、起花、烘焙、冷却、提花、匀堆装箱。

茉莉大白毫成品茶叶条索肥壮、紧直、重实，满披白毫，匀整洁净，色泽黄褐油润；香气鲜灵浓郁，持久幽长，滋味鲜爽甘醇；汤色浅黄或杏黄；叶底肥嫩多芽，嫩黄绿，匀亮。

冲泡茉莉大白毫时，可每人选用一只容量130毫升的盖碗作为泡具和饮具，茶水比为1∶50，投茶量2克，水100克（毫升），泡茶水温宜水烧开后降温至95℃。主要冲泡步骤：温茶碗内凹，投入茶叶后，盖上茶盖后摇香，开盖后采用正中定点注水法注水，水量达到茶碗八分满后，再盖上茶盖，当茶汤的水温降至适口温度时品饮。

茉莉大白毫

FRIDAY. MAY 16，2025

2025 年 5 月 16 日

农历乙巳年 · 四月十九

5月16日

星期五

今日生命叙事

早起____点，午休____点，晚安____点，体温____，体重____，走步____

今日喝茶：绿□ 白□ 黄□ 青□ 红□ 黑□ 花茶□

正能量的我

茶谱系·茉莉龙珠

茉莉龙珠，再加工茶（细分为窨香花果茶），产地在茉莉花茶发源地福建省福州市，是福州茉莉花茶的一种。

茉莉龙珠制茶原料采用高山茶树嫩芽，加工成珠状绿茶素坯，与茉莉鲜花混合窨制而成。进入窨花环节前，还要进行鲜花养护、茶坯复火、通凉，成为待窨茶坯。茉莉鲜花原料要求成熟、饱满、洁白，含苞欲放，无劣变、无污染。制茶工艺工序有窨花、通花、收堆续窨、起花、烘焙、冷却、提花、匀堆装箱。

茉莉龙珠成品茶叶颗粒滚圆如珠，落盘有声，显白毫，匀整洁净，色泽绿润；香气鲜灵浓郁，滋味鲜爽醇厚；汤色嫩黄；叶底嫩黄绿，明亮。

冲泡茉莉龙珠时，可每人选用一只容量 130 毫升的盖碗作为泡具和饮具，茶水比为 1∶50，投茶量 2 克，水 100 克（毫升），泡茶水温宜水烧开后降温至 95℃。主要冲泡步骤：温茶碗内凹，投入茶叶后，盖上茶盖后摇香，开盖后采用正中定点注水法注水，水量达到茶碗八分满后，再盖上茶盖，当茶汤的水温降至适口温度时品饮。

茉莉龙珠

SATURDAY. MAY 17, 2025

2025 年 5 月 17 日

农历乙巳年 · 四月二十

5月17日

星期六

今日生命叙事

早起____点，午休____点，晚安____点，体温____，体重____，走步____

今日喝茶：绿□　白□　黄□　青□　红□　黑□　花茶□

正能量的我

茶博物馆 · 中国茶叶博物馆

中国茶叶博物馆，是中国唯一以茶和茶文化为主题的国家级专题博物馆，为国家一级博物馆。该馆总占地面积 12.4 万平方米，建筑面积 1.3 万平方米，分为双峰馆区（浙江省杭州市龙井路 88 号）和龙井馆区（浙江省杭州市翁家山 268 号）。双峰馆区建筑面积 8000 平方米，由茶史、茶粹、茶事、茶具、茶俗 5 个展示空间组成。龙井馆区建筑面积 5000 平方米，在这江南民居群里，“世界茶”成为一条完整的游览主线，可以用静态环游世界的方式，感受世界各国人民对茶叶的喜爱。

中国茶叶博物馆现有 5000 余件（套）藏品，涵盖茶具、茶书、茶叶加工工具、茶样、茶画、茶碑帖等。馆内设有茶样库，收藏古代茶样 10 多种、现代茶叶 1500 多种，年代最早的是明万历三十八年（1610 年）茶叶。

中国茶叶博物馆集文化展示、科普宣传、科学研究、学术交流、茶艺培训、互动体验，及品茗、餐饮、会务、休闲等服务功能于一体，是中国与世界茶文化的展示交流中心，也是茶文化主题旅游综合体。

镇馆馆藏：唐代长沙窑绿釉茶釜，宋代龙泉窑青釉瓜形壶，清代铜胎画珐琅花卉纹提梁壶。

常设展览：中国茶文化展、世界茶 · 茶世界——世界茶文化展、紫砂泥韵——吴远明捐赠紫砂茶具展。

专题展览：茶和天下 · 芳传古今——人类非遗“中国传统制茶技艺及其相关习俗”专题展。

中国茶叶博物馆

SUNDAY. MAY 18, 2025

2025 年 5 月 18 日

农历乙巳年 · 四月廿一

5月18日 星期日

今日生命叙事

早起___点，午休___点，晚安___点，体温___，体重___，走步___

今日喝茶：绿□　白□　黄□　青□　红□　黑□　花茶□

正能量的我

茶谱系 · 狗牯脑茶

狗牯脑茶，绿茶类（细分为炒青绿茶），也曾称玉山茶、狗牯脑石山茶，产于江西省遂川县汤湖乡狗牯脑山，创制于清代嘉庆年间，为历史名茶。

狗牯脑茶制茶的鲜叶于 4 月初开始采摘。鲜叶的采摘标准是 1 芽 1 叶初展，要求鲜叶采自当地茶树群体小叶种，不采露水叶、雨天不采叶、晴天中午不采叶。鲜叶采回后还要进行挑选，剔除紫芽叶、单片叶和鱼叶。制茶工艺工序是拣青、杀青、初揉、二青、复揉、整形、提毫、炒干等。

狗牯脑茶成品茶叶条索紧结秀丽，芽端微勾，白毫显露；香气清高，略有花香；冲泡后茶叶速沉，液面无泡，汤色清明，滋味醇厚，回味甘甜，叶底黄绿。

冲泡狗牯脑茶时，可每人选用一只容量 130 毫升的盖碗作为泡具和饮具，茶水比为 1∶50，投茶量 2 克，水 100 克（毫升），泡茶水温宜水烧开后降温至 85℃。主要冲泡步骤：温茶碗内凹，投入茶叶后，采用环圈注水法注水，水量达到茶碗八分满后，盖上茶盖。当茶汤的水温降至适口温度时，趁温热品饮。如觉茶汤淡，可用茶盖拨动茶叶使其翻滚后再品饮。

狗牯脑茶

MONDAY. MAY 19，2025

2025 年 5 月 19 日

农历乙巳年 · 四月廿二

5月19日 星期一

今日生命叙事

早起____点，午休____点，晚安____点，体温____，体重____，走步____

今日喝茶：绿□　白□　黄□　青□　红□　黑□　花茶□

正能量的我

节日和茶·国际茶日

2017年5月18日，中共中央总书记、国家主席习近平致贺信，对首届中国国际茶叶博览会的举办表示祝贺。习近平指出，中国是茶的故乡。茶叶深深融入中国人生活，成为传承中华文化的重要载体。从古代丝绸之路、茶马古道、茶船古道，到今天丝绸之路经济带、21世纪海上丝绸之路，茶穿越历史、跨越国界，深受世界各国人民喜爱。希望你们弘扬中国茶文化，以茶为媒、以茶会友、交流合作、互利共赢，把国际茶博会打造成中国同世界交流合作的一个重要平台，共同推进世界茶业发展，谱写茶产业和茶文化发展新篇章。

联合国粮农组织2018年发布报告称，全球茶叶生产和消费预计今后10年将进一步增长。

2019年11月27日，联合国大会宣布每年5月21日为“国际茶日”。茶，成为了世界上唯一的设“国际日”的植物和饮品。

2020年5月21日，国家主席习近平致信祝贺首个“国际茶日”。他指出，茶起源于中国，盛行于世界。联合国设立“国际茶日”，体现了国际社会对茶叶价值的认可与重视，对振兴茶产业、弘扬茶文化很有意义。作为茶叶生产和消费大国，中国愿同各方一道，推动全球茶产业持续健康发展，深化茶文化交融互鉴，让更多的人知茶、爱茶，共品茶香茶韵，共享美好生活。

茶是世界的三大软饮料之一。茶起源于中国，世界各国的种茶和饮茶习俗，都是直接或间接从中国传播过去的。全球有60多个国家和地区种植茶叶，160多个国家和地区有茶叶消费习惯。全球茶叶产量2017—2023年分别为571.8万吨、596.6万吨、615万吨、626.9万吨、645.5万吨、639.7万吨、660.4万吨。世界饮茶人口近30亿。中国茶叶产量2017—2023年分别为249.6吨、261.6万吨、279.34万吨、298.6万吨、306.32万吨、335万吨、355万吨，居世界第一位，占世界茶叶产量的53.76%。

TUESDAY. MAY 20，2025

2025 年 5 月 20 日

5月20日

星期二

农历乙巳年 · 四月廿三

今日生命叙事

早起____点，午休____点，晚安____点，体温____，体重____，走步____

今日喝茶：绿□　白□　黄□　青□　红□　黑□　花茶□

正能量的我

茶和节气·小满

蠲雨煮茶祀神农，忆及上古苦菜丛。
靡草疾风麦秋至，祭神伺蚕三车动。
临池夜莺啼绿柳，凭栏皓月醒长空。
满亦未满七分盏，清正高洁驻心中。

小满·虞美人

小满是农历每年二十四节气的第8个节气。小满，物候类节气，表示夏熟作物籽粒开始饱满。在北方，“满”是指夏熟作物的籽粒的饱满程度；在南方“满”则是指雨水的丰盈、丰沛程度。

小满物候：初候苦菜秀；二候靡草死；三候麦秋至。

小满时节雨水充沛，阳光充足，温度适宜，江南一带气温高，华南一带多暴雨，植物生长速度快。

茶树从小满开始进入夏茶开采期。夏茶，在云南叫作雨水茶，在福建、广东叫作夏暑茶。夏茶的采摘期历时最长，从每年的小满开始，一直延续到处暑。夏季茶树的叶芽生长非常迅速，叶片较大，纤维质较为粗硬，叶片颜色较深。

小满节气里，喝什么茶？小满时节，人容易因为内郁热外受湿寒而得病，因此要健脾益肾，去湿降热，适宜饮黄茶、白茶（白牡丹）、绿茶（春茶）、六堡茶、红茶、乌龙茶（台湾乌龙茶）。

WEDNESDAY. MAY 21，2025

2025 年 5 月 21 日

农历乙巳年 · 四月廿四

5月21日

星期三

小满

今日生命叙事

早起____点，午休____点，晚安____点，体温____，体重____，走步____

今日喝茶：绿□　白□　黄□　青□　红□　黑□　花茶□

正能量的我

节气茶·小满茶

小满至芒种前采摘的茶叶称为小满茶。小满标志着阳气呈饱满状态，尚未到鼎盛时期，小满茶汲取的是阳气上升而不过烈的大自然时空能量。

每年立夏时节，春茶的采制就已接近尾声，到了小满节气就逐渐转入夏茶的采摘。小满是采制夏茶的第一个节气。夏茶，泛指夏季采制的茶叶。我国绝大部分产茶区，茶树生长和茶叶采制是有季节性的。按节气分，小满、芒种、立夏、小暑采制的茶为夏茶；按时间分，6 月初至 7 月上旬采制的为夏茶。

夏茶也称“雨水茶”，是因为这时的江南大部分茶区气温在22℃以上，进入多雨季节。而在云南口语中的“雨水茶”，一般是特指乔木型茶树上出的夏茶。

在中国古代，人们取雨水（亦称“天水”），泡饮“天水茶”，很是享受。最好的天水当数小满节气梅雨季节的雨水，梅天的雨水又叫“梅水”，其水质厚且清纯，用梅雨水泡茶叶，茶汤淳厚、色美、味香。梅水还适宜长期存贮，其通常是人们收存最多的天水。也有人认为，最好的雨水是时水（时天的雨水），因为时天（芒种时节）里下雨常伴有雷电，雨水中的病毒被雷电击灭，雨水中的氧离子则被雷电激活。

小满茶叶

THURSDAY. MAY 22, 2025

2025 年 5 月 22 日

农历乙巳年 · 四月廿五

5月22日

星期四

今日生命叙事

早起____点，午休____点，晚安____点，体温____，体重____，走步____

今日喝茶：绿□　白□　黄□　青□　红□　黑□　花茶□

正能量的我

茶谱系 · 越乡龙井

越乡龙井，绿茶类（细分为炒青绿茶），产于浙江省绍兴市嵊州市，为历史名茶。嵊州茶叶源于汉晋，名起唐宋时期并成为贡品。唐代名僧皎然曾写道："越人遗我剡溪茗，采得金芽爨金鼎。素瓷雪色飘沫香，何似诸仙琼蕊浆。"他盛赞剡溪茶的清新隽永。

越乡龙井的制茶鲜叶采摘期为清明前至谷雨前，选用高山优质茶树嫩芽 1 芽 1 叶和 1 芽 2 叶初展，采用与西湖龙井相同的制茶工艺工序精制。依据不同鲜叶原料、不同炒制阶段分别采取"抖、搭、捺、拓、甩、扣、挺、抓、压、磨"等十大手法。越乡龙井成品茶叶分为明前茶和雨前茶。

越乡龙井成品茶叶扁平光滑，色泽翠绿嫩黄；香气馥郁，滋味醇厚，汤色清澈明亮；叶底匀嫩成朵。

冲泡越乡龙井时，可每人选用一只容量 130 毫升的盖碗作为泡具和饮具，茶水比为 1∶50，投茶量 2 克，水 100 克（毫升），泡茶水温宜水烧开后降温至 85℃。主要冲泡步骤：温茶碗内凹，投入茶叶后，采用环圈法注水，水量达到茶碗八分后，盖上茶盖。当茶碗中茶汤的水温降至适口温度时，趁温热品饮。

越秀龙井（特级）

FRIDAY. MAY 23, 2025

2025 年 5 月 23 日

农历乙巳年 · 四月廿六

5月23日

星期五

今日生命叙事

早起___点，午休___点，晚安___点，体温___，体重___，走步___

今日喝茶：绿☐ 白☐ 黄☐ 青☐ 红☐ 黑☐ 花茶☐

正能量的我

茶谱系 · 永泰红茶

永泰红茶，红茶类（细分为工夫红茶），产地为福建省福州市永泰县。早在唐代，永泰就有生产佳茗的记载，明洪武年间“永泰细茶”成了贡品，其中尤以距今有 800 年以上历史的“姬岩茶”和 300 年历史的“藤山茶”为著。2014 年，在永泰县梧桐镇坵演村芹菜湖自然村发现古茶树群，并经省市专家实地考察调研，确定是福建省树龄最老的古茶树。

永泰红茶制茶鲜叶于清明节前后开始采摘，根据高山气候和原料特性，强调不采露水青。制茶工艺工序是萎凋、揉捻、发酵、干燥、拣剔、烘焙等。

永泰红茶成品茶叶条索紧结匀整，色泽乌润；香气浓郁持久，花果香显著，有明显的品种特性；汤色明澈红艳，滋味鲜爽甜醇，有花果香味；叶底红匀软亮。

冲泡永泰红茶时，可每人选用一只容量 130 毫升的盖碗作为泡具和饮具，茶水比为 1∶50，投茶量 2 克，水 100 克（毫升），泡茶水温宜水烧开后降温至 90℃。主要冲泡步骤：温茶碗内凹，投入茶叶后，摇动盖碗，唤醒茶叶；采用回旋低冲法注水，至茶碗八分满后，盖上茶盖。当茶汤的水温降至适口温度时，趁温热品饮。如觉茶汤淡，可用茶盖拨动茶叶使其翻滚后再品饮。

永泰红茶

SATURDAY. MAY 24，2025

2025 年 5 月 24 日

农历乙巳年 · 四月廿七

5月24日

今日生命叙事

早起____点，午休____点，晚安____点，体温____，体重____，走步____

今日喝茶：绿□ 白□ 黄□ 青□ 红□ 黑□ 花茶□

正能量的我

茶谱系 · 寿宁高山红茶

寿宁高山红茶，红茶类（细分为工夫红茶），产地为福建省宁德市寿宁县。寿宁产茶历史悠久，明代著名的通俗文学家冯梦龙所著《寿宁待志》中记载：“三甲：南门，住初垄，出细茶。”寿宁高山茶多产于洞宫山脉东麓海拔 600 米以上的林间隙地。

寿宁高山红茶制茶鲜叶于清明后采摘。选用高山群体菜茶、福云品系等优良品种茶树鲜叶，根据寿宁高山茶对原料的不同要求，分批、分期、分次按标准适时采摘。鲜叶的采摘标准为新鲜、匀净、无质变的单芽、1 芽 1 ～ 3 叶及同等嫩度的对夹叶。制茶工艺工序是萎凋、揉捻、发酵、干燥、精制（拼配）、复焙等。

寿宁高山红茶成品茶叶条索紧结，色泽乌润；香气鲜浓，带有花果香；汤色红亮，滋味浓醇，具有高山韵；叶底肥嫩、红亮。

冲泡寿宁高山红茶时，可每人选用一只容量 130 毫升的盖碗作为泡具和饮具，茶水比为 1∶50，投茶量 2 克，水 100 克（毫升），泡茶水温宜水烧开后降温至 95℃。主要冲泡步骤：温茶碗内凹，投入茶叶后，摇动盖碗，唤醒茶叶；采用回旋低冲法注水，至茶碗八分满后，盖上茶盖。当茶汤的水温降至适口温度时，趁温热品饮。如觉茶汤淡，可用茶盖拨动茶叶使其翻滚后再品饮。

寿宁高山红茶

SUNDAY. MAY 25，2025

2025年5月25日

农历乙巳年·四月廿八

5月25日 星期日

今日生命叙事

早起___点，午休___点，晚安___点，体温___，体重___，走步___

今日喝茶：绿□　白□　黄□　青□　红□　黑□　花茶□

正能量的我

茶谱系·光泽红茶

光泽红茶

光泽红茶，红茶类（细分为小种红茶），产于福建省南平市光泽县。南平市光泽县司前乡干坑地处武夷山国家级自然保护区内，具有茶树生长得天独厚的环境。清乾隆二十四年（1759年）《光泽县志》第四卷中就有如下描述："茶，树高三四尺，叶如栀子，花如白蔷薇，实如棕榈，蒂如丁香。今呼早采者为茶，晚采者为茗，蜀人谓之苦茶是也。"文中所讲便是光泽红茶。光泽红茶分为光泽干坑小种红茶、光泽工夫红茶。

光泽干坑小种红茶的制茶鲜叶到立夏才开始采摘，一年只采一季。制茶鲜叶采自光泽县干坑区域范围内适制红茶的茶树品种。制茶工艺工序是松烟萎凋（将采来的鲜茶叶薄薄摊开，通过燃烧松柴产生的热量和烟雾使茶叶至暗绿色）、揉捻、发酵、过红锅、松烟熏焙。

干坑小种红茶成品茶叶条索紧结圆直，不带芽毫，色泽乌黑油润；香气清郁，微带松烟香气，又带似桂圆干味；汤色红明，滋味香甜甘醇，带醇馥的烟香，活泼爽口；叶底柔嫩，有皱褶，匀齐，古铜色，红亮。

冲泡干坑小种红茶，可每人选用一只容量130毫升的盖碗作为泡具和饮具，茶水比为1∶50，投茶量2克，水100克（毫升），泡茶水温宜水烧开至100℃。主要冲泡步骤：温水烫过茶碗内凹，投入茶叶后，采用回旋低冲法注水，水量达到茶碗八分满后，再盖上茶盖，4分钟后即可品饮。

MONDAY. MAY 26, 2025

2025 年 5 月 26 日

农历乙巳年 · 四月廿九

5月26日 星期一

今日生命叙事

早起___点，午休___点，晚安___点，体温___，体重___，走步___

今日喝茶：绿☐ 白☐ 黄☐ 青☐ 红☐ 黑☐ 花茶☐

正能量的我

茶谱系 · 尤溪红茶

尤溪红茶，红茶类（细分为工夫红茶），产地为福建省三明市尤溪县。史料记载尤溪从宋代开始种植茶树，清代开始华口村家家户户生产茶叶。那时，生产茶叶采摘 1 芽 2 ～ 3 叶，将鲜叶摊在水筛上摊晾使其失水至软化，再进行杀青、揉捻，经复炒复揉成条后再烘干。这种制法要求火温较高，芽部分焦红，工艺上近似现代尤溪红茶。

尤溪红茶制茶鲜叶于 3 月下旬采摘，鲜叶的采摘标准为茶树单芽。制茶主要工序是萎凋、揉捻、发酵、干燥。按工夫红茶工艺精制而成。

尤溪红茶成品茶叶条索紧结，色泽油润，显金毫；香气鲜活，持久，显花香或花果香；汤色橙红明亮或红艳明亮；滋味浓厚、醇爽、甘滑；叶底匀齐软亮。

冲泡尤溪红茶时，可每人选用一只容量 130 毫升的盖碗作为泡具和饮具，茶水比为 1∶50，投茶量 2 克，水 100 克（毫升），泡茶水温宜水烧开后降温至 90℃。主要冲泡步骤：温茶碗内凹，投入茶叶后，摇动盖碗，唤醒茶叶；采用回旋低冲法注水，至茶碗八分满后，盖上茶盖。当茶汤的水温降至适口温度时，趁温热品饮。如觉茶汤淡，可用茶盖拨动茶叶使其翻滚后再品饮。

尤溪红茶

TUESDAY. MAY 27，2025

2025 年 5 月 27 日

农历乙巳年 · 五月初一

5月27日

今日生命叙事

早起____点，午休____点，晚安____点，体温____，体重____，走步____

今日喝茶：绿□　白□　黄□　青□　红□　黑□　花茶□

正能量的我

茶谱系 · 天竺岩茶

天竺岩茶，青茶（乌龙茶）类（细分为闽南乌龙），产于福建省漳州市长泰县枋洋镇赤岭村天竺岩寺背后的高山之巅，为历史名茶。

长泰种茶、制茶，始于天竺岩，有“先有天竺岩，后有长泰县”之说。唐显庆四年（659 年），建天竺岩寺，并引种在周边坡地种植茶树，而后采摘叶芽，用古法加工烘焙成干茶，冠名“天竺岩茶”。据《长泰地方志》记载，唐代以来，长泰高僧驻锡，佛教盛传。当时，就有一群僧人入住长泰的天竺岩寺，在这里植茶、制茶，饮茶成为当地的一个风俗习惯，至明清仍风靡不衰。如今漳州，北有以“兰花香、观音韵”闻名的华安铁观音，南有以“香气高锐持久”驰名的诏安八仙茶，东有以“盛名留香、融儒释道”享誉的天竺岩茶，西有以独特兰花香气著称的平和白芽奇兰。

天竺岩茶，以天竺岩周边高山自然农法管理的闽南高香型乌龙茶“乌旦”春茶茶青为原料，手工采摘，以古法乌龙茶传统工艺手工制作，重摇青、重发酵、重自然萎凋，揉捻采用传统直条揉捻工艺。

天竺岩茶成品茶叶条索紧结匀整，色泽翠绿油润；香气散发古岩乳香，香气清长；汤色杏黄清澈；叶底嫩黄明亮。

冲泡天竺岩茶时，可每人选用一只容量 130 毫升的盖碗作为泡具和饮具，茶水比为 1∶35，投茶量 3 克，水 105 克（毫升），泡茶水温宜水烧开至 100℃，采用单边定点低冲法注水，4 分钟后即可品饮。

长泰天竺岩茶

WEDNESDAY. MAY 28，2025

2025 年 5 月 28 日

农历乙巳年 · 五月初二

5月28日 星期三

今日生命叙事

早起____点，午休____点，晚安____点，体温____，体重____，走步____

今日喝茶：绿□　白□　黄□　青□　红□　黑□　花茶□

正能量的我

茶谱系 · 诏安八仙茶

诏安八仙茶，青茶（乌龙茶）类（细分为闽南乌龙），产于福建省漳州市诏安县。诏安县白洋乡汀洋村北部，坐落着8座山峰，恰似8位仙人席地论道，“八仙山”之名由此而来。八仙茶发源地汀洋村至今保存有17株母树。八仙茶（曾名汀洋大叶黄棪），于20世纪60年代始创，从诏安县秀篆镇寨坪村的茶树群体种中采用单株育种法育成。诏安八仙茶，就是以品种命名的。

诏安八仙茶制茶鲜叶于3月下旬采摘，鲜叶的采摘标准为1芽2～3叶。诏安八仙茶制茶主要工艺工序是晒青、摇青、炒青、揉捻、焙干、拣剔等，讲究重晒轻摇，轻晒重摇，中晒中摇，中筛轻摇。

诏安八仙茶成品茶叶条索紧直，纤细修长，色泽青褐油润；香气高锐持久，品种香显露；汤色橙黄明亮，滋味清爽回甘；叶底嫩黄匀齐。

冲泡诏安八仙茶时，可每人选用一只容量130毫升的盖碗作为泡具和饮具，茶水比为1∶35，投茶量3克，水105克（毫升），泡茶水温宜水烧开至100℃，采用单边定点低冲法注水，4分钟后即可品饮。

诏安八仙茶

THURSDAY. MAY 29，2025

2025 年 5 月 29 日

农历乙巳年 · 五月初三

5月29日 星期四

今日生命叙事

早起___点，午休___点，晚安___点，体温___，体重___，走步___

今日喝茶：绿□　白□　黄□　青□　红□　黑□　花茶□

正能量的我

茶谱系 · 南靖丹桂

南靖丹桂

南靖丹桂，青茶（乌龙茶）类（细分为闽南乌龙），产于福建省漳州市南靖县。丹桂是从武夷肉桂自然杂交的后代中选育的高香、优质、高产的国家级优良品种。南靖县从2001年开始引种丹桂。南靖丹桂，就是以茶树品种命名的。

南靖丹桂制茶鲜叶于4月上旬开始采摘，鲜叶的采摘标准为驻芽小至中开面3叶。制茶主要工序是日光萎凋、做青（晾青、摇青、堆青）、炒青、揉捻、烘干、毛茶、精制。初制工艺以闽北乌龙茶“重味求香”为核心，精制工艺以闽南乌龙茶“重香求味”为主导。

南靖丹桂成品茶叶条索紧结匀整，色泽乌褐油润；香气清高悠长；汤色橙黄明亮，滋味醇厚甘爽；叶底匀齐软亮。

冲泡南靖丹桂时，可每人选用一只容量130毫升的盖碗作为泡具和饮具，茶水比为1∶35，投茶量3克，水105克（毫升），泡茶水温宜水烧开至100℃，采用单边定点低冲法注水，4分钟后即可品饮。

FRIDAY. MAY 30，2025

2025 年 5 月 30 日

农历乙巳年 · 五月初四

5月30日 星期五

今日生命叙事

早起____点，午休____点，晚安____点，体温____，体重____，走步____

今日喝茶：绿□　白□　黄□　青□　红□　黑□　花茶□

正能量的我

节日和茶·端午节

农历五月是仲夏，第一个午日正是登高顺阳好时机，故五月初五亦称为端午节。端午节，最初是古代中国人祛病防疫的节日，后因诗人屈原在这一天投江，便成了纪念屈原的传统节日。千百年来，屈原的爱国精神和感人楚辞，已深入人心，人们“惜而哀之，世论其辞，以相传焉”。端午节的特色食品粽子，古称“角黍”，传说是为祭投江的屈原而发明的。

“粽子香，香厨房。艾叶香，香满堂。桃枝插在大门上，出门一望麦儿黄。这儿端阳，那儿端阳，处处都端阳”。这首端午节民谣流行甚广。端午节吃粽子，古往今来，中国各地都有这个习俗。如今的粽子更是多种多样，吃粽子与喝茶的搭配有以下讲究：

吃粽叶香（即仅是米和粽叶包的）粽子，可以搭配喝白茶（白毫银针、白牡丹），相配有淡淡的清香和甘甜。

吃咸味的粽子，如椒盐、蛋黄等馅的粽子，可搭配喝乌龙茶（武夷岩茶，成品茶半年以上），能衬出咸甜口味的丰富口感。

吃甜味的粽子，如红枣、栗子、枣泥、豆沙等馅的粽子，可选择清淡的绿茶，能弱化夏天吃甜粽子的燥热和甜腻。

吃油性的粽子，如鲜肉、火腿、香肠等馅的粽子，相配的茶是黑茶（老茶为佳），能减除口感上的油腻并助消化。

端午节吃粽子

SATURDAY. MAY 31，2025

2025 年 5 月 31 日

农历乙巳年 · 五月初五

5月31日

星期六

端午节

今日生命叙事

早起____点，午休____点，晚安____点，体温____，体重____，走步____

今日喝茶：绿□　白□　黄□　青□　红□　黑□　花茶□

正能量的我

茶谱系 · 云霄黄观音

云霄黄观音，青茶（乌龙茶）类（细分为闽南乌龙），产于福建省漳州市云霄县。黄观音是茶树品种之一，由福建省农业科学院茶叶研究所以铁观音为母本、黄金桂为父本，采用杂交育种法育成，属于小乔木型，中叶类，早生种。20 世纪 90 年代，黄观音经云霄县农业局引进推广种植，其在云霄表现出极强的适应性和高香等优异特性。云霄黄观音，就是以品种命名的。

云霄黄观音的春茶一般在谷雨后立夏前开采，夏茶在夏至前开采，秋茶在立秋后开采；雨天不采，有露水不采，烈日不采。制茶主要工艺工序是萎凋、做青、炒青、揉捻、烘焙、拣剔等。

云霄黄观音成品茶叶条索紧结，色泽油润；香气清高细长，具有武夷茶品味、广东单枞香，独具花香蜜韵；汤色橙黄明亮，滋味清醇甘甜；叶底软亮，绿叶红镶边。

冲泡云霄黄观音时，每人可选用一只容量 130 毫升的盖碗作为泡具和饮具，茶水比为 1∶35，投茶量 3 克，水 105 克（毫升），泡茶水温宜水烧开至 100℃，采用单边定点低冲法注水，4 分钟后即可品饮。

云霄黄观音

SUNDAY. JUN 1，2025

2025 年 6 月 1 日

农历乙巳年 · 五月初六

6月1日 星期日

今日生命叙事

早起____点，午休____点，晚安____点，体温____，体重____，走步____

今日喝茶：绿□ 白□ 黄□ 青□ 红□ 黑□ 花茶□

正能量的我

茶谱系 · 盘陀金萱茶

盘陀金萱茶

盘陀金萱茶，青茶（乌龙茶）类（细分为闽南乌龙），产于福建省漳州市漳浦县盘陀镇。盘陀种茶、制茶始于宋代，明代有所扩展。金萱茶是盘陀镇的特色茶叶品种。其树形横张，叶厚呈椭圆形，叶色浓绿富光泽，幼苗绿中带紫，密生茸毛，适制包种茶及乌龙茶。

盘陀金萱茶春茶鲜叶于 3 月下旬开始采摘，鲜叶的采摘标准是对夹 2 ～ 3 叶。制茶主要工序是日光萎凋（晒青）、室内静置及搅拌（凉青及做青）、炒青、揉捻、烘焙。

盘陀金萱茶成品茶叶条索紧结，叶片形状，色泽翠绿有光泽；香气为清乳香，幽长；汤色绿黄清澈，滋味清爽醇和；叶底嫩黄明亮。

冲泡盘陀金萱茶时，可每人选用一只容量 130 毫升的盖碗作为泡具和饮具，茶水比为 1∶35，投茶量 3 克，水 105 克（毫升），泡茶水温宜水烧开至 100℃。主要冲泡步骤：温茶碗内凹，投入茶叶后，采用单边定点低冲法注水，水量达到茶碗八分满后，盖上茶盖。当茶汤的水温降至适口温度时，趁温热品饮。如觉茶汤淡，可用茶盖拨动茶叶使其翻滚后再品饮。

MONDAY. JUN 2, 2025

2025 年 6 月 2 日

农历乙巳年 · 五月初七

6月2日 星期一

今日生命叙事

早起____点，午休____点，晚安____点，体温____，体重____，走步____

今日喝茶：绿☐ 白☐ 黄☐ 青☐ 红☐ 黑☐ 花茶☐

正能量的我

茶谱系 · 华安铁观音

华安铁观音，青茶（乌龙茶）类（细分为闽南乌龙），产于福建省漳州市华安县。华安茶树栽培历史悠久，始于唐代，县城素有“茶烘”之美誉。据《龙溪县志》记载，华安明代已产贡茶。明清两朝，华安制茶工人到台湾传授制茶技术，大批茶叶作为家乡特产由华侨经由茶烘、新圩古渡口带出，传至南洋，直到 19 世纪至 20 世纪 20 年代，制茶业进入繁荣鼎盛时期。

华安铁观音既有明前茶又有冬片茶，形成“清香型五季茶”特色。华安铁观音鲜叶的采摘标准为驻芽 2 ～ 3 叶。制茶主要工艺工序是萎凋、做青、炒青、揉捻、烘焙、拣剔等。

华安铁观音

华安铁观音成品茶叶条索肥壮紧结，椭圆形，片状，色泽翠绿；香气清高幽长；汤色金黄清澈，滋味鲜醇滑爽；叶底绿亮、柔软、匀齐。

冲泡华安铁观音时，可每人选用一只容量 130 毫升的盖碗作为泡具和饮具，茶水比为 1：35，投茶量 3 克，水 105 克（毫升），泡茶水温宜水烧开至 100℃，采用悬壶高冲法注水，4 分钟后即可品饮。

TUESDAY. JUN 3，2025

2025 年 6 月 3 日

农历乙巳年 · 五月初八

6月3日 星期二

今日生命叙事

早起____点，午休____点，晚安____点，体温____，体重____，走步____

今日喝茶：绿□ 白□ 黄□ 青□ 红□ 黑□ 花茶□

正能量的我

茶范·新时代茶范张天福

张天福

张天福是中国近现代十大茶叶专家之一，也是首部《中国农业百科全书》中十大茶叶类专家之一。他 80 多年如一日，长期从事茶叶教育、生产和科研工作，特别在培养茶叶专业人才、创制制茶机械、提高乌龙茶品质等方面有很大成绩，对福建省茶叶的恢复和发展作出重要贡献。他被誉为当代中国茶学泰斗。

张天福晚年致力于审评技术的传授和茶文化的倡导。他主张中和陆羽《茶经》提出的茶“最宜精行俭德之人”和赵佶《大观茶论》提出的“致清导和”“韵高致静”观点，提升以“俭、清、和、静”为内涵的中国茶礼。其中，“俭”就是勤俭朴素，“清”就是清正廉明，“和”就是和衷共济，“静”就是宁静致远。

张天福不但倡导中国茶礼，而且身体力行。他倡导、宣传、组织、协办以宣传茶文化为主要内容的茶人之家、茶艺馆、茶苑，以清香的茶叶、优雅的琴声、高雅的茶艺，为人们提供一个个安静祥和的美好生活空间。

张天福坚持良好生活习惯，黎明即起，饮清茶一杯……他觉得美好生活靠自己努力创造，“一叶香茗伴百载，俭清和静人如茶”。张天福老人是寿享“茶寿”108 岁的茶人。张天福当之无愧是新时代茶范，他的茶魂带着中国新时代的气象和自身的本性——中和。

WEDNESDAY. JUN 4，2025

2025 年 6 月 4 日

农历乙巳年·五月初九

6月4日 星期三

今日生命叙事

早起____点，午休____点，晚安____点，体温____，体重____，走步____

今日喝茶：绿□ 白□ 黄□ 青□ 红□ 黑□ 花茶□

正能量的我

茶和节气·芒种

田间麦芒秧苗青，接天莲叶鸟投林。
螳螂破壳鵙鸣悦，高山流水百舌静。
月明波影品茗香，风细弄玉和萧歌。
佳人煮梅多逸趣，饯花蠲雨涤尘襟。

芒种·金银花

芒种是农历每年二十四节气的第9个节气。芒种，物候类节气，表示麦类等有芒作物成熟。“芒”字，是指麦类等有芒植物的收获；“种”字，是指谷黍类作物播种的节令。芒种两字谐音“忙种”，农谚有“芒种芒种，忙收又忙种”，也表明一切植物都在“忙种”了。

芒种物候：初候螳螂生；二候鵙始鸣；三候反舌无声。

芒种是一年中降雨最多的时节，长江流域经常是连绵的雨水“梅雨季节”，此时的雨水有助于茶树生长。

芒种节气里，喝什么茶？芒种时节，天气开始进入炎热之夏，肝脏气休，心正旺，要照顾脏气平衡，预防暑热上火，讲究心神静、肚腹温、嗜欲少。南方开始了梅雨季，需防蚊、防湿。此时节，适宜饮白茶（白毫银针）、绿茶（春茶）、红茶、黄茶、乌龙茶（白芽奇兰、安溪铁观音、台湾乌龙）。

THURSDAY. JUN 5, 2025

6月5日 星期四

2025年6月5日

农历乙巳年·五月初十

芒种

今日生命叙事

早起___点，午休___点，晚安___点，体温___，体重___，走步___

今日喝茶：绿□　白□　黄□　青□　红□　黑□　花茶□

正能量的我

节气茶·芒种茶

芒种后夏至前采摘的茶叶称为芒种茶。

芒种是采制夏茶的重要时节和大忙时节。由于芒种时气温更高，茶树芽头长得快，容易粗老，需要及时采摘。芒种是阳气接近鼎盛前的状态，芒种后气温更高、雨量增大，此时茶树芽叶的生长速度接近鼎盛，茶叶的绿色逐渐加深，茶味浓而不涩，饮后令人阳气上行而头脑清净。芒种茶汲取的是蓬勃向上的盛夏大自然时空能量。

夏茶，泛指夏季采制的茶叶。我国绝大部分产茶区，茶树生长和茶叶采制是有季节性的。按节气分，小满、芒种、立夏、小暑采制的茶为夏茶；按时间分，6 月初至 7 月上旬采制的为夏茶。

夏茶的特征：干看（冲泡前）成品茶，红茶、绿茶大多条索松散，芽茶紧细显毫，珠茶颗粒松泡；红茶色泽红润，绿茶色泽灰暗或乌黑；茶叶轻飘宽大，嫩梗瘦长；香气略带粗老。湿看（冲泡后）成品茶，绿茶汤色青绿飘毫，叶底中夹有铜绿色芽叶，茶汤入口稍淡薄，苦底较重，口腔收敛性强；红茶滋味平和带涩，汤色红暗，叶底较红亮；不论红茶还是绿茶，叶底均显得薄而较硬，对夹叶较多，叶脉较粗，叶缘锯齿明显。

芒种茶叶

FRIDAY. JUN 6，2025

2025 年 6 月 6 日

农历乙巳年 · 五月十一

6月6日 星期五

今日生命叙事

早起___点，午休___点，晚安___点，体温___，体重___，走步___

今日喝茶：绿□ 白□ 黄□ 青□ 红□ 黑□ 花茶□

正能量的我

茶物哲语·心若安定，万事从容

茶盏和茶托

上图是一套组合设计颇为别致的茶盏和茶托。

此茶盏的底，不是平的而是圆锥形的，茶托很有质感且中间是通透的。若想让茶盏平稳，定位点就在茶托一个位置，放置后很和谐；否则，茶盏的底部就倾斜，茶盏就不安定，茶汤有可能溢出。

这揭示了一个哲理：物有合适的位置，在合适位置才是和谐的；有变化，就要有新的和谐，否则就不宜变化。人，也是这样，有的人德不配位，有的人力不从心，有的人心不在焉，有的人不由自主，他们都属于找不着自己的定位。

活着的最好状态是从容，即不急不缓，淡定悠闲。事再大也举重若轻，事再多也有条不紊。用做事去修行，用心境安生活——这就是从容地活着。这似乎高高在上，似乎遥不可及？不是的。只需人们收回向外追逐的目光，重新发现内心的良知，并依之而行。

这正是王明阳所倡导的：心若安定，万事从容。

SATURDAY. JUN 7，2025

2025 年 6 月 7 日

农历乙巳年 · 五月十二

6月7日 星期六

今日生命叙事

早起____点，午休____点，晚安____点，体温____，体重____，走步____

今日喝茶：绿☐　白☐　黄☐　青☐　红☐　黑☐　花茶☐

正能量的我

茶谱系·大佛龙井

大佛龙井，绿茶类（细分为炒青绿茶），产于浙江省绍兴市新昌县，创制于 20 世纪 80 年代。大佛龙井的适制品种为鸠坑种、龙井长叶、龙井 43、乌牛早等茶树良种。其茶园主要分布在海拔 400 米以上的山地之中。

大佛龙井制茶鲜叶于 2 月底至 3 月初开始采摘，鲜叶的采摘标准是 1 芽 1 叶至 1 芽 2 叶；高档茶的鲜叶采摘标准为 1 芽 1 叶初展，要求芽叶肥壮，芽长于叶，大小匀齐，芽叶完整，不带梗蒂、老叶。制茶工艺工序是摊放、杀青、摊凉、辉干、分筛、整形。

大佛龙井成品茶叶扁平光滑，尖削挺直，色泽嫩绿匀润；香气嫩香持久，略带兰花香，滋味鲜爽甘醇，汤色杏绿明亮；叶底细嫩成朵、嫩绿、明亮。

冲泡大佛龙井时，可每人选用一只容量 130 毫升的盖碗作为泡具和饮具，茶水比为 1∶50，投茶量 2 克，水 100 克（毫升），泡茶水温宜水烧开后降温至 85℃。主要冲泡步骤：温茶碗内凹，投入茶叶后，采用环圈法注水，水量达到茶碗八分后，盖上茶盖。当茶碗中茶汤的水温降至适口温度时，趁温热品饮。

大佛龙井

SUNDAY. JUN 8，2025

2025 年 6 月 8 日

6月8日 星期日

农历乙巳年 · 五月十三

今日生命叙事

早起___点，午休___点，晚安___点，体温___，体重___，走步___

今日喝茶：绿☐ 白☐ 黄☐ 青☐ 红☐ 黑☐ 花茶☐

正能量的我

茶物哲语·君子独处，守正不挠

让我们用著名诗人的茶诗，来一场关于“跨越时空”的议论吧。

李白诗云：“茗清香滑熟。”说的是茶香的本正清气。

皇甫曾接着诗云：“香茗复丛生。”说的是香茶出自深山丛生的茶树。

白居易喝着茶，有诗云：“咽罢余芳气。”说的是咽下茶汤，呵气兰香。

杜牧也谈自己的体会，以诗云：“牙香紫璧裁。”唱的是芽茶的香从茶饼中冒出来。

郑遨更是幽思，诗云：“嫩芽香且灵。”唱的是嫩芽的茶香有灵性。

林逋赞美道，有诗云为证“乳香烹出建溪春。”唱的是乳香的茶啜含春之味。

欧阳修再次强调，以诗云：“新香嫩色如始造。”唱的是新做的茶，香如原始自然的茶叶香。

蔡襄和意，诗云：“鲜香箸下云。”唱的是茶叶的鲜香在烤茶时就散发出来了。

王珪唱反调，诗云：“北焙和香饮最真。”唱的是与蔡襄“茶有真香”的反调。

黄庭坚马上反诘，诗云：“鸡苏胡麻留渴羌，不应乱我官焙香。”是对蔡襄“茶有真香”一语的注脚。

秦观更大声唱诗云：“茶实嘉木英，其香乃天育。”唱的是茶那淡雅而悠长的清香气味，是天地自然的灵气。

诗人们说的是保持本真的茶的真香。以茶喻人，进而启示：有德行的人，单居独处，甚至孤单，也会坚守正道，不受干扰影响，唯在持恒与行。

MONDAY. JUN 9，2025

2025 年 6 月 9 日

农历乙巳年 · 五月十四

6月9日 星期一

今日生命叙事

早起____点，午休____点，晚安____点，体温____，体重____，走步____

今日喝茶：绿☐ 白☐ 黄☐ 青☐ 红☐ 黑☐ 花茶☐

正能量的我

茶谱系 · 湄江翠片

湄江翠片，绿茶类（细分为炒青绿茶），产于贵州省遵义市湄潭县湄潭茶场，原名湄江茶，因产于湄江河畔而得名。该茶创制于 1943 年，1954 年将湄江的河名与茶名融在一起正式定名为湄江翠片。

湄江翠片的制茶鲜叶于清明前后开始采摘，以清明前为佳。特级、一级、二级翠片鲜叶采摘标准是 1 芽 1 叶初展，芽长于叶，芽叶长度分别为 1.5 厘米、2 厘米、2.5 厘米；均采自湄江良种苔茶树的嫩梢。制茶工艺工序是杀青、摊放、二炒、再摊放、辉锅等。

湄江翠片成品茶叶条索扁形平直，光滑匀整，形似葵花籽，隐毫稀见，色泽翠绿光润；汤色黄绿明亮，香气清高持久，并伴有新鲜花香，滋味醇厚爽口，回味甘甜；叶底嫩绿匀整。

冲泡湄江翠片时，可每人选用一只容量 130 毫升的盖碗作为泡具和饮具，茶水比为 1∶50，投茶量 2 克，水 100 克（毫升），泡茶水温宜水烧开后降温至 80℃。主要冲泡步骤：温茶碗内凹，投入茶叶后，采用环圈法注水，水量达到茶碗八分后，盖上茶盖。当茶碗中茶汤的水温降至适口温度时，趁温热品饮。

湄江翠片

TUESDAY. JUN 10，2025

2025 年 6 月 10 日

农历乙巳年 · 五月十五

6月10日

今日生命叙事

早起____点，午休____点，晚安____点，体温____，体重____，走步____

今日喝茶：绿□ 白□ 黄□ 青□ 红□ 黑□ 花茶□

正能量的我

茶谱系 · 天柱剑毫

天柱剑毫，绿茶类（细分为烘青绿茶），产于安徽省潜山县天柱山一带，创制于 1978 年，初名“奇峰”，出自大诗人李白赞誉天柱山主峰“奇峰出奇云”诗句。该茶开始时仿制毛峰，后又改为剑状，仿天柱山笋子峰；次改“晴雪”和茶身满披白毫，以“天柱晴雪”风景之名闻名；最后，因形似利剑、满披白毫，1985 年定名为“天柱剑毫”。天柱山制茶历史悠久，唐代杨晔《膳夫经手录》就有记载：“舒州天柱茶，虽不峻拔遒劲，亦甚甘香芳美，良可重也。”

天柱剑毫的制茶鲜叶采摘期为 4 月 5 日至 4 月 25 日。鲜叶的采摘标准是 1 芽 1 叶初展，要求芽头肥壮、匀齐、多毫、节间短，色泽黄绿。制茶工艺工序是杀青、炒坯、提毫、烘干等。

天柱剑毫成品茶叶外形扁平，挺直似剑，色泽嫩绿显毫；花香清雅持久，滋味鲜醇回甘，汤色碧绿明亮；叶底匀整嫩鲜。根据该茶“外形似剑、满披白毫”的特点，1985 年被定名为“天柱剑毫”。

冲泡天柱剑毫时，可每人选用一只容量 130 毫升的盖碗作为泡具和饮具，茶水比为 1∶50，投茶量 2 克，水 100 克（毫升），泡茶水温宜水烧开后降温至 80℃。主要冲泡步骤：温茶碗内凹，投入茶叶后，采用环圈法注水，水量达到茶碗八分后，盖上茶盖。当茶碗中茶汤的水温降至适口温度时，趁温热品饮。

天柱剑毫

WEDNESDAY. JUN 11，2025

2025 年 6 月 11 日

农历乙巳年 · 五月十六

6月11日 星期三

今日生命叙事

早起____点，午休____点，晚安____点，体温____，体重____，走步____

今日喝茶：绿□ 白□ 黄□ 青□ 红□ 黑□ 花茶□

正能量的我

茶谱系 · 九华佛茶

九华佛茶

九华佛茶，绿茶类（细分为烘青绿茶），又名九华毛峰、黄石溪毛峰，产于佛教名山九华山所在地的安徽省池州市，为历史名茶。从唐至今九华山闻名于世的茶叶有金地茶、天台云雾、九华龙芽、九华毛峰、黄石溪毛峰等。九华山最早的茶叶为“金地源茶”，又名“金地茶”，相传是地藏菩萨亲手种植的。唐代以来，金地茶一直是寺庙特产，民间俗称佛茶。

九华佛茶的制茶鲜叶于 4 月中下旬进行采摘。鲜叶的采摘标准是 1 芽 2 叶初展，要求无表面水，无鱼叶、茶果等杂质；采摘后按叶片老嫩程度和采摘先后顺序摊放待制。其制作加工上既秉承金地源茶、九华毛峰的传统工艺，又推陈出新，严格按标准化组织生产。制茶工艺工序是鲜叶采摘、摊青、杀青、摊凉、做形、烘干、拣剔、包装。其独特之处是做形，利用理条机分二次理条，期间摊凉加压，手工压扁，理条机理直，达到九华佛茶独特外形。

成品九华佛茶外形扁直，呈佛手状，色泽深绿，白毫显露；香气高香持久，冲泡杯中汤色明澈，宛若兰花绽放，风韵别致，滋味清醇；叶底黄绿、芽匀绽放。

冲泡九华佛茶时，茶与水的比例为 1∶50，投茶量 2 克，水 100 克（毫升）；主要泡具首选盖碗，泡茶水温宜水烧开后降温至 85℃时，用于冲泡茶叶。

THURSDAY. JUN 12，2025

2025 年 6 月 12 日

农历乙巳年 · 五月十七

6月12日

今日生命叙事

早起____点，午休____点，晚安____点，体温____，体重____，走步____

今日喝茶：绿□　白□　黄□　青□　红□　黑□　花茶□

正能量的我

茶谱系 · 婺源绿茶

婺源绿茶，绿茶类（细分为炒青绿茶），产于江西省上饶市婺源县，为历史名茶。陆羽在《茶经》中有“歙州茶生于婺源山谷”的记载。《宋史 · 食货》将婺源的谢源茶列为全国六种名茶“绝品”之一；明清时期，婺源绿茶曾被列为“贡茶”。

婺源绿茶的制茶鲜叶采摘根据茶树生长特性和成品茶对加工原料的要求，遵循采留结合、量质兼顾和因树制宜的原则，按标准适时采摘独芽、1芽1叶、1芽2叶、1芽3叶。制茶工艺工序是摊青、杀青、散热、揉捻、炒二青（炒坯、理条）摊凉、炒三青（造型）、摊凉、烘（炒）足干、精选、包装。

婺源绿茶成品茶叶条索紧结重，实显锋苗，色泽绿润；香气嫩香，鲜爽持久，滋味鲜醇甘爽，汤色嫩绿清澈；叶底嫩匀、肥厚、明亮。婺源绿茶素以“颜色碧而天然，口味香而浓郁，水叶清而润厚”的品质闻名。

冲泡婺源绿茶时，每人可选用一只容量130毫升的盖碗作为泡具和饮具，茶水比为1∶50，投茶量2克，水100克（毫升），泡茶水温宜水烧开后降温至85℃。主要冲泡步骤：温茶碗内凹，投入茶叶后，采用环圈法注水，水量达到茶碗八分后，盖上茶盖。当茶碗中茶汤的水温降至适口温度时，趁温热品饮。

婺源绿茶

FRIDAY. JUN 13，2025

2025 年 6 月 13 日

农历乙巳年 · 五月十八

6月13日

星期五

今日生命叙事

早起____点，午休____点，晚安____点，体温____，体重____，走步____

今日喝茶：绿□　白□　黄□　青□　红□　黑□　花茶□

正能量的我

节日和茶 · 文化和自然遗产日

文化和自然遗产日（源自文化遗产日），是每年 6 月的第二个星期六。

中国是世界上最早种植茶树和制作茶叶的国家，具有悠久的历史，丰富的文化和自然遗产。传统制茶技艺及相关习俗与地理位置、自然环境密切相关，是保护文化和自然遗产的重要内容之一。

作为茶树的原产地和茶文化的发源地，中国的茶叶、茶树、茶文化随着文化交流和商业贸易的开展而传遍全世界。唐代时中国茶就开始传入日本、朝鲜及南亚、东南亚等地区；16 世纪中国茶传至欧洲各国、美洲大陆、中东、俄罗斯等地区。而在中国茶文化的直接影响下，英国、日本、韩国、俄罗斯以及摩洛哥也都形成了各自国家的茶文化。

2022 年 7 月 18 日，国家主席习近平向全球重要农业文化遗产大会致贺信指出，中方愿同国际社会一道，共同加强农业文化遗产保护，进一步挖掘其经济、社会、文化、生态、科技等方面的价值，助力落实联合国 2030 年可持续发展议程，推动构建人类命运共同体。

2022 年 11 月 29 日，在摩洛哥拉巴特召开的联合国教科文组织保护非物质文化遗产政府间委员会第十七届常会上，我国申报的“中国传统制茶技艺及其相关习俗”通过评审，列入联合国教科文组织人类非物质文化遗产代表作名录。

中共中央总书记、国家主席、中央军委主席习近平作出重要指示强调，“中国传统制茶技艺及其相关习俗”列入联合国教科文组织人类非物质文化遗产代表作名录，对于弘扬中国茶文化很有意义。要扎实做好非物质文化遗产的系统性保护，更好满足人民日益增长的精神文化需求，推进文化自信自强。要推动中华优秀传统文化创造性转化、创新性发展，不断增强中华民族凝聚力和中华文化影响力，深化文明交流互鉴，讲好中华优秀传统文化故事，推动中华文化更好走向世界。

SATURDAY. JUN 14, 2025

2025 年 6 月 14 日

农历乙巳年 · 五月十九

6月14日

星期六

文化和自然遗产日

今日生命叙事

早起___点，午休___点，晚安___点，体温___，体重___，走步___

今日喝茶：绿□ 白□ 黄□ 青□ 红□ 黑□ 花茶□

正能量的我

茶谱系 · 石门银峰

石门银峰，绿茶类（细分为炒青绿茶），产于湖南省常德市石门县，创制于 1989 年。宋代石门产牛抵茶为贡茶。

清明前后，选择晴天采摘春茶头轮新梢。鲜叶的采摘标准是特号茶采单芽头（银针型），一号茶采1芽1叶初展，二号茶 1 芽 1 叶开展，三号茶采1芽 2 叶开展。要求做到“四不采”，不采雨水叶，不采露水叶，不采紫色芽叶，不采病虫瘦弱芽叶；鲜叶要嫩、匀、净、齐。采回的鲜叶分级摊放。制茶工艺工序是摊青、杀青、清风（摊凉）、炒坯、理条、紧条、摊凉、提毫、烘焙等。

石门银峰成品茶叶条索紧细匀直，银毫满披闪光，色泽隐翠油润；内质香气浓郁持久，汤色杏绿明亮，滋味醇厚爽口，回味甘甜；叶底鲜嫩匀齐。可得“头泡清香，二泡味浓，三泡四泡幽香犹存”。

冲泡石门银峰时，可每人选用一只容量 130 毫升的盖碗作为泡具和饮具，茶水比为 1∶50，投茶量 2 克，水 100 克（毫升），泡茶水温宜水烧开后降温至 85℃。主要冲泡步骤：温茶碗内凹，投入茶叶后，采用环圈法注水，水量达到茶碗八分后，盖上茶盖。当茶碗中茶汤的水温降至适口温度时，趁温热品饮。

石门银峰

SUNDAY. JUN 15, 2025

2025 年 6 月 15 日

农历乙巳年 · 五月二十

6月15日

今日生命叙事

早起___点，午休___点，晚安___点，体温___，体重___，走步___

今日喝茶：绿□　白□　黄□　青□　红□　黑□　花茶□

正能量的我

茶谱系 · 午子仙毫

午子仙毫，绿茶类（细分为烘青绿茶），产于陕西省汉中市西乡县，创制于 1984 年。2005 年，汉中市将“午子仙毫”和其他茶叶品名整合为“汉中仙毫”。西乡县茶叶种植历史悠久，有“男废耕，女废织，其民昼夜不制茶不休之举”的记载。据《明史食货志》记载，西乡在明初是朝廷以茶易马的主要集散地之一。

午子仙毫的制茶鲜叶于清明前至谷雨后 10 天采摘。鲜叶的采摘标准是 1 芽 2 叶初展，要求采摘正常芽叶，不采单芽、粗老叶及病虫叶。制茶工艺工序是摊放、杀青、初干做形、烘焙、拣剔和复火焙香等。

午子仙毫成品茶叶形似兰花，色泽翠绿鲜润，有白毫；栗香持久，汤色清澈明亮，滋味醇厚，爽口回甘；叶底全芽、厚实、嫩匀、绿色明亮。

冲泡午子仙毫时，可每人选用一只容量 130 毫升的盖碗作为泡具和饮具，茶水比为 1：50，投茶量 2 克，水 100 克（毫升），泡茶水温宜水烧开后降温至 85℃。主要冲泡步骤：温茶碗内凹，投入茶叶后，采用环圈法注水，水量达到茶碗八分后，盖上茶盖。当茶碗中茶汤的水温降至适口温度时，趁温热品饮。

午子仙毫

MONDAY. JUN 16，2025

2025 年 6 月 16 日

农历乙巳年 · 五月廿一

6月16日 星期一

今日生命叙事

早起____点，午休____点，晚安____点，体温____，体重____，走步____

今日喝茶：绿☐　白☐　黄☐　青☐　红☐　黑☐　花茶☐

正能量的我

茶谱系 · 江山绿牡丹

江山绿牡丹，绿茶类（细分为烘青绿茶），最初的名字为仙霞茶，产于浙江省衢州市江山市，1980 年恢复创制。因其最早的成品干茶茶型为扎花型，呈牡丹花状，绿色中带微黄，产地为江山，故被命名为江山绿牡丹。

江山绿牡丹的制茶鲜叶于 3 月中旬开始采摘，谷雨后结束。江山绿牡丹茶原料取于当地中、小叶群体种茶树鲜叶，鲜叶的采摘标准是 1 芽 1 叶至 1 芽 2 叶初展，且芽的长度比叶长。要求早采嫩摘，坚持雨露叶不采、瘦小叶不采、病虫叶不采、紫色叶不采。制茶工艺工序是摊放、杀青、轻揉、理条、轻复揉、初烘和复烘等。

江山绿牡丹成品茶叶条索尚直（也有加工整理成形似花朵的），其干茶外形有扎花型的牡丹花状和形似兰叶的条索状（散茶）两种，形态自然，白毫显露，色泽翠绿鲜活；内质香气，清高持久，滋味鲜醇爽口，汤色碧绿，清澈明亮；叶底芽叶成朵，嫩绿明亮。

江山绿牡丹

冲泡江山绿牡丹，适合用瓷质大茶壶成朵冲泡，也可以每人选用一只容量 130 毫升的盖碗作为泡具和饮具，茶水比为 1∶50，投茶量2克（一朵），水100克(毫升），泡茶水温宜水烧开后降温至 85℃。主要冲泡步骤：温茶碗内凹，投入茶叶后，采用环圈法注水，水量达到茶碗八分后，盖上茶盖。当茶碗中茶汤的水温降至适口温度时，趁温热品饮。

TUESDAY. JUN 17，2025

2025 年 6 月 17 日

农历乙巳年 · 五月廿二

6月17日

星期二

今日生命叙事

早起___点，午休___点，晚安___点，体温___，体重___，走步___

今日喝茶：绿☐　白☐　黄☐　青☐　红☐　黑☐　花茶☐

正能量的我

茶谱系 · 毛蟹

毛蟹，青茶（乌龙茶）类（细分为闽南乌龙），原产于福建省泉州市安溪县大坪乡福美村大丘仑。

毛蟹的制茶鲜叶全年可多采（含早春茶），春茶开采于 4 月上中旬。采摘时间以中午 12 时至下午 3 时前较佳，不同的茶采摘部位也不同，有的采一个顶芽和芽旁的第一片叶子叫 1 心 1 叶，有的多采一叶叫 1 心 2 叶，也有 1 心 3 叶。制茶工艺工序是日光萎凋、炒青、揉捻、干燥、紧压等。

毛蟹成品茶叶条索紧结实，梗圆形，头大尾尖，芽叶嫩，多白色茸毛，色泽褐黄绿，尚鲜润；茶汤青黄或金黄色，味清纯略厚，香气清高，略带茉莉花香；叶底叶张圆小，中部宽、头尾尖、锯齿深，密、锐且向下钩，叶稍薄，主脉稍浮现。

冲泡毛蟹时，可每人选用一只容量 130 毫升的盖碗作为泡具和饮具，茶水比为 1∶35，投茶量 3 克，水 105 克（毫升），泡茶水温宜水开烧至 100℃。主要冲泡步骤：温茶碗内凹，投入茶，加茶盖合盖后摇香，开盖后采用单边定点注水法，水量达到茶碗七八分后，再盖上茶盖。当茶碗中茶汤的水温降至适口温度时品饮。

毛蟹

WEDNESDAY. JUN 18，2025

2025 年 6 月 18 日

农历乙巳年 · 五月廿三

6月18日

今日生命叙事

早起____点，午休____点，晚安____点，体温____，体重____，走步____

今日喝茶：绿☐ 白☐ 黄☐ 青☐ 红☐ 黑☐ 花茶☐

正能量的我

茶谱系 · 荔枝红茶

荔枝红茶

荔枝红茶，再加工茶（细分为窨香花果茶），主产于广东省，为新创名茶，创制于 20 世纪 50 年代。

选用优良品种荔枝和优质红茶，采用科学方法和特殊工艺技术，促使优质红条茶吸取荔枝果的香味，制成荔枝红茶成品。

荔枝红茶成品茶叶条索紧结细直，色泽乌润；内质香气芬芳，滋味鲜爽香甜，汤色红亮，有荔枝风味。

冲泡荔枝红茶时，可选用一只容量 130 毫升的盖碗作为泡具和饮具，茶水比为 1∶50，投茶量 2 克，水 100 克（毫升），泡茶水温宜水烧开后降至 90℃。主要冲泡步骤：温茶碗内凹，投入茶叶后，合盖后摇香，开盖后采用螺旋形法注水，水量达到茶碗八分后，盖上茶盖，当茶碗中茶汤的水温降至适口温度时品饮。

THURSDAY. JUN 19，2025

2025 年 6 月 19 日

农历乙巳年 · 五月廿四

6月19日 星期四

今日生命叙事

早起____点，午休____点，晚安____点，体温____，体重____，走步____

今日喝茶：绿□　白□　黄□　青□　红□　黑□　花茶□

正能量的我

茶谱系 · 永川秀芽

永川秀芽，绿茶类（细分为烘青绿茶），又称川秀，产于重庆市永川区（主要包括永川区云雾山、阴山、巴岳山、箕山、黄瓜山五大山脉的茶区），主要分布在永川 5 个主要产茶乡镇（茶山竹海办事处、大安镇、何埂镇、永荣镇、三教镇，这 5 个乡镇占其总产量的 85%），创制于 1963 年。

永川秀芽的制茶鲜叶于清明前开始采摘。采用“早白尖南江茶”和永川区栽培的大、中、小叶种其他品种茶树鲜叶作为原料，选用鲜叶标准是 1 芽 1 叶的初展，要求芽叶完整、新鲜、洁净。制茶工艺工序是杀青、揉捻、抖水、做条、烘干等。

成品永川秀芽茶叶细秀显毫，色泽深绿油润；汤色清澈绿亮，香气鲜嫩高长，滋味鲜醇回甘；叶底嫩匀明亮。其有“形秀、叶绿、汤清、味鲜”的特点。

冲泡永川秀芽时，可每人选用一只容量 130 毫升的盖碗作为泡具和饮具，茶水比为 1∶50，投茶量 2 克，水 100 克（毫升），泡茶水温宜水烧开后降温至 80℃。主要冲泡步骤：温茶碗内凹，投入茶叶后，采用环圈法注水，水量达到茶碗八分后，盖上茶盖。当茶碗中茶汤的水温降至适口温度时，趁温热品饮。

永川秀芽

FRIDAY. JUN 20，2025

2025 年 6 月 20 日

农历乙巳年 · 五月廿五

6月20日

星期五

今日生命叙事

早起___点，午休___点，晚安___点，体温___，体重___，走步___

今日喝茶：绿☐ 白☐ 黄☐ 青☐ 红☐ 黑☐ 花茶☐

正能量的我

茶和节气·夏至

开镰时节夏种耕，祭地求雨伏面烹。
山涧阴生鹿解角，草下阳极蝉出鸣。
处处龙舟挂米粽，家家茶台沏银针。
游鱼聚亭夜漏长，半夏始芳宵散成。

夏至·蜀葵

夏至是农历二十四节气的第 10 个节气。夏至，天文类节气，夏至的“夏”表示季节，“至”表示到来，表示炎热的夏天来临。从夏至日开始，地表热量不断积累，直至最高峰，进入一年中最热的时节——三伏天。

夏至物候：初候鹿角解；二候蜩始鸣；三候半夏生。

夏至时节，为物候学上真正的夏季。夏至以后地面受热强烈，长江中下游、江淮流域进入常出现暴雨天气的梅雨季节，空气潮湿，阴雨连绵。

夏至饮茶，以祛暑益气、生津止渴、增进食欲、消解油腻为目的。夏季更需要静心喝茶，远离燥热。喝茶本就是一种宁静而自由的活动，古谚有“爱玩夏日天，爱眠冬至夜”，到户外去，到茶山吃茶去，无疑更将此句谚语体现得淋漓尽致。

夏至节气里，喝什么茶？夏至后气温有时可达 40℃左右，人体闷热、汗湿，养阴最为重要，宜服温热之物，滋阴养神，清热解毒，解暑利湿。夏至时节，适宜饮绿茶（春茶）、茉莉花茶、乌龙茶（永春佛手、武夷岩茶、安溪铁观音、台湾乌龙茶）、黑茶（安化天尖、普洱生茶）、红茶、白茶（白毫银针、白牡丹、寿眉）、黄茶；尽量不喝绿茶（夏茶）。

SATURDAY. JUN 21，2025

2025 年 6 月 21 日

农历乙巳年 · 五月廿六

6月21日

星期六

夏至

今日生命叙事

早起____点，午休____点，晚安____点，体温____，体重____，走步____

今日喝茶：绿□　白□　黄□　青□　红□　黑□　花茶□

正能量的我

节气茶·夏至茶

夏至后至小暑前采摘的茶叶称为夏至茶。

古人讲："夏至是一年阴之始。"夏至后，我国大部分地区的日平均气温超过22℃，为物候学上真正的夏季。夏至以后，地面受热强烈，较高的气温和充足的光照给予草木全年中最充足的阳气，此时是草木生长的关键时期。这一阶段的茶树叶片肥硕，颜色加深。采摘制作的夏茶，茶性十足，茶香浓郁，入口微苦，反水为甜。这是"物极必反"的缘故。夏至到小暑的15天，阳气在鼎盛中聚集收敛。阳气生"甘"，降而生"苦"。夏至时，阳气呈现出鼎盛的状态。物壮则老，夏至茶汲取的是阳气处于鼎盛时期开始聚集收敛的大自然时空能量。

夏至茶叶

SUNDAY. JUN 22，2025

2025 年 6 月 22 日

农历乙巳年 · 五月廿七

6月22日 星期日

今日生命叙事

早起____点，午休____点，晚安____点，体温____，体重____，走步____

今日喝茶：绿☐ 白☐ 黄☐ 青☐ 红☐ 黑☐ 花茶☐

正能量的我

茶典故·范仲淹《斗茶歌》

范仲淹，字希文，北宋政治家、文学家。他写的《和章岷从事斗茶歌》，脍炙人口，写出了宋代武夷山斗茶的盛况，展现出文人雅士、朝廷命官在闲适的生活中，喜闻乐见的一种高雅品茗方式。全诗如下：

年年春自东南来，建溪先暖冰微开。
溪边奇茗冠天下，武夷仙人从古栽。
新雷昨夜发何处，家家嬉笑穿云去。
露芽错落一番荣，缀玉含珠散嘉树。
终朝采掇未盈襜，唯求精粹不敢贪。
研膏焙乳有雅制，方中圭兮圆中蟾。
北苑将期献天子，林下雄豪先斗美。
鼎磨云外首山铜，瓶携江上中泠水。
黄金碾畔绿尘飞，碧玉瓯中雪涛起。
斗茶味兮轻醍醐，斗茶香兮薄兰芷。
其间品第胡能欺，十目视而十手指。
胜若登仙不可攀，输同降将无穷耻。
吁嗟天产石上英，论功不愧阶前蓂。
众人之浊我可清，千日之醉我可醒。
屈原试与招魂魄，刘伶却得闻雷霆。
卢仝敢不歌，陆羽须作经。
森然万象中，焉知无茶星。
商山丈人休茹芝，首阳先生休采薇。
长安酒价减百万，成都药市无光辉。
不如仙山一啜好，泠然便欲乘风飞。
君莫羡，花间女郎只斗草，赢得珠玑满斗归？

MONDAY. JUN 23，2025

2025 年 6 月 23 日

农历乙巳年 · 五月廿八

6月23日

星期一

今日生命叙事

早起____点，午休____点，晚安____点，体温____，体重____，走步____

今日喝茶：绿☐　白☐　黄☐　青☐　红☐　黑☐　花茶☐

正能量的我

茶典故 · 苏东坡茶墨结缘

茶墨俱香

苏轼，号东坡居士，四川眉山人，北宋文学家、书法家、画家、诗人，还是一位品茶、烹茶、种茶样样都内行的茶大家。

有一天，苏东坡、司马光等一批文人墨客在一起斗茶取乐，苏东坡的白茶取胜，免不了乐滋滋的。当时茶汤尚白，司马光便有意难为他，笑着说："茶欲白，墨欲黑；茶欲重，墨欲轻；茶欲新，墨欲陈；君何以同时爱此二物？"苏东坡想了想，从容回答说："茶依黑，墨依白；茶依轻，墨依重；茶依陈，墨依新；奇茶妙墨俱香，依唇齿。公以为然否？"司马光问得妙，苏东坡答得巧，众皆称赞。此事传为美谈，流传千古。

TUESDAY. JUN 24，2025

2025 年 6 月 24 日

农历乙巳年 · 五月廿九

6月24日 星期二

今日生命叙事

早起____点，午休____点，晚安____点，体温____，体重____，走步____

今日喝茶：绿□ 白□ 黄□ 青□ 红□ 黑□ 花茶□

正能量的我

茶典故·蔡襄、苏轼二泉斗茶

宋英宗治平二年（1065年），踏青时节，蔡襄、苏轼在惠山寺斗茶，主持和尚清月给俩人各备有茶灶、银瓶两具，茶碾两副，桑木炭两盆，并安排小沙弥作帮衬。

斗茶开始，俩人分别取过自备茶饼，敲开上碾，把筛过的茶末投入紫盏。此时，茶灶火焰熊熊。东坡见水已沸，便提银水瓶冲泡，回头看蔡襄，只见他已冲好了正望着自己笑。

清月主持看了看又闻了闻两人冲泡的茶，回过身将结果写在纸上。东坡看蔡襄盏中的茶饽银白如雪且持久不退，而自己盏中的则稍偏鹅黄且慢慢消退，便惭愧地说："我输了！"清月刚刚写的正是"东坡输"。

两天中，苏东坡、蔡襄再斗茶。此次俩人的茶饽都银白如雪，无可非议。但清月闻到东坡茶中蕴含着竹香，笑了笑。蔡襄一闻，呵呵一笑："子瞻赢了！只是你把惠山寺中竹叶心拔光了吧？茶味是我输，理让我占了，对吧？"

只见清月拿出写好的4句诗："二泉浸竹沥，胜味一筹，短理一段，佳话千秋。"东坡笑道："二泉这么好的水，我琢磨着能否更好一些呢？李坤有'微动竹风涵淅沥，细浮松月透轻明'，王维也有'竹叶滴清馨'之句，于是我做了一番尝试。"蔡襄听了很高兴，写下了："兔毫紫瓯新，蟹眼清泉煮。雪冻作成花，云闲未垂缕。愿尔池中波，化作人间雨。"这首诗前4句蕴含了茶道、茶性、茶艺以及淡泊名利的哲理，后两句寓意做人、写文章应当润物细无声。

蔡襄、苏轼二泉斗茶地

WEDNESDAY. JUN 25，2025

2025 年 6 月 25 日

农历乙巳年 · 六月初一

6月25日 星期三

今日生命叙事

早起____点，午休____点，晚安____点，体温____，体重____，走步____

今日喝茶：绿☐　白☐　黄☐　青☐　红☐　黑☐　花茶☐

正能量的我

茶典故·蔡襄与《茶录》

蔡襄，字君谟，端明殿学士，宋代著名书法家、茶学家。蔡襄为官正直，所到之处皆有政绩。在泉州时，他与卢锡共同主持建造万安桥（洛阳桥）。在福州时，他主持修古五塘；奏减丁口税一半；作《戒山头斋会》碑、《教民十六事》碑，立于福州虎节门，提倡厚养薄葬；倡导福州至漳州 700 里驿道植松。

宋仁宗庆历七年（1047 年），蔡襄任福建转运使，主持制作武夷茶“小龙团”，著《茶录》。蔡襄精于品茗、鉴茶，挥毫作书必以茶为伴。

蔡襄的《茶录》以记述茶事为基础，分上下两篇。上篇茶证：论茶的色、香、味，藏茶，炙茶，碾茶，罗茶，候汤，熁盏，点茶；下篇器论：论茶焙、茶笼、砧椎、茶钤、茶碾、茶罗、茶盏、茶匙、汤瓶。《茶录》最早记述制作“小龙团”掺入香料的情况，提出了品评茶叶色、香、味的内容，介绍了品饮茶叶的方法。

《茶录》的问世有些周折。蔡襄为了方便回答皇上问茶，便在空闲时间整理写出《茶录》初稿，不料被偷了。几年后被偷的《茶录》书稿被传抄于市面，但颇多误抄。蔡襄便决定重著《茶录》，为了避免再有传误，他在完稿后用小楷恭录，并请来石匠刻于石上，供人拓印。

蔡襄雕像

THURSDAY. JUN 26，2025

2025 年 6 月 26 日

农历乙巳年 · 六月初二

6月26日

今日生命叙事

早起____点，午休____点，晚安____点，体温____，体重____，走步____

今日喝茶：绿☐ 白☐ 黄☐ 青☐ 红☐ 黑☐ 花茶☐

正能量的我

茶典故 · 朱熹与茶

朱熹，宋代儒学集大成者、著名理学家、诗人，也是一位嗜茶爱茶之人。

朱熹在武夷山兴建武夷精舍，授徒讲学，聚友著作，斗茶品茗，以茶促人，以茶论道。朱熹在寓居武夷山时，亲自携篓去茶园采茶，并引之为乐事。有诗《茶坂》："携籝北岭西，采撷供茗饮。一啜夜心寒，跏趺谢衾影。"朱熹的《咏武夷茶》也一直流传，其诗为："武夷高处是蓬莱，采取灵芽余自栽。地僻芳菲镇长在，谷寒蜂蝶未全来。红裳似欲留人醉，锦幛何妨为客开。咀罢醒心何处所，远山重叠翠成堆。"

朱熹回婺源祭祖扫墓时，不仅带回武夷岩茶树，在祖居庭院植上10余株，还把老屋更名为"茶院"，并作了《茶院朱氏世谱后序》。

朱熹以茶论道传理学，视茶为中和清明的象征，以茶修德，以茶明伦，以茶寓理，不重虚华，崇尚俭朴，更以茶交友，以茶穷理。他曾借品茶寓求学之道，通过饮茶阐明"理而后和"的大道理。他说："物之甘者，吃过而酸，苦者，吃过即甘。茶本苦物，吃过即甘。问：'此理何如？'曰：'也是一个道理，如始于忧勤，终于逸乐，理而后和。'盖理本天下至严，行之各得其分，则至和。"（见《朱子语类 · 杂说》）朱熹认为学习过程中要狠下功夫，苦而后甘，始能乐在其中。其所谓"理而后和"，是认为理乃是自然界严实的规律，是社会人际关系严格的礼仪。理是和的前提，有理才有和。循理是一种苦修，而只有"行之各得其分"，才能领悟到"至和"的甘甜。这是朱子对茶之礼的思想升华。朱子讲学亦常以茶喻学。

朱熹雕像

FRIDAY. JUN 27，2025

2025 年 6 月 27 日

农历乙巳年 · 六月初三

6月27日 星期五

今日生命叙事

早起____点，午休____点，晚安____点，体温____，体重____，走步____

今日喝茶：绿☐　白☐　黄☐　青☐　红☐　黑☐　花茶☐

正能量的我

茶典故·清照角茶

李清照，号易安居士，齐州济南（今山东省济南市章丘区）人，宋代著名女词人，有“千古第一才女”之称。其丈夫赵明诚是金石学家，两人情意甚笃，相敬如宾，又都是茶道中人。

赵明诚去世后，留下了一部《金石录》。

著作的后序是李清照所作。后序记述了他们夫妻俩饮茶助学的趣事：“每获一书，即同共校勘，整集签题，得书、画、彝、鼎，亦摩玩舒卷，指摘疵病。夜尽一烛为率。故能纸札精致，字画完整，冠诸收书家。余性偶强记，每饭罢，坐归来堂，烹茶，指堆积书史，言某事在某书某卷第几页第几行，以中否，角胜负，为饮茶先后。中即举杯大笑，至茶倾覆怀中，反不得饮而起。”

后来，“角茶”典故便成为夫妇有相同志趣、相互激励、共同进步、以茶为酬的佳话。

清照角茶

SATURDAY. JUN 28，2025

2025 年 6 月 28 日

农历乙巳年 · 六月初四

6月28日

今日生命叙事

早起____点，午休____点，晚安____点，体温____，体重____，走步____

今日喝茶：绿☐　白☐　黄☐　青☐　红☐　黑☐　花茶☐

正能量的我

茶典故·贡茶得官

宋徽宗（1101—1125 年）时期，宫廷里的斗茶非常盛行。据宋代胡仔《苕溪渔隐丛话》等记载：宋徽宗宣和年间（1119—1125 年）管理漕运的官员郑可简，创制了一种以“银丝水芽”制成的团茶“方寸新”。这种团茶色白如雪，故名为“龙园胜雪”。郑可简因此得宠，官升至福建转运使。这个官职负责督造贡茶。

郑可简升官后，又命他的侄子千里，到各地山谷去搜集名茶奇品，千里后来发现了一种叫“朱草”的名茶。郑可简取到朱草后则将其交给自己的儿子去进贡。于是，儿子也因贡茶有功而得了官职。有人讥讽说：“父贵因茶白，儿荣为草朱。”

郑可简在儿子荣归故里时，大办宴席，热闹非凡。在宴会上，郑可简得意地说：“一门侥幸。”此时，他的侄子千里，因为“朱草”被夺愤愤不平，立即对上一句：“千里埋怨。”

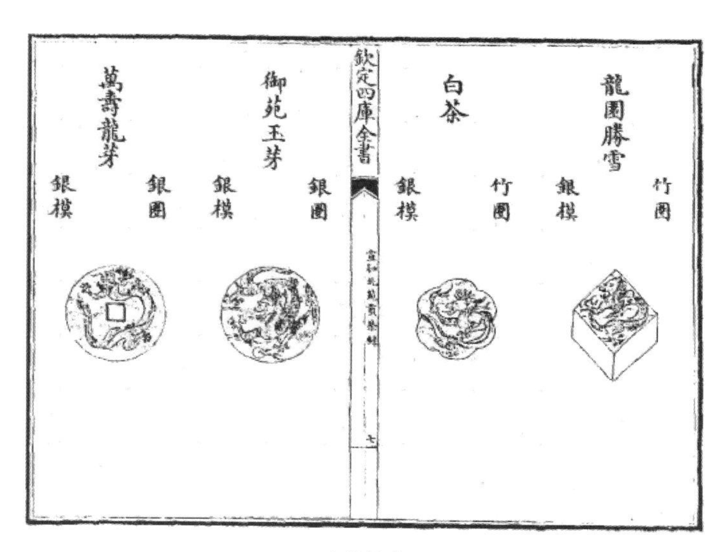

贡茶得官

SUNDAY. JUN 29，2025

2025 年 6 月 29 日

农历乙巳年 · 六月初五

6月29日 星期日

今日生命叙事

早起____点，午休____点，晚安____点，体温____，体重____，走步____

今日喝茶：绿□ 白□ 黄□ 青□ 红□ 黑□ 花茶□

正能量的我

茶谱系 · 矮脚乌龙

矮脚乌龙，乌龙茶（青茶）类（细分为闽北乌龙），主产区分布于福建省北部（闽北）建瓯市、建阳区、南平市延平区、顺昌县等地。矮脚乌龙是茶树无性系品种之一，产区以建瓯东峰一带为中心。著名的北苑遗址位于今建瓯市东峰镇境内。北苑是宋元时期著名的宫廷御茶园，在东峰现存100多年历史的矮脚乌龙茶树，是台湾当家品种青心乌龙的亲缘树，树边立有“百年乌龙”碑记。矮脚乌龙就是以茶树品种命名的。

矮脚乌龙一年四季皆可采摘茶树鲜叶，春茶于谷雨前后采摘，夏茶于夏至前后采摘，秋茶于秋分前后采摘，冬片在霜降前后采摘。鲜叶的采摘标准是茶树新梢长至3～5叶时将要成熟、顶叶六七成熟时，采下2～4叶，俗称开面采。要求鲜叶嫩度适中，匀净、新鲜。制茶主要工序是晒青、摇青、杀青、揉捻、烘干。

矮脚乌龙成品茶叶条索紧细重实，叶端扭曲，色泽乌润；内质熟香，清高细长；汤色清澈呈金黄色，滋味醇厚带鲜爽，入口爽适；叶底柔软，肥厚匀整，绿叶红镶边（三分红七分绿）。

矮脚乌龙

冲泡矮脚乌龙时，每人选用一只容量130毫升的盖碗作为泡具和饮具，茶水比为1∶35，投茶量3克，水105克（毫升），水烧开至100℃。主要冲泡步骤：温茶碗内凹，投入茶叶后，采用单边定点低冲法注水，水量达到茶碗八分满后，盖上茶盖。当茶汤的水温降至适口温度时，趁温热品饮。如觉茶汤淡，可用茶盖拨动茶叶使其翻滚后再品饮。

MONDAY. JUN 30，2025

2025 年 6 月 30 日

农历乙巳年 · 六月初六

6月30日 星期一

今日生命叙事

早起____点，午休____点，晚安____点，体温____，体重____，走步____

今日喝茶：绿□　白□　黄□　青□　红□　黑□　花茶□

正能量的我

茶谱系·坦洋工夫

坦洋工夫，红茶类（细分为工夫红茶），是福建三大工夫红茶之一，产于福建省福安、柘荣、寿宁、周宁、霞浦等县（市），创制于清代后期，为历史名茶。闽红工夫是政和工夫、坦洋工夫和白琳工夫的统称。

坦洋工夫的制茶鲜叶于 4 月上中旬开始采摘，采用福鼎大白茶、福安大白茶品种茶树鲜叶为原料，鲜叶的采摘标准是 1 芽 2 ～ 3 叶。进厂鲜叶要求分级摊放，按级付制。坦洋工夫制茶工序是萎凋、揉捻、发酵、干燥。

坦洋工夫成品茶叶条索细长匀整，茶毫微显金黄，色泽乌润；内质香气高爽，汤色红亮，滋味甜香鲜醇；叶底红匀。

冲泡坦洋工夫时，可每人选用一只容量 130 毫升的盖碗作为泡具和饮具，茶水比为 1∶50，投茶量 2 克，水 100 克（毫升），泡茶水温宜水烧开后降温至 85℃。主要冲泡步骤：温茶碗内凹，投入茶叶后，采用回旋低冲法注水，水量达到茶碗八分满后，再盖上茶盖。当茶汤的水温降至适口温度时，趁温热品饮。如觉茶汤淡，可用茶盖拨动茶叶使其翻滚后再品饮。

坦洋工夫

TUESDAY. JUL 1，2025

2025 年 7 月 1 日

农历乙巳年 · 六月初七

7月1日 星期二

今日生命叙事

早起____点，午休____点，晚安____点，体温____，体重____，走步____

今日喝茶：绿□　白□　黄□　青□　红□　黑□　花茶□

正能量的我

茶诗词·《一字至七字诗·茶》

一字至七字诗·茶

（唐）元稹

茶

香叶，嫩芽，

慕诗客，爱僧家。

碾雕白玉，罗织红纱。

铫煎黄蕊色，碗转曲尘花。

夜后邀陪明月，晨前命对朝霞。

洗尽古今人不倦，将至醉后岂堪夸。

这是茶的宝塔诗，从一字句到七字句，逐句成韵，每句字数依次递增，形似宝塔。此诗读起来朗朗上口，让人融入意境，感知趣味，更爱茶。

此诗描写茶，有动人的芬芳——香叶，有楚楚的形态——嫩芽、曲尘花，有白玉、红纱、黄蕊等亮丽的色彩，有茶具——碾、铫（便携的小金属锅）、茶碗，有煎茶——“铫煎黄蕊色”，还有盛在碗中茶汤上飘浮的茶粉细末饽如“尘花”“洗尽古今人不倦”。

铫煎

这首诗道出了茶的神奇妙用和茶空间的美韵美境，是美的内容与美的形式高度统一的名篇，流传甚广。

WEDNESDAY. JUL 2，2025

2025 年 7 月 2 日

农历乙巳年 · 六月初八

7月2日 星期三

今日生命叙事

早起____点，午休____点，晚安____点，体温____，体重____，走步____

今日喝茶：绿□ 白□ 黄□ 青□ 红□ 黑□ 花茶□

正能量的我

茶诗词·《临江仙·试茶》

试茶

临江仙·试茶

（宋）辛弃疾

红袖扶来聊促膝，龙团共破春温。

高标终是绝尘氛。

两厢留烛影，一水试泉痕。

饮罢清风生两腋，余香齿颊犹存。

离情凄咽更休论。

银鞍和月载，金碾为谁分。

这首词看似抒发试茶（龙团饼茶）、碾茶、试泉点茶、吃茶的体验和感受。茶是“龙团”饼茶，水是“泉”，泡具有“金碾”（碾茶用），茶汤有“绝尘氛”，饮茶后感受是“清风生两腋，余香齿颊犹存”。

其实这是一首悲凉、雄壮、感人的茶诗词。“高标终是绝尘氛”，这一去也许就无法生还，甚至永别离，当然是最珍贵的“龙团”、最高的规格、最深的情怀，“共破春温”留存日后记忆中美好的“绝尘氛”。上阕中“高标”双寓，思发多端，下阕银鞍载月，报国心切之状凛然。词人生死契阔，且把离别情绪挥掷，忍泪放咽，籍两腋清风、满齿余香，一干豪气，披坚执锐，骏马奔驰，先国后家，弃小存大，博大胸襟尽显。

THURSDAY. JUL 3，2025

2025 年 7 月 3 日

农历乙巳年 · 六月初九

7月3日 星期四

今日生命叙事

早起____点，午休____点，晚安____点，体温____，体重____，走步____

今日喝茶：绿□　白□　黄□　青□　红□　黑□　花茶□

正能量的我

茶名字·茶的通用名

茶名字的趣味，从“茶”字说起。“茶”字由“艹”部首，“人”“木”上下结构组成，合起来就是“人在草木间”。人与自然、人与茶，就是如此亲切融合，“茶”这字形很贴切，也很有意境。悠久的历史和深厚的茶文化，孕育了“茶”字的字形、字音、字义、异名、别名、雅号的丰富多彩、妙趣横生，堪称汉字之最。

荼，是“茶”的假借字或古体字。在如今人们生活中，“茶”已经成为极为常见的字眼。但是在唐代以前，少有“茶”的字眼。唐之前的“荼”与“茶”是一体的，“荼”即“茶”，但“荼”的含义特别在《诗经》中要比“茶”广，“荼”字还有“苦菜”“荼毒”“茅芦白花”等多种释义。直到唐代中期陆羽《茶经》刊印之后，“茶”字便广泛流行起来，“茶”其字的形、音、义也就固定下来沿用至今。《说文解字》写道：“荼，古茶也，从艹，余声，同都切。”北宋徐铉等校曰：“此即今之茶字。”

书法、碑刻中使用“荼”字在中唐之后，而书籍刻本中使用“荼”字则在中唐以前。唐代以后的宋元明书画，延至晚清、民国甚而当代，都有艺术家以“荼”指“茶”。文人学者出于文化传播的准确性，则统一用“茶”。

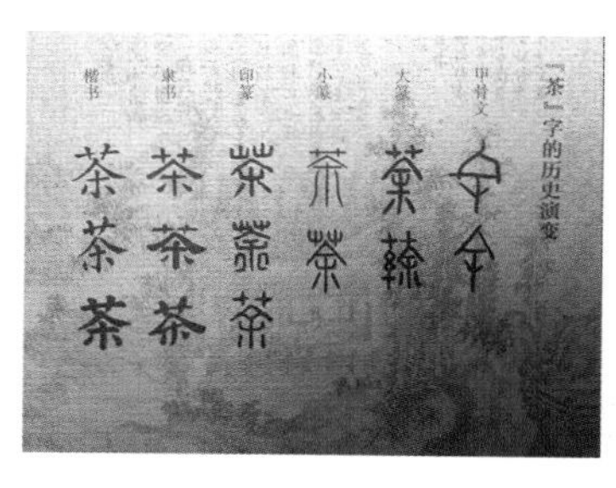

“茶”字的演变

茶，茶树，常绿灌木或乔木，开白花；鲜叶（有带梗也有不带梗）采下经过加工，就是茶叶。茶，用茶叶沏（泡、煮）成的饮料。茶也引申为不完全是茶叶的某些饮料的名称，如果茶、杏仁茶、药茶等。

FRIDAY. JUL 4，2025

2025 年 7 月 4 日

农历乙巳年 · 六月初十

7月4日 星期五

今日生命叙事

早起____点，午休____点，晚安____点，体温____，体重____，走步____

今日喝茶：绿□ 白□ 黄□ 青□ 红□ 黑□ 花茶□

正能量的我

茶名字・茶的别名

茶，还有一个规范的名字，这字就是“茗”。这是茶的真正的唯一别名。因为，只有“茗”与“茶”，同用于书面，又同用口语，历史一样悠久并一直沿用至今。“茶”是正名，“茗”是别名。

“茗”有单字用。《晏子春秋》中称“茗”指茶芽。《说文解字・艹部》载：“茗，茶芽也。从草名声，莫迥切。”这里“茗”指茶芽，指晚收的茶叶。晋代郭璞《尔雅・释木・槚》注：“今呼早采者为茶，晚取名为茗。”这里“茗”指出早晚采摘的茶区别。《魏王花木志》载：“茶，叶似栀子，可煮可饮，其老叶谓之荈，嫩叶谓之茗。”这里“茗”指茶的嫩叶。唐代皎然《陪卢判官水堂夜宴》中写道：“爱君高野意，烹茗钓沦涟。”宋代苏轼有诗云：“从来佳茗似佳人。”这两处的“茗”亦是茶。

“茶”别称“茗”

“茗”有组合词用。“乳茗”指刚冒出幼芽的茶清代姚鼐《同秦澹初等游洪恩寺》：“明朝相忆皆千里，那易僧窗啜乳茗。”“香茗”是对茶的美称唐代白居易《晚起》：“融雪煎香茗，调酥煮乳糜。”“茗饮”指茶汤。北魏杨衡之《洛阳伽蓝记》：“菰稗为饭，茗饮作浆。”“茗汁”还指茶汤。北魏杨衡之《洛阳伽蓝记》：“（王）肃初入国，不食羊肉及酪浆等物，常饭鲫鱼羹，渴饮茗汁。”“茶茗”亦指茶汤，唐代陆羽《茶经・七之事》引《夷陵州图经》：“黄牛、荆山等山，茶茗出焉。”

SATURDAY. JUL 5，2025

2025 年 7 月 5 日

农历乙巳年 · 六月十一

7月5日

今日生命叙事

早起___点，午休___点，晚安___点，体温___，体重___，走步___

今日喝茶：绿□　白□　黄□　青□　红□　黑□　花茶□

正能量的我

茶名字·茶的异名

槚，蔎，茗，荈，诧，选，都是古代对茶的不同称呼。

唐代中期前，槚、蔎、茗、荈、诧、选，基本都独立使用。唐代中期，陆羽《茶经》写道："其名，一曰茶，二曰槚，三曰蔎，四曰茗，五曰荈。"陆羽《茶经》刊印之后，"茶"字便广泛流行起来，槚、蔎、荈、诧、选，便极少单独使用，而是以"茶的异名"方式出现。只有"茗"，成了茶的别名，与"茶"一同使用至今。

"槚"即楸树，本为一种乔木，后代指茶。周公《尔雅·释木》解释："槚，苦荼。"晋代王徽的《杂诗》有句："待君竟不归，收领令就槚。"这里的"槚"就是茶。

"蔎"为茶的古称，为古蜀西南方言，指古书上说的一种香草，茶的别称。《茶经》引杨雄《方言》："西蜀南人谓茶曰蔎。"

"荈"为茶的古称，本指茶的老叶，即粗茶。唐代陆德明《经典释义·尔雅音韵》："荈，尺兖反。荈、茗，其实一也。张辑《杂子》云：茗之别名也。"《太平御览》引《魏王花木志》："其老叶谓之荈，嫩叶谓之茗。"

"诧"为茶的古称。《尚书·顾命》称茶为"诧"。

"选"为茶的古称。黄奭辑的《神农本草经》云："苦茶，味苦寒，主五脏邪气……一名茶草，一名选，生谷川。"

SUNDAY. JUL 6，2025

2025 年 7 月 6 日

农历乙巳年 · 六月十二

7月6日 星期日

今日生命叙事

早起____点，午休____点，晚安____点，体温____，体重____，走步____

今日喝茶：绿☐　白☐　黄☐　青☐　红☐　黑☐　花茶☐

正能量的我

茶和节气·小暑

温风至始茶碗吞，蟋蟀相催鹰昏痕。
供谷祀祖开食新，天贶翻经晒书襟。
满城桃李知故旧，掌上明珠接娘家。
静心戒躁和睦敦，风定池莲福入村。

小暑·凌霄花

小暑是农历每年二十四节气的第11个节气。小暑，气温类节气，表示气候开始炎热。暑，炎热的意思。时至小暑，天气已非常热，小暑就是小热，农谚有“小暑过，一日三分”。

小暑物候：初候温风至；二候蟋蟀居壁；三候鹰始鸷。

第一次夏茶采摘历经小满、芒种、夏至、小暑4个节气，小暑是最后一个时节。

小暑节气里，喝什么茶？小暑节气，夏气应心，宜涵养心田，补肺生津，避腹泻伤阴，治暑热防烦渴。此节气适宜饮白茶（寿眉、白牡丹）、红茶、黑茶（青砖茶、六堡茶、沱茶、茯砖茶）、乌龙茶（武夷岩茶、安溪铁观音、台湾乌龙茶）；不宜喝绿茶（夏茶），不宜喝冷泡法冲泡的茶水，不宜喝置于冰箱而未恢复到常温的茶饮。此时饮茶可适度提高入口茶水温度（以舌感不烫为度）并略为“牛饮”，以促进出汗，让积聚在体内的热气散发出来。注意出汗后不要吹风，及时擦干，不要立即洗澡，尤其不宜洗冷水澡。

MONDAY. JUL 7, 2025

2025 年 7 月 7 日

农历乙巳年 · 六月十三

7月7日

星期一

小暑

今日生命叙事

早起___点，午休___点，晚安___点，体温___，体重___，走步___

今日喝茶：绿□ 白□ 黄□ 青□ 红□ 黑□ 花茶□

正能量的我

节气茶 · 小暑茶

小暑后大暑前采摘的茶叶称为小暑茶。

时至小暑，天气已非常热，但极端炎热的天气刚刚开始。气候进入一年中最湿热的阶段。小暑之后，江南地区正处于湿热的季节。湿热之气有利于草木灌浆，这正是大自然的神奇之处。天地间阳气鼎盛，湿气补给水分，草木阳长，这时的茶树叶片变得肥美，茶喝在口中带有醇香。小暑时阳气、水气合为湿热，小暑茶汲取的是天气和地气交融的大自然时空能量。

小暑是采制夏茶的最后一个时节。夏茶，泛指夏季采制的茶叶。我国绝大部分产茶地区，茶树生长和茶叶采制是有季节性的。按节气分，小满、芒种、夏至、小暑采制的茶为夏茶；按时间分，6 月初至 7 月上旬采制的为夏茶。7 月上旬至 7 月中旬采制的小暑茶，又当属秋茶。

秋茶的特征：干看（冲泡前）成品茶，茶叶大小不一，叶张轻薄瘦小；绿茶色泽黄绿，红茶色泽暗红；茶叶香气平和。湿看（冲泡后）成品茶，香气不高，滋味淡薄，叶底夹有铜绿色叶芽，叶张大小不一，对夹叶多，叶缘锯齿明显。

小暑茶叶

TUESDAY. JUL 8，2025

2025 年 7 月 8 日

农历乙巳年 · 六月十四

7月8日 星期二

今日生命叙事

早起____点，午休____点，晚安____点，体温____，体重____，走步____

今日喝茶：绿□ 白□ 黄□ 青□ 红□ 黑□ 花茶□

正能量的我

茶名字·茶的雅号（言其色）

茶是中国古人雅生活的重要内容，古人言茶，有戏称与美称，讲究风趣和优雅，色、香、味、形、意、神俱全。以下雅号言其“色”。

“云华”，指生于山巅云雾处的好茶，是茶的雅称。唐代皮日休《寒日书斋即事》诗云：“深夜数瓯唯柏叶，清晨一器是云华。”

“云腴”，茶生于山间云雾处，故称。宋代黄儒《品茶要录》写道：“借使陆羽复起，阅其金饼，味其云腴，当爽然自失矣。”

“阳芽”，亦是茶的雅称。宋周必大《尚长道见和次韵二百其一》写道：“还向溪边寻活水，闲于竹里试阳芽。”

“金叶”，意思是黄金捶成的薄片，是茶的雅称。宋代朱敦儒《好事近·绿泛一瓯云》词：“从容言笑醉还醒，争忍便轻别。只愿主人留客，更重斟金叶。”

“碧霞”，是对茶极高的赞美。元代耶律楚材《西域从王君玉乞茶因其韵七首》诗云：“红炉石鼎烹团月，一碗和香吸碧霞。”

好茶似云华

WEDNESDAY. JUL 9，2025

2025 年 7 月 9 日

农历乙巳年 · 六月十五

7月9日

星期三

今日生命叙事

早起___点，午休___点，晚安___点，体温___，体重___，走步___

今日喝茶：绿□　白□　黄□　青□　红□　黑□　花茶□

正能量的我

茶名字 · 茶的雅号（言其香）

以下雅号言茶之“香”。

“瑞草魁”，古人对茶的雅称。瑞草为香草，茶为瑞草之首，极言茶之佳美。唐代杜牧《题茶山》诗云：“山实东吴秀，茶称瑞草魁。剖符虽俗史，修贡亦仙才。”

“鸡苏佛”，鸡苏原为一种植物，其叶淡香，以此喻茶为“鸡苏佛”，成“茶”的雅号。宋代陶彝《句》：“生凉好唤鸡苏佛，回味宜称橄榄仙。”明代张岱《西湖寻梦》：“渴仰鸡苏佛，饥参王版师。”

THURSDAY. JUL 10，2025

2025 年 7 月 10 日

农历乙巳年 · 六月十六

7月10日

星期四

今日生命叙事

早起____点，午休____点，晚安____点，体温____，体重____，走步____

今日喝茶：绿□　白□　黄□　青□　红□　黑□　花茶□

正能量的我

茶名字·茶的雅号（言其味）

甘露

以下雅号言茶之“味”。

“苦口师”，浓茶味苦，故得此名。宋代陶谷《清异录》记载：“皮光业最耽茗事。一日，中表请尝新柑，筵具殊丰，簪绂丛集。才至，未顾尊罍，呼茶甚急。径见一巨瓯，题诗曰：‘未见甘心氏，先迎苦口师。’众噱曰：‘此师固清高，难以疗饥也。’”

“橄榄仙”，喝茶后似食橄榄那样回味久长，故得此名。宋代陶谷《清异录》记载：“犹子彝，年十二岁。予读胡峤茶诗，爱其新奇，因令效法。近晚成篇，有云：‘生凉好唤鸡苏佛，回味宜称橄榄仙。’”

“甘露”，是赞茶的雅称。唐代陆羽《茶经·七之事》引《宋录》：“新安王子鸾、豫章王子尚，诣昙济道人于八公山。道人设茶茗，子尚味之曰：‘此甘露也，何言茶茗。’”

“甘草”，茶喝起来甘甜饴美，是赞茶的雅称。

FRIDAY. JUL 11，2025

2025年7月11日

农历乙巳年·六月十七

7月11日

星期五

今日生命叙事

早起____点，午休____点，晚安____点，体温____，体重____，走步____

今日喝茶：绿□　白□　黄□　青□　红□　黑□　花茶□

正能量的我

茶名字·茶的雅号（言其形）

以下雅号言茶之“形”。

“水豹囊”，为一种豹皮制成的鼓风之具，此喻饮茶如其所吹之风。宋代陶谷《清异录》：“豹革为囊，风神呼吸之具也。煮茶啜之，可以涤滞思而起清风，每引此义称茶为‘水豹囊’。”

“仙芽”，对茶的雅称。清代胡怀琛《春日寄家兄闽中》：“海扇占春信，仙芽问五夷。”

“玉爪”，因茶泡开如鸟爪，故雅称。宋代杨万里《澹庵坐上观显上人分茶》：“蒸水老禅弄泉手，隆兴元春新玉爪。”

“玉芽”，对茶的嫩芽的美称。宋代赵汝砺《北苑别录·细色第三纲》：“御苑玉芽、小芽，十二水，八宿火，正贡一百斤。”此指上品芽茶。

“鸟嘴”，因茶叶状似鸟嘴，故雅称。唐代郑谷《峡中尝茶》：“吴僧漫说鸦山好，蜀叟休夸鸟嘴香。”

“茶枪”，指未展的茶嫩芽。宋代赵佶《大观茶论》：“茶枪，乃条之始萌者，木性酸，枪过长则初甘重而终微涩。”

“茶旗”，指茶初展的叶芽。宋代赵佶《大观茶论》：“茶旗，乃叶之方敷者，叶味苦。旗过老则初虽留舌，而饮彻反甘矣。”

“雀舌”，是对那些以嫩芽焙制的上等茶的雅称。唐代刘禹锡《病中一二禅客见问，因以谢之》诗云：“添炉烹雀舌，洒水净龙须。”

“花乳”，茶汤的雅称。煎茶时水面浮起的泡沫，如含苞未放的花朵，故雅称。宋代苏轼《和蒋夔寄茶》：“临风饱食甘寝罢，一瓯花乳浮轻圆。”

“月团图饼”，唐宋时茶作团饼状，诗文中常以月喻其形。唐代卢仝《走笔谢孟谏议寄新茶》：“开缄宛见谏议面，手阅月团三百片。”

“金饼”，对团茶、饼茶的雅称。唐代李郢《酬友人春暮寄枳花茶》诗：“金饼拍成和雨露，玉尘煎出照烟霞。”

“蝉翼”，蝉的翅膀，常用来比喻极轻极薄的事物，用作茶的雅称，指用极薄嫩茶叶新制的上好散茶。五代蜀人毛文锡《茶谱》：“蜀州蝉翼者，其叶嫩薄如蝉翼也，皆散茶之最上也。”

SATURDAY. JUL 12，2025

2025 年 7 月 12 日

农历乙巳年 · 六月十八

7月12日

今日生命叙事

早起____点，午休____点，晚安____点，体温____，体重____，走步____

今日喝茶：绿☐ 白☐ 黄☐ 青☐ 红☐ 黑☐ 花茶☐

正能量的我

茶名字·茶的雅号（言其意）

以下雅号言茶之“意”。

“不夜侯”，因茶可提神，饮后夜不能睡，得此名。王代胡峤《饮茶》：“沾牙旧姓余甘氏，破睡当封不夜侯。”

“余甘氏”，喝茶甘甜，余味无穷，故得此雅称。宋代李郛《纬文琐语》：“世称橄榄为馀甘子，亦称茶为馀甘子。因易一字，改称茶为馀甘氏，免含混故也。”

“涤烦子”，饮茶可使人神思清明、破除孤闷、消除烦恼，故得此雅称。唐代施肩吾《句》：“茶为涤烦子，酒为忘忧君。”

“消毒臣”，茶之雅。唐朝《中朝故事》记载，唐武宗时李德裕说天柱峰茶可以消酒肉毒，曾命人煮该茶一瓯，浇于肉食内，用银盒密封，过了一些时候打开，其肉已化为水，因而人们称茶为消毒臣。

“晚甘侯”，因茶初入口苦涩，而后生津回甘，故得此雅称。宋代陶谷《清异录》：“孙樵《送茶与焦刑部书》云：‘晚甘侯十五人，遣侍斋阁。此徒皆乘雷而摘，拜水而和。盖建阳丹山碧水之乡，月涧云龛之品，慎勿贱用之！’”

“酪奴”，对茶汤的戏称。北魏杨衡之《洛阳伽蓝记》。

“草中英”，对茶的赞称。五代郑遨《茶诗》：“嫩芽香且灵，吴谓草中英。夜臼和烟捣，寒炉对雪烹。惟忧碧粉散，常见绿花生。最是堪珍重，能令睡思清。”

“龙芽凤草”称宋代吴潜《谒金门·和韵赋茶》有云：“汤怕老，缓煮龙芽凤草。”

SUNDAY. JUL 13，2025

2025 年 7 月 13 日

农历乙巳年 · 六月十九

7月13日

今日生命叙事

早起____点，午休____点，晚安____点，体温____，体重____，走步____

今日喝茶：绿☐　白☐　黄☐　青☐　红☐　黑☐　花茶☐

正能量的我

茶名字 · 茶的雅号（言其神）

以下雅号言茶之“神”。

“清友”，茶雅号。唐代姚合《品茗诗》：“竹里延清友，迎风坐夕阳。”竹里品茶并陶醉于美好的大自然之中，古人视此为雅事。

“冷面草”，对茶的戏称。宋代陶谷《清异录》：“符昭远不喜茶，曰：‘此物面目严冷，了无和美之态，可谓冷面草也。’”

“水厄”，魏晋时期，北方人不习惯与饮茶者对茶的戏称。北魏杨衒之《洛阳伽蓝记》：“时给事中刘镐，慕王肃之风，专习茗饮。彭城王为镐曰：‘卿不慕王侯八珍，好苍头水厄。’”

“隽永”，唐代称呼煮茶时第一泡出来的茶汤，以备提升汤味（达成耐人寻味）和止沸，有时也直接用来奉客。唐代陆羽《茶经》：“第一煮水沸，而弃其沫之上有水膜如黑云母，饮之则其味不正。其第一者为隽永，或留熟（盂）以贮之，以备育华救沸之用。”

“嘉木”，对茶树的赞称。唐代陆羽《茶经》：“茶者，南方之嘉木也。一尺、二尺乃至数十尺，其巴山、峡川，有两人合抱着，伐而掇之。”

“先春”，早春茶已吐出嫩芽，故茶得此雅称。宋代沈遘《七言赠杨乐道建茶》诗：“建溪石上摘先春，万里封包数数珍。”

“清风使”，茶之雅称。宋代陶谷《清异录》：“大理徐恪见贻卿信锭子茶，茶面印文曰‘玉蝉膏’，一种曰‘清风使’。”

“森伯”，对茶的雅称。宋代陶谷《清异录》：“汤悦有《森伯颂》，盖茶也。方饮而森然严乎齿牙，既久四肢森然。”

MONDAY. JUL 14，2025

2025 年 7 月 14 日

农历乙巳年 · 六月二十

7月14日

星期一

今日生命叙事

早起____点，午休____点，晚安____点，体温____，体重____，走步____

今日喝茶：绿□　白□　黄□　青□　红□　黑□　花茶□

正能量的我

茶名字 · 茶的外语名

茶的汉语读音

茶是世界三大饮料之首，是全世界家喻户晓的饮品，在全世界范围内有数不清的拥趸。爱喝茶的人不分国籍。

茶叶最先是由中国输出到世界各地的。所以，时至今日，各国对茶的称谓，大多数是由中国人，特别是由中国茶叶出口地区人民对茶的称谓直译过去的。英语是tea，发音是[ti:]；德语是 tee，发音基本和英语一样；荷兰语是 thee，发音和德语的完全一样，h 是不发音的；西班牙语是 té，发音是 [dei]；法语是 thé，发音基本和西班牙语一样；葡萄牙语是 chá，发音很像汉语普通话的茶，像“差”的音；意大利语是 tè，发音基本和西班牙语一样；俄语是 **Чай**，转写成拉丁字母是 chai；希腊语是 **Τσάι**，转写成拉丁字母为 tsai，发音像中文的“猜”；日语写法和中文一样，就是汉字“茶”，发音是 chya；朝鲜语是차，发音像中文的“擦”；拉丁语是 thea。

中国的茶叶传播到西方有两条通道：一条是丝绸之路，经过俄罗斯，到达希腊、土耳其等国家，所以这些国家的茶的发音和汉语北方话里的发音是很像的，近似我国华北地区的“茶”发音“chá”。而另外一条是海上丝绸之路，从福建东南沿海出发，到达欧洲（主要是西班牙）。因此西语以及和西语同语族的法语、意大利等的发音与我国福建沿海地区的“茶”发音“te”和“ti”近乎一样，而英语和西语同语系不同语族的发音也比较近似。

TUESDAY. JUL 15，2025

2025 年 7 月 15 日

农历乙巳年 · 六月廿一

7月15日 星期二

今日生命叙事

早起____点，午休____点，晚安____点，体温____，体重____，走步____

今日喝茶：绿☐ 白☐ 黄☐ 青☐ 红☐ 黑☐ 花茶☐

正能量的我

茶名字·茶树的学名

最早给茶树定学名的时间是 1753 年。

780 年，唐代陆羽《茶经》就已经全面地记载了茶树的名字和形态特征、茶树的栽种和采制过程、茶的功效。作为药用列入方剂的茶就有上百种。

1753 年，瑞典植物学家林奈在他所著的《植物种志》第一卷中用拉丁文最早给茶树定了学名 *Thea sinensis*。茶最初的学名是 *Camellia sinensis*（L.）。1950 年，中国植物学家钱崇澍根据国际命名法有关要求，结合茶树的特性研究，修订了比较正确的种名：*Camellia sinensis*（L.）O. Kuntze.。

茶，灌木或小乔木，嫩枝无毛。叶革质，长圆形或椭圆形，先端钝或尖锐，基部楔形，叶表面发亮，叶背面无毛或初时有柔毛，边缘有锯齿，叶柄无毛。花白色，花柄有时稍长；萼片阔卵形至圆形，无毛，宿存；花瓣阔卵形，基部略连合，背面无毛，有时有短柔毛；子房密生白毛；花柱无毛。蒴果 3 或 1 ～ 2，球形，高 1.1 ～ 1.5 厘米，每球有种子 1 ～ 2 粒。花期 10 月至翌年 2 月。

瑞典植物学家林奈

WEDNESDAY. JUL 16，2025

2025 年 7 月 16 日

7月16日

星期三

农历乙巳年 · 六月廿二

今日生命叙事

早起____点，午休____点，晚安____点，体温____，体重____，走步____

今日喝茶：绿□　白□　黄□　青□　红□　黑□　花茶□

正能量的我

茶画 ·《韩熙载夜宴图》

《韩熙载夜宴图》是一幅由听乐、观舞、休闲、赏乐和调笑 5 个既独立成章又相互关联的片段所组成的画卷。

韩熙载原是北方贵族出身，投顺南唐后，身居高位，成为朝廷重臣。为了让李后主不怀疑他有政治野心，韩熙载故意醉生梦死、花天酒地。一日，韩熙载设家宴，邀约亲朋好友，载歌行乐。得知消息的李煜，派出了画院的待诏顾闳中和周文矩到韩熙载家里去探虚实，命令他们把所见一切画下来交给自己看。韩熙载将计就计。顾闳中凭借着他那敏捷的洞察力和惊人的记忆力，把韩熙载在家中的夜宴全过程默记在心，回去后即刻挥笔作画。李煜看过后，打消了疑虑。这幅《韩熙载夜宴图》被保留了下来。

《韩熙载夜宴图》是南唐画家的作品，现存宋摹本。第三段宴间小憩，描绘的是韩熙载坐在床榻上，边洗手边和侍女们谈话，评论演出，准备更衣。此时，“琵琶独奏”“六幺独舞”过后，琵琶和笛箫都被一个侍女捧着往里收存去，随后还跟着一位端杯盘的侍女。两位侍女好像还在对今晚的宴会津津乐道，烘托出了轻松的氛围。糕点、水果都已上齐，宾主席都等待着侍女们奉上茶水。

五代顾闳中《韩熙载夜宴图》第三段宴间小憩（故宫博物院藏）

THURSDAY. JUL 17，2025

2025 年 7 月 17 日

农历乙巳年 · 六月廿三

7月17日

星期四

今日生命叙事

早起____点，午休____点，晚安____点，体温____，体重____，走步____

今日喝茶：绿☐ 白☐ 黄☐ 青☐ 红☐ 黑☐ 花茶☐

正能量的我

茶谱系 · 涌溪火青

涌溪火青

涌溪火青，绿茶类（细分为炒青绿茶），产于安徽省泾县城东 70 千米涌溪山的丰坑、盘坑、石井坑湾头山一带，为历史名茶。清代汪士慎品涌溪火青，诗兴大发，写道："不知泾邑山之崖，春风茁此香灵芽。两茎细叶雀舌卷，蒸焙工夫应不浅。宣州诸茶此绝伦，芳馨那逊龙山春。一欧瑟瑟散轻蕊，品题谁比玉川子。共向幽窗吸白云，令人六腑皆芳芬。长空霭霭西林晚，疏雨湿烟客忘返。"

涌溪火青的制茶鲜叶于清明至谷雨采摘。采用涌溪柳叶种茶树鲜叶作为原料，鲜叶的采摘标准是 1 芽 2 叶初展新梢，要求"两叶一心，身大八分 (2.5 厘米)，枝枝齐整，朵朵匀净"，芽叶要肥壮而挺直，芽尖和叶尖要拢齐、有锋尖，第一叶微开展仍抱住芽，第二叶柔嫩，叶片稍向背面翻卷。采回的鲜叶要严格拣剔。制茶工艺工序是杀青、揉捻、炒坯、摊放、掰老锅、筛分。

成品涌溪火青茶叶圆紧，卷曲如发髻，色泽墨绿，油润乌亮，白毫显露；兰花鲜香，清高持久；耐冲泡，汤色黄绿明净，滋味爽甜，耐人回味；叶底杏黄、匀嫩整齐。

冲泡涌溪火青时，可每人选用一只容量 130 毫升的盖碗作为泡具和饮具，茶水比为 1∶50，投茶量 2 克，水 100 克（毫升），泡茶水温宜水烧开后降温至 85℃。主要冲泡步骤：温茶碗内凹，投入茶叶后，采用环圈法注水，水量达到茶碗八分后，盖上茶盖。当茶碗中茶汤的水温降至适口温度时，趁温热品饮。

FRIDAY. JUL 18, 2025

2025年7月18日

农历乙巳年·六月廿四

7月18日 星期五

今日生命叙事

早起____点，午休____点，晚安____点，体温____，体重____，走步____

今日喝茶：绿□ 白□ 黄□ 青□ 红□ 黑□ 花茶□

正能量的我

茶谱系 · 雨城云雾

雨城云雾，绿茶类（细分为炒青绿茶），产于四川省雅安市雨城区，创制于 1987 年。雅安素有“雨城”之称，故此茶名“雨城云雾”。

雨城云雾的制茶鲜叶于 3 月上中旬开始采摘，采用四川中小叶群体种茶树的鲜叶作为原料。鲜叶的采摘标准是单芽至 1 芽 1 叶初展。制茶工艺工序是杀青、揉捻、做形、干燥等。

雨城云雾成品茶叶紧细卷曲，色泽翠绿，油润披毫；香气鲜嫩高长，汤色碧绿明亮，滋味鲜爽甘醇；叶底嫩绿明亮。

冲泡雨城云雾时，可每人选用一只容量 130 毫升的盖碗作为泡具和饮具，茶水比为 1∶50，投茶量 2 克，水 100 克（毫升），泡茶水温宜水烧开后降温至 80℃。主要冲泡步骤：温茶碗内凹，投入茶叶后，采用环圈法注水，水量达到茶碗八分后，盖上茶盖。当茶碗中茶汤的水温降至适口温度时，趁温热品饮。

雨城云雾

SATURDAY. JUL 19, 2025

2025 年 7 月 19 日

农历乙巳年 · 六月廿五

7月19日

今日生命叙事

早起___点，午休___点，晚安___点，体温___，体重___，走步___

今日喝茶：绿□ 白□ 黄□ 青□ 红□ 黑□ 花茶□

正能量的我

茶谱系 · 金寨翠眉

金寨翠眉，绿茶类（细分为炒青绿茶），产于安徽省六安市金寨县齐山一带，创制于 1986 年。

清明后春梢有一片展开叶，即可开采制茶鲜叶，称为看老片采，采摘期一直延续到 5 月中旬。采摘 2 厘米左右的纤细芽头，不含茶梗和叶片。金寨翠眉原料均采摘自当地群体种茶树鲜叶。制茶工艺工序是炒芽、毛火、小火、足火等。

金寨翠眉成品茶叶条索纤秀，呈眉状，白毫披露，色泽绿润；汤色清澈绿明，嫩香高长，滋味鲜醇，香甜爽口；叶底黄绿，幼嫩匀亮。

冲泡金寨翠眉时，可每人选用一只容量 130 毫升的盖碗作为泡具和饮具，茶水比为 1∶50，投茶量 2 克，水 100 克（毫升），泡茶水温宜水烧开后降温至 80℃。主要冲泡步骤：温茶碗内凹，投入茶叶后，采用环圈法注水，水量达到茶碗八分后，盖上茶盖。当茶碗中茶汤的水温降至适口温度时，趁温热品饮。

金寨翠眉

SUNDAY. JUL 20，2025

2025 年 7 月 20 日

农历乙巳年 · 六月廿六

7月20日

星期日

今日生命叙事

早起___点，午休___点，晚安___点，体温___，体重___，走步___

今日喝茶：绿□　白□　黄□　青□　红□　黑□　花茶□

正能量的我

茶谱系·老茶婆

老茶婆，黑茶类（细分为广西黑茶），也称霜降老茶婆、六堡老茶婆，产于广西梧州市，为历史名茶。

老茶婆的制茶鲜叶老茶婆采摘的是成熟老叶，尤以霜降时（霜降前后一周）采摘的六堡茶树老叶子为上。由于霜降前后温度降低、温差大、降雨少，茶叶靠露水维持生长，嫩苗不徒长，老叶便增厚，叶质营养丰富。所以，此时采摘制作的六堡老茶婆，稍带甜蜜感（有人说是甘蔗甜），味香，甜醇。制茶工艺工序为霜降前后采摘老叶片、蒸汽杀青、干燥（生晒、烘干、阴干）。

老茶婆品饮方式有：

冲泡法：先把干叶放在手心，合掌干搓揉一下，然后放入盖碗或紫砂壶冲洗茶叶 2 次，茶汤浸出慢，冲泡时间适当延长。

闷泡法：备热水瓶或保温壶一个，茶叶适量。先放茶叶，后冲入开水，闷泡 2 ～ 3 个小时，待过夜后，茶色更深、茶汤更浓再饮用。

煮饮法：取适量茶叶，茶水比例约 1：50，烹煮 3 分钟左右，再闷 15 ～ 30 分钟，即可饮用。

六堡老茶婆

MONDAY. JUL 21，2025

2025 年 7 月 21 日

农历乙巳年 · 六月廿七

7月21日

今日生命叙事

早起___点，午休___点，晚安___点，体温___，体重___，走步___

今日喝茶：绿□　白□　黄□　青□　红□　黑□　花茶□

正能量的我

茶和节气·大暑

夜夜寻风不论庚，大雨时行土润溽。
羊汤荔枝饮伏茶，米糟仙草听蛐声。
祝融司方南雀舞，炎帝掌节火神迎。
翻籍扇页从五更，书香人家如囊萤。

大暑·睡莲

大暑是农历每年二十四节气的第 12 个节气。大暑，气温类节气，表示一年中最热的时候。

大暑物候：初候腐草为萤；二候土润溽暑；三候大雨时行。

大暑节气是一年中日照最多、气温最高的时节，全国大部分地区干旱少雨，气温酷热。民谚有“小暑大暑，上蒸下煮”。

大暑节气里，喝什么茶？大暑时节高温酷热，需补脾健胃，且多进入适温静室品茶。适宜饮黄茶（蒙顶黄芽、君山银针等）、黑茶（茯砖茶、安化天尖）、乌龙茶（漳平水仙、冻顶乌龙、凤凰单丛）、绿茶（普洱生茶）；不宜喝绿茶（夏茶）。

可适度提高入口茶水温度（以舌感不烫为度）并略为“牛饮”，以促进出汗，让积聚在体内的热气散发出来。注意出汗后不要吹风，及时擦干，不要立即洗澡，尤其不宜洗冷水澡。

TUESDAY. JUL 22，2025

2025 年 7 月 22 日

农历乙巳年 · 六月廿八

7月22日

星期二

大暑

今日生命叙事

早起___点，午休___点，晚安___点，体温___，体重___，走步___

今日喝茶：绿☐　白☐　黄☐　青☐　红☐　黑☐　花茶☐

正能量的我

节气茶·大暑茶

大暑茶叶

大暑后立秋前采摘的茶叶，称为大暑茶。

大暑与小暑一样，都是反映夏季炎热程度的节气。大暑是一年中日照最长、气温最高的节气。《管子》中说："大暑至，万物荣华。"这时是草木灌浆的关键时期，为备秋收"阳"气十足。此时节正是喜温作物包括茶树生长速度最快的时期。大暑呈现天地水气交融的鼎盛状态，大暑茶汲取的是天地交融强烈的大自然时空能量。采摘大暑茶，茶农一般利用凉爽的早晨抢时间采摘，一天中采摘时间很短。品味大暑茶，先微苦，后反甘，醇香回荡于口鼻。

唐代就有咏记盛夏采制茶的诗句。柳宗元《夏昼偶作》有："日午独觉无馀声，山童隔竹敲茶臼。"

大暑茶属秋茶。秋茶，泛指小暑后期、大暑和秋季采制的茶叶。按节气分，小暑、大暑、立秋、处暑、白露、秋分、寒露采制的茶均为秋茶；按时间分，6 月初至 7 月上旬采制的茶为夏茶，7 月中旬以后采制的为秋茶。在此之后，一般只有我国华南茶区，由于地处亚热带，四季不分明，仍有茶叶采制。

秋茶的特征：干看（冲泡前）成品茶，茶叶大小不一，叶张轻薄瘦小；绿茶色泽黄绿，红茶色泽暗红；茶叶香气平和。湿看（冲泡后）成品茶，香气不高，滋味淡薄；叶底夹有铜绿色叶芽，叶张大小不一，对夹叶多，叶缘锯齿明显。

WEDNESDAY. JUL 23, 2025

2025 年 7 月 23 日

农历乙巳年 · 六月廿九

7月23日 星期三

今日生命叙事

早起____点，午休____点，晚安____点，体温____，体重____，走步____

今日喝茶：绿□ 白□ 黄□ 青□ 红□ 黑□ 花茶□

正能量的我

茶谱系 · 诸暨绿剑

诸暨绿剑，绿茶类（细分为烘青绿茶），产于浙江省绍兴市诸暨市西部的龙门山脉和东南部的东白山麓，创制于1994年。

诸暨绿剑的制茶鲜叶于清明前开始采摘。采用迎霜、浙农117等良种茶树鲜叶作为原料，鲜叶的采摘标准是单芽，要求芽匀齐且肥壮，不带鱼叶、单片、茶蒂，无病虫斑。制茶工艺工序是摊青、杀青、初烘理条、整形、复烘、辉锅、提香、分级。

诸暨绿剑成品茶叶形如绿色宝剑；尖挺有力，色泽嫩绿；汤色清澈明亮，滋味鲜嫩爽口，香气清高；叶底嫩绿，全芽匀齐。

冲泡诸暨绿剑时，可每人选用一只容量130毫升的盖碗作为泡具和饮具，茶水比为1∶50，投茶量2克，水100克（毫升），泡茶水温宜水烧开后降温至80℃。主要冲泡步骤：温茶碗内凹，投入茶叶后，采用环圈法注水，水量达到茶碗八分后，盖上茶盖。当茶碗中茶汤的水温降至适口温度时，趁温热品饮。

诸暨绿剑

THURSDAY. JUL 24，2025

2025 年 7 月 24 日

农历乙巳年 · 六月三十

7月24日

星期四

今日生命叙事

早起____点，午休____点，晚安____点，体温____，体重____，走步____

今日喝茶：绿☐　白☐　黄☐　青☐　红☐　黑☐　花茶☐

正能量的我

珠茶

珠茶，绿茶类（细分为炒青绿茶），是“圆炒青”绿茶的一种，又称“平炒青”，起源于浙江省绍兴市柯桥区平水镇。珠茶生产历史悠久，唐宋时期的“日铸茶”是珠茶的前身。珠茶主要产于绍兴、余姚、嵊州、新昌、鄞州、上虞、奉化、东阳等地。18 世纪，珠茶以“贡熙茶”的名字出口欧洲，曾被誉为“绿色珍珠”。

珠茶的制茶鲜叶选取 1 芽 2 ～ 3 叶或 1 芽 4 ～ 5 叶，芽叶均较长的鲜叶。“平炒青”粗制为（毛茶）原料，精制加工采取单级付制、成品多级收回的方式。其加工工艺是原料拼合、定级、分原身、轧货、雨茶三路取料。加工作业分为生取、炒车、净取等工序制成各级筛孔茶，然后对样拼配，匀堆包装。

成品珠茶细圆紧结，颗粒重实，宛如珍珠（珠形越细质量越佳），色泽乌绿油润；汤色和叶底黄绿明亮，香纯味浓；冲泡后水色绿明微黄，叶底柔软舒展，经久耐泡。其质量介于珍眉和贡熙之间。珠茶根据其外形、香气与滋味及冲泡后的颜色可分为 5 个等级和不列级。

冲泡珠茶时，可每人选用一只容量 130 毫升的盖碗作为泡具和饮具，茶水比为 1∶50，投茶量 2 克，水 100 克（毫升），泡茶水温宜水烧开后降温至 90℃。主要冲泡步骤：温茶碗内凹，投入茶叶后，采用环圈法注水，水量达到茶碗八分后，盖上茶盖。当茶碗中茶汤的水温降至适口温度时，趁温热品饮。

FRIDAY. JUL 25，2025

2025 年 7 月 25 日

农历乙巳年 · 闰六月初一

7月25日

星期五

今日生命叙事

早起____点，午休____点，晚安____点，体温____，体重____，走步____

今日喝茶：绿□　白□　黄□　青□　红□　黑□　花茶□

正能量的我

茶谱系 · 汀溪兰香

汀溪兰香，绿茶类（细分为烘青绿茶），产于安徽省宣城市泾县汀溪乡的大南坑村、红星村、红岭村、高山村的所有茶区，创制于1990年。

汀溪兰香的制茶鲜叶于春茶、夏茶、秋茶季均可采摘。采用当地特有的中柳叶型茶树鲜叶作为原料，鲜叶的采摘标准是1芽2叶初展，茶农形象地称其为“一叶抱，二叶靠”。要求茶芽须肥壮完好，长约3厘米，采茶时采用“提折”采方法，禁用指甲“掐采”及“一手抓采”，尽量避免损伤嫩叶；忌紧压、曝晒、雨淋鲜叶；上午10点前后所采的鲜叶分开制作。制茶工艺工序是杀青、做形和烘焙等。

汀溪兰香成品茶叶呈绣剪形，肥嫩挺直，色泽翠绿，匀润显毫；香气清纯，高爽持久，滋味鲜醇，甘爽耐泡，汤色嫩绿，清澈明亮；叶底嫩黄，匀整成朵。

冲泡汀溪兰香时，可每人选用一只容量130毫升的盖碗作为泡具和饮具，茶水比为1∶50，投茶量2克，水100克（毫升），泡茶水温宜水烧开后降温至85℃。主要冲泡步骤：温茶碗内凹，投入茶叶后，采用环圈法注水，水量达到茶碗八分后，盖上茶盖。当茶碗中茶汤的水温降至适口温度时，趁温热品饮。

汀溪兰香

SATURDAY. JUL 26，2025

2025 年 7 月 26 日

农历乙巳年 · 闰六月初二

7月26日

今日生命叙事

早起___点，午休___点，晚安___点，体温___，体重___，走步___

今日喝茶：绿□　白□　黄□　青□　红□　黑□　花茶□

正能量的我

茶谱系 · 本山

本山，青茶（乌龙茶）类（细分为闽南乌龙），主产于福建省安溪县芦田镇，为新创名茶。

一年四季皆可制茶，4 月底至 5 月初开始采春茶，至 10 月上旬采秋茶。采用无性系茶树良种本山品种茶树鲜叶为原料（该品种属灌木型，中叶类，中芽种，原产于安溪县西坪、尧阳，已有 100 多年栽培史，主要分布在福建省的乌龙茶区）。鲜叶的采摘标准是驻芽 3 叶，俗称“开面采”。要求鲜叶嫩度适中、匀净、新鲜。制茶工艺工序是晒青、凉青、做青、炒青、揉捻、包揉、烘干。

成品本山茶叶紧结重实，光泽绿艳鲜润；内质兰花香清幽细长，滋味醇厚，鲜爽回甘，汤色金黄明亮；叶底厚软明亮。

冲泡本山时，可每人用一只容量 130 毫升的盖碗作为泡具和饮具，茶水比为 1∶35，投茶量 3 克，水 105 克（毫升），泡茶水温宜水烧至 100℃。主要冲泡步骤：温茶碗内凹，投入茶，加茶盖合盖后摇香，开盖后采用单边定点注水法，水量达到茶碗七八分后，再盖上茶盖。当茶碗中茶汤的水温降至适口温度时品饮。

本山

SUNDAY. JUL 27，2025

2025 年 7 月 27 日

农历乙巳年 · 闰六月初三

7月27日

星期日

今日生命叙事

早起____点，午休____点，晚安____点，体温____，体重____，走步____

今日喝茶：绿☐　白☐　黄☐　青☐　红☐　黑☐　花茶☐

正能量的我

茶谱系·黄山绿牡丹

黄山绿牡丹

黄山绿牡丹，绿茶类（细分为烘青绿茶），产于安徽省黄山市歙县北乡大谷运，创制于1986年。

黄山绿牡丹的制茶鲜叶于清明后、谷雨前采摘。鲜叶的采摘标准是1芽2叶初展。要求“三定六不采”：定高山名鋧（名鋧，这里的意思是特定海拔、特定产茶地块：大谷运乡的岱岭一带岱岭茶园分布在海拔500～700米的深山幽谷之中的清明后、谷雨前的叶芽），定不施化肥、农药，定滴水香优良品种；伤病叶不采、对夹叶鱼叶不采、雨水叶不采、紫叶不采、瘦弱叶不采、不符合标准的叶不采。制茶工艺工序是鲜叶杀青兼揉捻、初烘理条、选芽装筒、定形烘焙和足干贮藏等。

成品（上等）黄山绿牡丹茶呈花朵状，如墨绿色菊花，1芽1叶初展，花瓣排列匀齐，圆而扁平，白毫显露，峰苗完整，色泽黄绿隐翠，毫香带着果香；冲泡后，一股熟板栗香气扑鼻而来，香气馥郁持久，杯中花茶或悬或沉，茶尖茶芽徐徐舒展，犹如一朵盛开的绿色牡丹；汤色黄绿明亮，滋味醇厚带甘；叶底成朵，黄绿鲜活。

冲泡黄山绿牡丹时，适合用瓷质大茶壶成朵冲泡，也可以每人选用一只容量130毫升的盖碗作为泡具和饮具，茶水比为1：50，投茶量2克（一朵），水100克（毫升），泡茶水温宜水烧开后降温至85℃。主要冲泡步骤：温茶碗内凹，投入茶叶后，采用环圈法注水，水量达到茶碗八分后，盖上茶盖。当茶碗中茶汤的水温降至适口温度时，趁温热品饮。

MONDAY. JUL 28，2025

2025 年 7 月 28 日

农历乙巳年 · 闰六月初四

7月28日

星期一

今日生命叙事

早起____点，午休____点，晚安____点，体温____，体重____，走步____

今日喝茶：绿□　白□　黄□　青□　红□　黑□　花茶□

正能量的我

茶范 · 元代茶范赵孟頫

赵孟頫

赵孟頫，字子昂，号雪松道人，是宋末元初的画家、书法家。元朝的书法和绘画，以赵孟頫成就最高。他诗词文赋诸体皆妙，清邃奇逸，开启元诗新风。他绘画取材广泛，技法全面，山水、人物、花鸟无不擅长。他书法取自钟繇、二王（王羲之和王献之）、李邕、宋高宗赵构以及历代诸家，篆、隶、真、草各臻神笔，创“赵体”书，后世奉其与欧阳询、颜真卿、柳公权并称“楷书四大家”。他倡导复古，强调“书画同源”、师法自然。他有“赵集贤画，为元人冠冕”之誉，其绘画、书风和书学主张，对元代及后世影响巨大而深远。

赵孟頫嗜茶，他用绘画记录元代茶人的茶事活动和茶村环境，传世的有《斗茶图》和《水村图》。他还有嗜茶事迹传扬于世。清代仇英绘有《赵孟頫写经换茶图卷》，是赵孟頫与明本法师信札中多次提到彼此馈赠茶叶、药品等礼尚往来的生动写照。他引领元朝嗜茶风尚。

赵孟頫是元代茶人的重要代表，是影响后代社会茶德修行的突出典范。赵孟頫无愧是元代茶范，他的茶魂带着那个朝代的气象和自身的本性——圆通。

TUESDAY. JUL 29，2025

2025 年 7 月 29 日

农历乙巳年 · 闰六月初五

7月29日

星期二

今日生命叙事

早起____点，午休____点，晚安____点，体温____，体重____，走步____

今日喝茶：绿□　白□　黄□　青□　红□　黑□　花茶□

正能量的我

茶博物馆 · 天福茶博物院

天福茶博物院，是以茶文化为主题的综合性博物馆，位于福建省漳州市漳浦县盘陀镇 324 国道旁。该博物院占地面积 80 亩（约 5.3 公顷），于 2002 年 1 月建成开院，由福州天福集团独立承建，是一座非国有博物院，也是世界上最大的茶博物院。

天福茶博物院的景区设四大展馆：主展馆、中国茶道教室、日本茶道馆和书画馆，还有薪火相传、茗风石刻、明湖垂影、茂林修竹、唐山瀑布、武人茶苑、兰亭曲水、天宫赐福等八大景观。

主展馆，以生动的模型、灯箱及图片展示中国云南野生大茶树群落、中华茶文化、世界各国茶情及茶文化、民族饮茶风情、现代茶艺、茶与诗、茶与书画、茶与健康及茶业科技等。

中国茶道教室，一楼设有茶艺表演厅和溢香轩、品茗阁等环境优雅的品茗场所，兼茶道教学；二楼为设施先进的国际会议厅。

日本茶道馆（福慧庵），设有日式庭院及茶室，精亭（四叠半）、俭亭（八叠）、敬亭（立礼席）分别代表 3 个不同时代风格的日本茶室。

书画馆，一楼有典藏书画厅，展示本馆收藏字画，活动展厅不定期举办个人或主题书画展；二楼设联谊厅，不定期举办笔会；附设奇石斋，展售各种奇石、雕刻等工艺品。

天福茶博物馆

WEDNESDAY. JUL 30，2025

2025 年 7 月 30 日

农历乙巳年·闰六月初六

7月30日 星期三

今日生命叙事

早起____点，午休____点，晚安____点，体温____，体重____，走步____

今日喝茶：绿□　白□　黄□　青□　红□　黑□　花茶□

正能量的我

茶博物馆·台湾坪林茶业博物馆

台湾坪林茶业博物馆，是现代化的茶业博物馆，位于中国台湾台北坪林乡水德村，占地面积 27000 平方米，自 1997 年对公众免费开放。

坪林茶业博物馆立体建筑是一座闽南安溪风格的四合院，庭院内回廊、拱桥、角亭、假山、飞瀑、修竹等构成一幅江南古典庭园画幅。馆内图文并茂地介绍了茶的历史、种类，以及从古至今中国茶文化的演变。博物馆四周为观光茶园，且有紫竹楼与明月楼两座茶艺馆可供游客品茗。内部有展示馆、活动主题馆、多媒体馆、茶艺馆与推广中心等五大部分，层次分明地将茶的物质面与精神面展示出来。其中活动主题馆每 3 个月更换一次主题；多媒体馆更利用 3D 立体动画，生动活泼地将茶叶的知识以戏剧方式演出。

展示馆是坪林茶业博物馆的主体，包含茶史、茶事、茶艺 3 个展示区。茶史展示区将茶的沿起、中国历代制茶工艺、茶仪、茶叶文化与商务发展，从古至今层次分明铺陈出来。茶事区对于茶的专业知识，从茶种、茶叶的分类、茶的成分、茶的制造与茶叶的产销、评鉴等，利用模型与实物的交错展示，做最详尽的介绍。茶艺展示区，从茶与茶器到饮茶的礼仪，交织成属于中国人特有的茶艺文化。茶艺单元介绍如何认识茶器、如何判断好壶、如何养壶、婚礼茶仪、当代茶艺、特殊饮茶方式，及台湾民俗中的甩茶。

台湾坪林茶业博物馆

博物馆外的餐馆或食肆有好多以茶叶烹调的菜肴和小吃，如茶鸡和茶面线，充满茶香。

THURSDAY. JUL 31，2025

2025 年 7 月 31 日

农历乙巳年 · 闰六月初七

7月31日 星期四

今日生命叙事

早起___点，午休___点，晚安___点，体温___，体重___，走步___

今日喝茶：绿□　白□　黄□　青□　红□　黑□　花茶□

正能量的我

茶谱系 · 宁红

宁红，红茶类（细分为工夫红茶），产于江西省修水县，始创于1821年，为历史名茶。

宁红的制茶鲜叶于谷雨前采摘，鲜叶的采摘标准是1芽1叶初展，采摘生长旺盛、持嫩性强、芽头硕壮的蕻子茶，芽叶大小、长短要求一致，芽叶长度3厘米左右。制茶工艺工序是萎凋、揉捻、发酵、干燥后初制成红毛茶，然后再筛分、抖切、风选、拣剔、复火、匀堆。

宁红成品茶叶条索紧结秀丽，锋苗挺拔，金毫显露，色乌，微红，光润；内质香高持久，具有独特香气；滋味醇厚甜和，汤色红艳；叶底红匀。

冲泡宁红时，每人选用一只容量130毫升的盖碗作为泡具和饮具，茶水比为1∶50，投茶量2克，水100克（毫升），泡茶水温宜水烧至100℃。主要冲泡步骤：温茶碗内凹，投入茶叶后，采用回旋低冲法注水，水量达到茶碗八分满后，盖上茶盖。当茶汤的水温降至适口温度时，趁温热品饮。如觉茶汤淡，可用茶盖拨动茶叶使其翻滚后再品饮。

宁红

FRIDAY. AUG 1，2025

2025 年 8 月 1 日

农历乙巳年 · 闰六月初八

8月1日 星期五

今日生命叙事

早起____点，午休____点，晚安____点，体温____，体重____，走步____

今日喝茶：绿□　白□　黄□　青□　红□　黑□　花茶□

正能量的我

茶博物馆·湖州陆羽茶文化博物馆

湖州陆羽茶文化博物馆

湖州陆羽茶文化博物馆，是以陆羽《茶经》文化为主题的博物馆，位于浙江省湖州市中兴大桥北外滩一号。湖州陆羽茶文化博物馆，总建筑面积5000平方米，2017年6月14日起开放，是由湖州日报报业集团承办的政府、部门、民营三方合作的项目，免费向公众开放。

走进湖州陆羽茶文化博物馆，首先映入眼帘的是一尊茶圣陆羽像。世界上第一部茶叶专著《茶经》为陆羽栖身湖州时所著。整个博物馆分两层，一层主要展示了陆羽栖身湖州40多个春秋的生活情境以及他的“朋友圈”。二层则陈列了各版本的《茶经》，有南宋咸淳百川学海版《茶经》、外文版《茶经》、吴觉农的《茶经述评》等，足足布置了一整面墙。此外，二层设有六大茶系（青茶、黑茶、黄茶、白茶、红茶、绿茶）体验区，供市民、游客品尝。

湖州陆羽茶文化博物馆以“一圈两基地”作为布馆理念，即以陆羽为代表的茶文化圈杰出人物和《茶经》为布展核心圈，通过收集各种版本的《茶经》，使之成为在全国乃至全世界范围内较有影响力的茶文化博物馆，奠定了全国茶文化学术研究基地、茶文化体验基地的基础。

SATURDAY. AUG 2，2025

2025 年 8 月 2 日

农历乙巳年 · 闰六月初九

8月2日

今日生命叙事

早起____点，午休____点，晚安____点，体温____，体重____，走步____

今日喝茶：绿□　白□　黄□　青□　红□　黑□　花茶□

正能量的我

茶博物馆 · 阳羡茶文化博物馆

阳羡茶文化博物馆，是茶文化主题体验博物馆，位于江苏省宜兴市阳羡镇云湖景区香林路东侧。该博物馆占地面积 6 亩，建筑面积近 5000 平方米，于 2014 年开馆，免费开放。

该博物馆主要展示茶文化，包括茶艺表演、茶具展示、茶文化陈列等。其中，茶艺表演以传统茶具和茶艺形态为基础，搭配了现代音乐、影像、灯光、烟雾等多种元素，通过现代化呈现，使观众在欣赏传统茶艺的同时，也享受到了视觉、听觉等多重艺术体验。

博物馆内部分为两个主要陈列区域，一个是茶文化陈列区，展示了阳羡茶历史、种类、配制等相关内容；另一个是茶具馆，展示了陶艺、铜器、瓷器等茶具。

博物馆外部还建有一个休闲观景区。观景区内种植着各类茶树，其中有一株超过 600 年的明代茶树，其树干粗如小桶，令人惊叹。在观景区中心建有一座百年古井——太和丹泉，泉水清澈甘甜，供游客休憩品茶。

阳羡茶文化博物馆

SUNDAY. AUG 3，2025

2025 年 8 月 3 日

农历乙巳年·闰六月初十

8月3日 星期日

今日生命叙事

早起____点，午休____点，晚安____点，体温____，体重____，走步____

今日喝茶：绿□　白□　黄□　青□　红□　黑□　花茶□

正能量的我

茶谱系·普洱生茶

普洱生茶，绿茶类（细分为晒青绿茶），主要产于云南，由北向南分别是保山市、临沧市、普洱市、西双版纳傣族自治州。普洱生茶是以符合普洱茶产地环境条件下生长的云南大叶种茶树鲜叶为原料，以自然的方式陈放，不经过人工发酵、渥堆处理，但经过加工整理、修饰形状的饼茶、砖茶、沱茶、龙珠的统称。

普洱生茶的制茶工序是先制成普洱生茶毛茶，而后用蒸压成形等工艺制成紧压茶。普洱生茶多以晒青毛茶为原料。毛茶，也称毛条，是指茶树鲜叶初步加工后的初制品。茶叶的品质特征往往在毛茶的制作中便可知悉。普洱生茶毛茶的制作步骤为摊晾、杀青、揉捻、晒干。

普洱生茶初制毛茶分为春、夏、秋 3 种规格。春茶又分春尖、春中、春尾 3 个等级；夏茶又称二水；秋茶称为谷花。普洱茶以春尖和谷花品质最佳。

普洱生茶成品茶叶色泽墨绿，香气清纯持久，汤色绿黄清亮，滋味浓厚回甘，叶底肥厚黄绿。成品形态有：饼茶，扁平圆盘状，其中七子饼每块净重 357 克，每 7 个为一提；沱茶，形状同饭碗一般大小；砖茶，长方形或正方形；金瓜贡茶，压制成大小不等的瓜形，规格从 100 克到数百斤；香菇紧茶，呈香菇形；柱茶，压制成长柱形，用竹片或笋壳包扎；老茶头，也叫自然沱。

普洱生茶茶饼

冲泡普洱生茶时，可每人选用一只容量 130 毫升的盖碗作为泡具和饮具，茶水比为 1∶30，投茶量 3 克，水 90 克（毫升），泡茶水温宜水烧至 100℃，采用 N 字形覆盖冲法注水，水量达到茶碗八分满后，盖上茶盖，5 分钟后即可品饮。

MONDAY. AUG 4, 2025

2025 年 8 月 4 日

农历乙巳年 · 闰六月十一

8月4日 星期一

今日生命叙事

早起____点，午休____点，晚安____点，体温____，体重____，走步____

今日喝茶：绿□　白□　黄□　青□　红□　黑□　花茶□

正能量的我

茶谱系·高山乌龙

高山乌龙，乌龙茶（青茶）类（细分为台湾乌龙），产于中国台湾中南部嘉义县、南投县的高山茶区，为新创名茶。其种植于海拔1000米以上，主要有嘉义县的梅山乌龙茶、竹崎高山茶、阿里山珠露茶、阿里山乌龙茶；南投县的杉林溪高山茶、雾社卢山高山茶、玉山乌龙茶；台中县的梨山高山茶、武陵高山茶；等等。

高山乌龙于每年4月下旬至5月上旬开采春茶，一年中春茶、秋茶、冬茶都有采制。其采用青心乌龙、台茶12号（金萱）、台茶13号（翠玉）品种茶树鲜叶为原料，选用鲜叶的标准是对夹2～3叶。制茶工艺工序是日光萎凋（晒青）、室内静置及搅拌（凉青及作青）、炒青、揉捻、初干、布球揉捻（团揉）、干燥，发酵程度为10%～15%。

高山乌龙成品茶叶紧结成半球形，色泽翠绿鲜活；汤色蜜黄绿，香气淡雅；滋味甘醇、滑软、厚重，带活性；叶底青绿，基本上没有红边现象。

高山乌龙

冲泡高山乌龙时，可每人选用一只容量130毫升的盖碗作为泡具和饮具，茶水比为1∶35，投茶量3克，水105克（毫升），泡茶水温宜水烧开至100℃。主要冲泡步骤：温茶碗内凹，投入茶叶后，采用单边定点低冲法注水，水量达到茶碗八分满后，盖上茶盖。当茶汤的水温降至适口温度时，趁温热品饮。如觉茶汤淡，可用茶盖拨动茶叶使其翻滚后再品饮。

TUESDAY. AUG 5，2025

8月5日

星期二

2025年8月5日

农历乙巳年·闰六月十二

今日生命叙事

早起____点，午休____点，晚安____点，体温____，体重____，走步____

今日喝茶：绿□　白□　黄□　青□　红□　黑□　花茶□

正能量的我

茶谱系 · 五指山红茶

五指山工夫红茶

五指山红茶，红茶类（细分为红碎茶或工夫红茶），产于海南省五指山市所辖通什镇、南圣镇、毛阳镇、番阳镇、毛道乡、水满乡、畅好乡等7个乡镇，以及畅好农场和海胶集团畅好橡胶站。五指山红茶在明代就已被列为贡茶，清代张巂等人著的《崖州志》记述："明土贡品主要有……牙茶、叶茶。"海南省大面积发展茶叶生产始于20世纪60年代初，以红茶，尤其是红碎茶为主。五指山是中国最南端的高山云雾茶叶产区，得天独厚的生态环境和自然气候的滋润，成就了五指山红茶的优良品质。

五指山红茶主要采用海南大叶种茶树鲜叶为原料。制茶工艺工序是鲜叶萎凋、揉捻、发酵、毛火、摊凉、二烘、摊凉、足火、摊凉、筛分、装箱。

五指山红茶成品茶叶条索紧结肥硕，棕褐油润；汤色明亮，呈红琥珀色，香气呈奶蜜香；滋味甜醇爽滑；叶底肥软红亮。其典型品质特征为"琥珀汤，奶蜜香"。

冲泡五指山红茶时，可每人选用一只容量130毫升的盖碗作为泡具和饮具，茶水比为1∶50，投茶量2克，水100克（毫升），泡茶水温宜水烧开后降温至90℃。主要冲泡步骤：温茶碗内凹，投入茶叶后，摇动盖碗，唤醒茶叶；采用回旋低冲法注水，水量达茶碗八分满后，盖上茶盖。当茶汤的水温降至适口温度时，趁温热品饮。如觉茶汤淡，可用茶盖拨动茶叶使其翻滚后再品饮。

WEDNESDAY. AUG 6，2025

2025 年 8 月 6 日

农历乙巳年·闰六月十三

8月6日 星期三

今日生命叙事

早起____点，午休____点，晚安____点，体温____，体重____，走步____

今日喝茶：绿□　白□　黄□　青□　红□　黑□　花茶□

正能量的我

茶和节气 · 立秋

迎秋风至落梧桐，乳鸦啼散玉屏空。
咬瓜咬桃咬楸叶，拜仙拜女拜魁星。
春捂秋冻清风使，春华秋实不夜侯。
寒蝉鸣前白露降，煎香薷饮碧霞融。

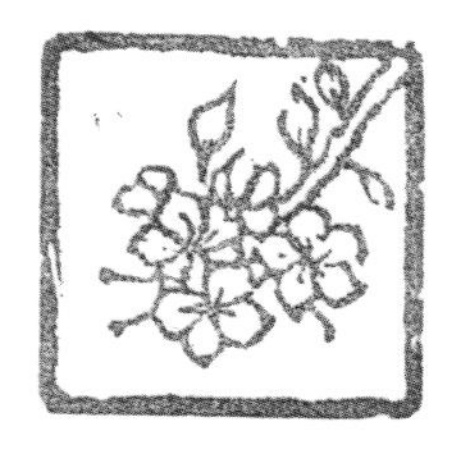

立秋 · 蓝雪花

立秋是农历每年二十四节气的第 13 个节气。立秋，季节类节气，“立”是开始，“秋”指秋季，表示秋季的开始。但从气候特点看立秋，由于盛夏余热未消，秋阳肆虐，很多地区仍处于炎热之中，故民间历来有“秋老虎”之说。

立秋物候：初候凉风至；二候白露降；三候大寒蝉鸣。

立秋节气里，喝什么茶？立秋时节，应养脾胃，平抑过旺之肺气，保全元气，清暑、除热、化湿，忌讳大汗淋漓。适宜饮乌龙茶（武夷岩茶、安溪铁观音、凤凰单丛，均以上年秋茶鲜叶制作的成品茶为宜）、红茶、黄茶（蒙顶黄芽、君山银针、霍山黄芽、平阳黄汤）、绿茶（恩施玉露、雪青）、再加工茶（小青柑）；避免喝烫茶、大口茶，而以喝温茶、品茶为宜。

THURSDAY. AUG 7, 2025

2025 年 8 月 7 日

农历乙巳年 · 闰六月十四

8月7日

星期四

立秋

今日生命叙事

早起____点，午休____点，晚安____点，体温____，体重____，走步____

今日喝茶：绿□ 白□ 黄□ 青□ 红□ 黑□ 花茶□

正能量的我

节气茶·立秋茶

立秋后处暑前采摘的茶叶，称为立秋茶。

立秋茶属秋茶。秋茶，泛指小暑、大暑和秋季采制的茶叶。我国绝大部分产茶地区，茶树生长和茶叶采制是有季节性的。按节气分，小暑、大暑、立秋、处暑、白露、秋分、寒露采制的茶为秋茶；按时间分，6月初至7月上旬采制的茶为夏茶，7月中旬以后采制的为秋茶。长此之后，一般只有我国华南茶区，由于地处亚热带，四季不分明，还有茶叶采制。

立秋之前茶树的生长繁荣茂盛，立秋之后，昼夜温差逐渐明显，空气干燥，阳光充足，闷热的气温有所收敛，早上不热，夜晚比较凉爽，茶树的生长明显减缓，“茶园秋耕”正当其时。这段时间茶树的叶片增厚，内在密度加强，茶的香味略显厚重。立秋茶汲取的是万物趋于成熟的大自然能量。

秋茶的特征：干看（冲泡前）成品茶，茶叶大小不一，叶张轻薄瘦小；绿茶色泽黄绿，红茶色泽暗红；茶叶香气平和。湿看（冲泡后）成品茶，香气不高，滋味淡薄，叶底夹有铜绿色叶芽，叶张大小不一，对夹叶多，叶缘锯齿明显。

白居易《立秋夕有怀梦得》诗有“梦得”夜饮立秋茶：“露簟荻竹清，风扇蒲葵轻。一与故人别，再见新蝉鸣。是夕凉飙起，闲境入幽情。回灯见栖鹤，隔竹闻吹笙。夜茶一两杓，秋吟三数声。所思渺千里，云水长洲城。”

立秋茶叶

FRIDAY. AUG 8，2025

2025 年 8 月 8 日

农历乙巳年 · 闰六月十五

8月8日 星期五

今日生命叙事

早起____点，午休____点，晚安____点，体温____，体重____，走步____

今日喝茶：绿□　白□　黄□　青□　红□　黑□　花茶□

正能量的我

茶物哲语·鬼神非人实亲，维德是依

贮于罐里的普洱茶说：“云南茶农，多奉祀孔明为普洱茶祖。”

普洱茶进而说：“云南攸乐茶山的基诺族人世代传说，他们是诸葛亮（孔明）南征时遗留下来的子民。孔明给他们茶籽，让他们安居下来，种茶为生。”基诺族自称“丢落”，世代尊奉孔明。

清道光年间编撰的《普洱府志·古迹》中有记载：“六茶山遗器俱在城南境，旧传武侯（孔明）遍历六山，留铜锣于攸乐，置铜于莽枝，埋铁砖于蛮砖，遗木梆于倚邦，埋马镫于革镫，置撒袋于慢撒，因以名其山。莽枝、革登有茶王树较它山独大，相传为武侯遗种，今夷民犹祀之。”古茶山中的孔明山巍峨壮观，是孔明寄箭处，上有祭风台旧址。

普洱茶还说：“每年在采春茶的季节到来时，哈尼族、基诺族、壮族、佤族都会不约而同地举行祭茶仪式。在云南普洱茶产区，有的祭的是古茶树，有的祭的是一方山神，还有更多的是祭拜“茶祖”——孔明。祭茶是茶农对天地的感激，对先民的怀念，更是对未来的祈福。”

普洱茶设问：孔明、古茶树，被敬奉到“神”的地位，为什么呢？是因为孔明、古茶树，给人们的益处良多，惠及众人，令人们感恩戴德啊！”

这则茶物哲语阐明这样一个道理：“鬼神非人实亲，维德是依。”古时虽有祭祀，但古人并非全然迷信鬼神，而是将它与人事密切联系起来，更强调对众生的重要性。也可以引申为：只要你自身德行高远，就会有人敬重你、信赖你。

宋《人物册页》

SATURDAY. AUG 9，2025

2025 年 8 月 9 日

农历乙巳年 · 闰六月十六

8月9日

今日生命叙事

早起____点，午休____点，晚安____点，体温____，体重____，走步____

今日喝茶：绿□　白□　黄□　青□　红□　黑□　花茶□

正能量的我

古代雅集·金谷园雅集

西晋时期文学家、官吏、富豪石崇，建有一座别墅，因金谷水贯注于园中，故名“金谷园”。金谷园随地势高低筑台凿池而成，郦道元《水经注》谓其：“清泉茂树，众果竹柏，药草蔽翳。”金谷园是当时最美的花园。石崇曾在金谷园中召集文人聚会，与当时的文人左思、潘岳、陆机、陆云等 24 人结成诗社，史称“金谷二十四友”。

从文学创作的角度来看，“二十四友”举行过若干次文学集会，在某种意义上推动了当时文艺创作的繁荣。他们在石崇的河阳别墅里畅游园林，饮酒、品茗、赋诗，并将所作结为诗集。这有点像建安时代在曹丕领导的邺下诸子的文学活动。

清华喦《金谷园图》轴

西晋元康六年（296 年），征西大将军王翊从洛阳还长安，石崇在金谷园中为王翊设宴饯行。王翊一行及石崇亲朋好友欢聚一堂，宾客赋诗述怀，宴后把所赋的诗篇录为一集，命名为《金谷集》，石崇亲作《金谷诗序》（今已亡佚）以记其事。

金谷园雅集也被世人传为佳话。后人称这次聚会为历史上真正意义上的文人雅聚。记叙此雅集的画作主要有：北宋王诜绘《金谷园图》，明代仇英绘《金谷园图》，清代华嵒绘《金谷园图》轴。

SUNDAY. AUG 10，2025

2025 年 8 月 10 日

农历乙巳年 · 闰六月十七

8月10日 星期日

今日生命叙事

早起____点，午休____点，晚安____点，体温____，体重____，走步____

今日喝茶：绿□　白□　黄□　青□　红□　黑□　花茶□

正能量的我

茶名著·《茶经》

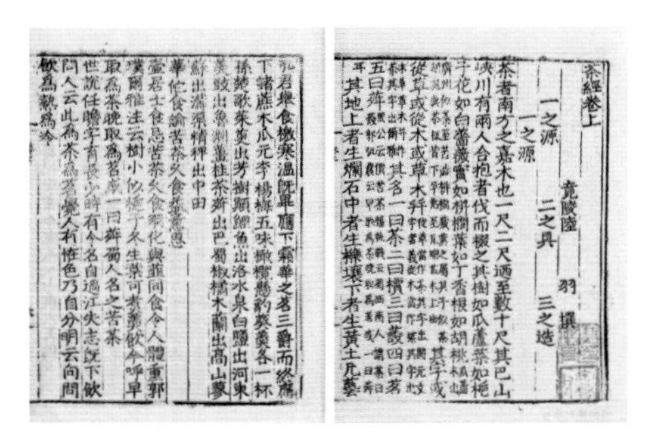
茶經卷上
竟陵陸羽撰
一之源 二之具 三之造
一之源
茶者南方之嘉木也一尺二尺迺至數十尺其巴山
峽川有兩人合抱者伐而掇之其樹如瓜蘆葉如梔
子花如白薔薇實如栟櫚葉如丁香根如胡桃
其字或
從草或從木或草木并
其名一曰茶二曰檟三曰蔎四曰茗
五曰荈
其地上者生爛石中者生櫟壤下者生黃土凡藝

弘君舉食檄寒溫既畢應下霜華之茗三爵而終應
下諸蔗木瓜元李楊梅五味橄欖懸鉤葵羹各一杯
孫楚歌茱萸出芳樹顛鯉魚出洛水泉白鹽出河東
美豉出魯淵薑桂茶荈出巴蜀椒橘木蘭出高山蓼
蘇出溝渠精稗出中田
華佗食論苦茶久食益意思
壺居士食忌苦茶久食羽化與韭同食令人體重郭
璞爾雅注云樹小似梔子冬生葉可煮羹飲今呼早
取為茶晚取為茗或一曰荈蜀人名之苦茶
世說任瞻字育長少時有令名自過江失志既下飲
問人云此為茶為茗覺人有怪色乃自分明云向問
飲為熱為冷

《茶经》一之源

唐德宗建中元年（780 年），陆羽的《茶经》定稿并付梓。《茶经》是中国乃至世界现存最早、最完整、最全面介绍茶的专著，是茶叶生产的历史、源流、现状、生产技术以及饮茶技艺、茶道原理的综合性论著，被誉为茶叶百科全书。陆羽《茶经》的问世，具有划时代的意义，其把中国茶文化发展到一个空前的高度，使茶叶生产从此有了比较完整的科学依据，对茶叶的生产起了积极推动作用；将普通茶事升格为一种美妙的文化艺能，推动了中国茶文化的发展。

《茶经》全书分上、中、下三卷共 10 节。其主要内容和结构如下："一之源"考证茶的起源及性状，论及茶树的原产地、特征和名称，自然条件与茶叶品质的关系，以及茶叶的功效，等等；"二之具"论及茶叶的采制工具及使用方法；"三之造"记述茶叶种类和采制方法，论及茶叶采制和品质的鉴别方法；"四之器"记载煮茶、饮茶的器皿，列举并论及烹饮用具的种类和用途；"五之煮"论及煮茶的方法和水的品第；"六之饮"记载饮茶风俗和品茶法，论及饮茶的方法、现实意义和历史沿革；"七之事"杂引有关茶叶的掌故及药效，叙述并论及上古至唐代的茶人茶事，以实例注解了"精行俭德之人"；"八之出"列举茶叶产地及所产茶叶的优劣，论及名茶的产地环境；"九之略"指明茶器的使用可因条件而异不必拘泥一格，论述在一定的条件下，怎样省略茶叶的采制工具和饮茶用具；"十之图"指将采茶、加工、饮茶的全过程绘在绢素上，悬于茶室，使得品茶时可以亲眼领略《茶经》，论及指导普及茶叶生产和烹饮的全过程。

MONDAY. AUG 11，2025

2025 年 8 月 11 日

农历乙巳年·闰六月十八

8月11日 星期一

今日生命叙事

早起____点，午休____点，晚安____点，体温____，体重____，走步____

今日喝茶：绿☐ 白☐ 黄☐ 青☐ 红☐ 黑☐ 花茶☐

正能量的我

茶名著 ·《十六汤品》《煎茶水记》

最早的司茶鉴水专著《十六汤品》《煎茶水记》，都著作于中国唐代陆羽《茶经》问世之后。

《十六汤品》为唐代苏廙所著，以陆羽《茶经》中“五之煮”为基础，对茶水煮沸情况加以详细论述。《十六汤品》认为煮茶水质可分为“十六品”，并为每种水品起了好听的名字，如“得一汤”“百寿汤”“富贵汤”“秀碧汤”“大壮汤”等。苏廙善于煎茶，精于茶艺，《十六汤品》从候汤、注汤、择器、选薪等方面对煎茶作了形象生动的阐述。此卷茶书文风诙谐，文采斐然，不啻为候汤煎茶的重要之作。

《煎茶水记》为唐代张又新所著，原书名《水经》，后来为避免与北魏郦道元所著《水经注》相混，改名为《煎茶水记》，成书于唐宪宗元和九年（814 年）。《煎茶水记》是作者根据陆羽《茶经》“五之煮”，结合自己的考察完成的一部关于煮茶水的选择的著作。文中主要提到，唐代侍郎刘伯刍博学多才，对茶颇有研究和见解，对各地水品加以详细论述。《煎茶水记》非常重视水品，将各地煮茶水质分为 20 种并排“座次”：庐山康王谷之水帘水第一，无锡惠山寺石泉水第二、蕲州兰溪之石下水第三，峡州扇子山下虾蟆口水第四，苏州虎丘寺石泉水第五……

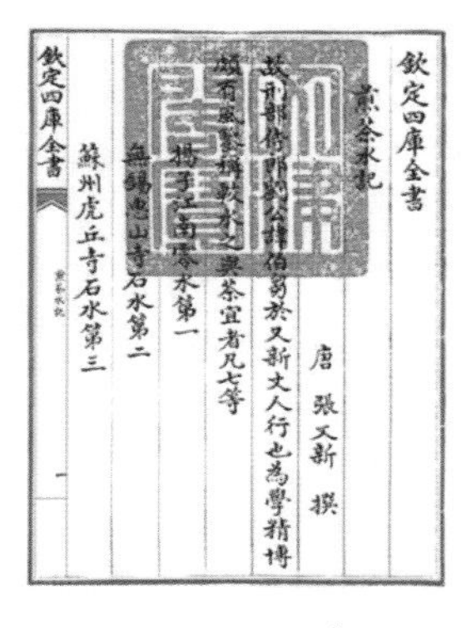
欽定四庫全書
煎茶水記　　唐　張又新　撰
故刑部侍郎劉公諱伯芻於又新丈人行也為學精博
頗有風鑒稱較水之與茶宜者凡七等
揚子江南零水第一
無錫惠山寺石水第二
蘇州虎丘寺石水第三
欽定四庫全書　煎茶水記　一

《煎茶水记》书页

TUESDAY. AUG 12，2025

2025 年 8 月 12 日

农历乙巳年 · 闰六月十九

8月12日 星期二

今日生命叙事

早起____点，午休____点，晚安____点，体温____，体重____，走步____

今日喝茶：绿☐ 白☐ 黄☐ 青☐ 红☐ 黑☐ 花茶☐

正能量的我

茶名著 ·《大观茶论》

宋代最著名的茶著作是《大观茶论》。

《大观茶论》原名《茶论》，为宋徽宗赵佶关于茶的专论著作，成书于大观元年（1107 年），故后人称之为《大观茶论》。《大观茶论》是我国历史上唯一一部由皇帝所著茶书。《大观茶论》吸取了前人的研究成果，立足于宋代的茶业发展水平，融入了赵佶对茶的实践心得，比较全面整理介绍了茶的相关知识。其内容精深，论述简明，且具有极强的历史穿透力，体现着茶人智慧的光芒和生活的情趣。

《大观茶论》封面

《大观茶论》全书共 20 篇，对北宋时期蒸青团茶的产地、采制、烹试、品质、斗茶风尚等均有详细记述。其中“点茶”一篇，见解精辟，论述深刻，从一个侧面反映了北宋茶业的发达程度和制茶技术的发展状况，也为我们认识宋代茶道留下了珍贵的文献资料。

《大观茶论》的影响力和传播力非常巨大，不仅积极促进了中国茶业的发展，同时极大地推进了中国茶文化的发展和对外传播，使宋代成为中国茶文化的兴盛时期。

WEDNESDAY. AUG 13，2025

2025 年 8 月 13 日

农历乙巳年 · 闰六月二十

8月13日

星期三

今日生命叙事

早起___点，午休___点，晚安___点，体温___，体重___，走步___

今日喝茶：绿□ 白□ 黄□ 青□ 红□ 黑□ 花茶□

正能量的我

茶名著 ·《品茶要录》

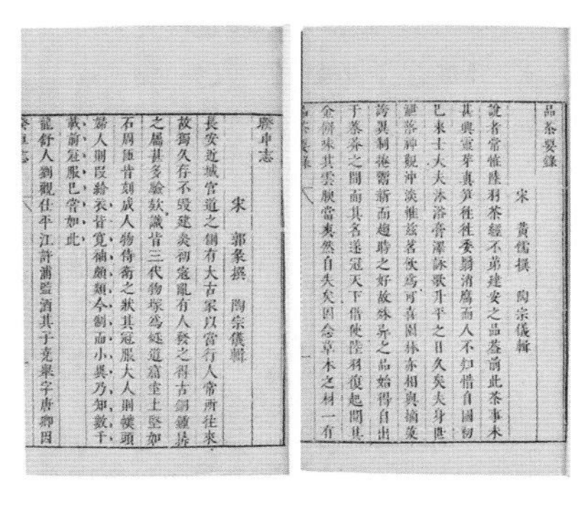
品茶要錄
宋 黃儒撰 陶宗儀輯
說者常怪陸羽茶經不第建安之品蓋前此茶事未
甚興靈芽真笋往往委翳消腐而人不知惜自國初
已來士大夫沐浴膏澤詠歌升平之日久矣夫身世
灑落神觀沖淡惟茲茗飲為可喜園林亦相與摘英
誇異制棬鬻新而趣時之好故殊異之品始得自出
于蓁莽之間而其名遂冠天下借使陸羽復起閱其
金餅味其雲腴當爽然自失矣因念草木之材一有

睽車志
宋 郭彖撰 陶宗儀輯
長安近城官道之側有大古冢以當行人常所往來
故獨久存不毀建炎初寇亂有人發之得古銅鑪斧
之屬甚多驗款識皆三代物冢為延道窟壘土壁加
石周匝皆刻成人物侍衛之狀其冠服大人則襆頭
婦人則長裙衣皆寬袖頗類今制而小異乃知數千
載前冠服已嘗如此
龍舒人劉觀任平江許浦監酒其子克舉字唐卿因

《品茶要录》书页

《品茶要录》为宋代黄儒著，成书于宋代熙宁八年（1075年），是我国首部茶叶检验专著。黄儒，字道辅，建安人（今福建建瓯），熙宁六年进士。《品茶要录》全书约1900字，其10篇，前9篇论述制造茶叶过程中应当避免的采制过时、混入杂物、蒸不熟、蒸过熟、烤焦等问题；第10篇讨论种植茶树选择地理条件的重要性。本书细致研究茶叶采制对品质的影响，提出茶叶欣赏鉴别的标准，对当今审评茶叶仍有一定参考价值。

《品茶要录》是我国首部茶叶检验专著，原因有三：其一，撰写宗旨非常明确，检验的内容、目的及体例均表明它是一本真正的茶叶检验专著；其二，有比较完整的检验方法和手段，对茶叶的色、香、味、形，建立了比较系统和综合的评鉴方法；其三，专业性强，内容上表现在对制茶工艺的熟知以及对审评技巧的把握。《品茶要录》在汲取传统茶叶鉴别方法的基础上，进一步充实和系统化，并强化了茶叶检验的理论阐述。《品茶要录》是我国古代茶叶检验走向专业化和系统化的一个重要标志。

《品茶要录》流传甚广，如宋人熊蕃在《宣和北苑贡茶录》中对其有记载，在宋徽宗的《大观茶论》等著作中也对其有引用。《品茶要录》在宋、元、明、清各代均有版本存世，说明此书流传有序，为时人所重。

THURSDAY. AUG 14，2025

2025 年 8 月 14 日

农历乙巳年·闰六月廿一

8月14日

今日生命叙事

早起____点，午休____点，晚安____点，体温____，体重____，走步____

今日喝茶：绿□ 白□ 黄□ 青□ 红□ 黑□ 花茶□

正能量的我

茶名著 · 明代茶书

明代是茶书著述最多的时期，276 年间出版茶书 68 种。其中，现存 33 种，辑佚 6 种，已佚 29 种。

自明代的开国皇帝朱元璋“罢造龙团，惟采芽茶以进”推动了散茶发展，创新茶叶采制，开千古饮茶之宗——撮泡法，明代的茶书数量便猛增。主要茶书有许次纾的《茶疏》、张源的《茶录》、朱权的《茶谱》、钱椿年的《茶谱》、陆树声的《茶寮记》、屠隆的《茶说》。明代还有许多汇编类的茶书，如孙大绶、吴旦的《茶谱外集》《茶经外集》；屠本畯摘录唐宋多种茶书资料编成的《茗笈》；夏树芳杂录南北朝至宋金茶事而成的《茶董》；陈继儒摘录类书、杂考等编成的《茶董补》；还有喻政编成的《茶书全集》；等等。

其中，英宗正统五年（1440 年）朱权写成《茶谱》一书，在书中提出饮茶要“清、雅、寂、敬”。朱权是朱元璋的第 17 子，是历史上第一位写茶书的皇子。

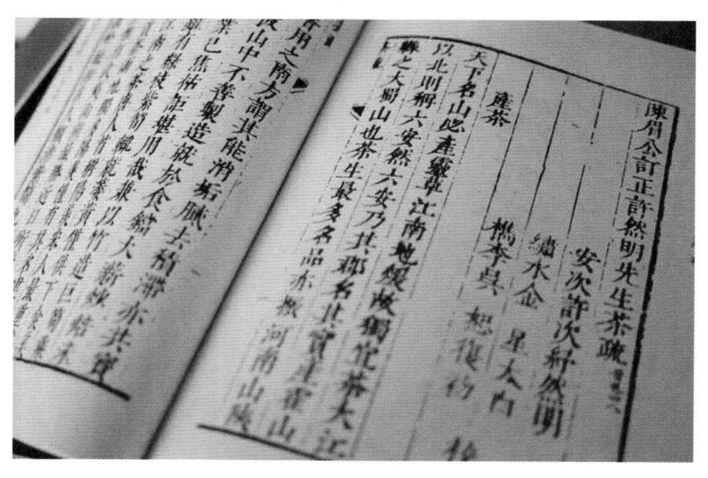
陳眉公訂正許然明先生茶疏
安次 許次紓然明
繡水金 星大白
檇李吳 旭
產茶
天下名山必產靈草江南地暖故獨宜茶大江
以北則稱六安然六安乃其郡名其實產霍山
縣之大蜀山也茶生最多名品亦振河南山陝

许次纾《茶疏》书页

FRIDAY. AUG 15, 2025

2025 年 8 月 15 日

农历乙巳年 · 闰六月廿二

8月15日 星期五

今日生命叙事

早起____点，午休____点，晚安____点，体温____，体重____，走步____

今日喝茶：绿□ 白□ 黄□ 青□ 红□ 黑□ 花茶□

正能量的我

茶名著 ·《茶寮记》

明代陆树声写的《茶寮记》，是最早的茶馆专著。

陆树声，字与吉，号平泉、无净居士，华亭（今上海松江）人，官至礼部尚书。

《茶寮记》一书，描述了茶寮空间里的人和行茶规范，分为人品、品泉、烹点、尝茶、茶候、茶侣、茶勋 7 条，统称为“煎茶七类”，其文优雅绝伦。

人品：煎茶非漫浪，须其人与茶品相得。故其法每传于高流隐逸，有云霞泉石、磊块胸次间者。

品泉：泉品以山水为上，江水次之，井水又次之。井取汲多者，则水活。然须旋汲旋烹。汲久宿贮者，味减鲜冽。

烹点：煎用活火，候汤眼鳞鳞起沫浡鼓泛，投茗器中。初入汤少许，候汤茗相投，即满注，云脚渐开，乳花浮面，则味全。盖古茶用团饼，碾屑则味易出，叶茶骤则乏味，过熟则味昏底滞。

《茶寮记》封面

尝茶：茶入口，先灌漱，须徐啜，候甘津潮舌，则得真味。杂他果，则香味俱夺。

茶候：凉台静室，明窗曲几，僧寮道院，松风竹月，晏坐行吟，清谭把卷。

茶侣：翰卿墨客，缁流羽士，逸老散人或轩冕之徒，超轶世味。

茶勋：除烦雪滞，涤醒破睡，谭渴书倦，是时茗碗策勋，不减凌烟。

SATURDAY. AUG 16，2025

2025 年 8 月 16 日

农历乙巳年 · 闰六月廿三

8月16日

今日生命叙事

早起____点，午休____点，晚安____点，体温____，体重____，走步____

今日喝茶：绿□　白□　黄□　青□　红□　黑□　花茶□

正能量的我

茶名著·《续茶经》

清雍正十二年（1734 年）前后，陆廷灿的《续茶经》问市，这是历史上体量最大的古茶书。

陆廷灿，字幔亭，嘉定人，曾任崇安知县（现武夷市）。他在茶区为官，长于茶事，采茶、蒸茶、试汤、候火颇得其道。本书 10 万字，几乎收集了清代以前所有茶书的资料。之所以称为《续茶经》，是因本书按唐代陆羽《茶经》的写法，分上、中、下 3 卷，同样分一之源、二之具、三之造、四之器、五之煮、六之饮、七之事、八之出、九之略、十之图，最后还附一卷茶法。《续茶经》把收集到的茶书资料，按 10 部分内容分类汇编，便于读者纵观比较，并保留了一些茶名家信息、茶书资料。所以《四库全书总目提要》中说：“自唐以后阅数百载，产茶之地，制茶之法，业已历代不同，既烹煮器具亦古今多异，故陆羽所述。其书虽古而其法多不可行于今。廷灿一订补辑，颇切实用，而征引繁富。”

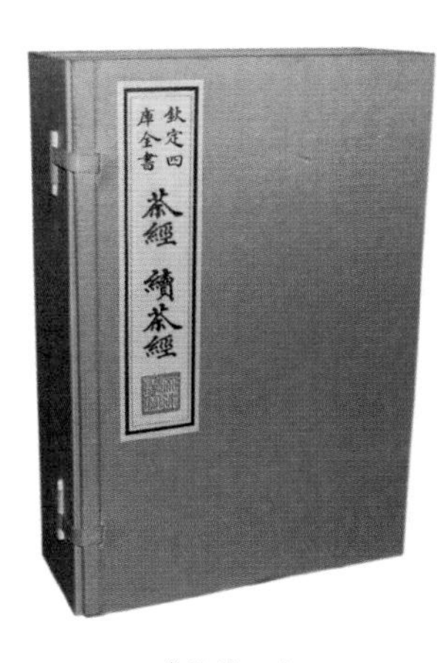

《续茶经》

SUNDAY. AUG 17，2025

2025年8月17日

农历乙巳年·闰六月廿四

8月17日

今日生命叙事

早起____点，午休____点，晚安____点，体温____，体重____，走步____

今日喝茶：绿□　白□　黄□　青□　红□　黑□　花茶□

正能量的我

茶名著·《吃茶养生记》

1191年（日本建久二年），由日本高僧荣西禅师撰的《吃茶养生记》是日本最早的茶专著。《吃茶养生记》的流传，使中国茶在日本广泛传播。

《吃茶养生记》说的是饮茶、养生健体的方法。此书介绍和宣传茶叶的医疗作用和茶叶的产地，日本当时流行的各种疾病都可以用茶叶治疗。此书写了茶、桑和其他当时在南宋广为流传的保健饮品，不仅提到了茶的药理和效用，也提到了桑、沉香、青木香、丁香等中药材的效用。

荣西一生研究佛经和茶叶，曾两次到中国学习。1168年，他第一次到中国，在浙江天台山学习。1187年，他再次到中国天台山，除了学习中国的文化、佛经，还用了大量时间学习中国的种茶、制茶、饮茶技术。回国后，他不但带去了中国的经卷，而且把中国的茶籽也带去了。荣西自己在前往宁波天台山的路上，因天气炎热，中暑热而身体不适，后经茶店主人救助，喝下了丁香熬制的茶水而得以恢复。荣西在书中详细介绍了此事。茶让荣西开始感受到中药材的药理效用。撰写此书的动机是要治病救人，拯救受病痛之患的大众。在传播医药知识的同时，此书也对茶的使用工艺进行了理论总结。

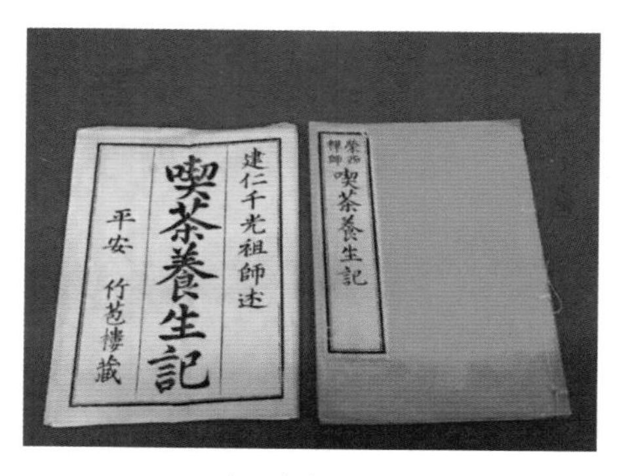

《吃茶养生记》

MONDAY. AUG 18，2025

2025 年 8 月 18 日

农历乙巳年 · 闰六月廿五

8月18日 星期一

今日生命叙事

早起____点，午休____点，晚安____点，体温____，体重____，走步____

今日喝茶：绿☐　白☐　黄☐　青☐　红☐　黑☐　花茶☐

正能量的我

茶名著·《茶之摘记》《中国茶摘记》《旅行箚记》

据陈椽《茶业通史》中介绍：1559 年威尼斯著名作家拉摩晓（1485—1557 年，死后出版）著《茶之摘记》《中国茶摘记》《旅行剳记》3 书出版，是欧洲最早述及茶叶的著作。在《中国茶摘记》中，详尽地说明了明代嘉靖年间，中国茶文化知识开始在欧洲传播。

葡萄牙传教士克鲁兹于 1556 年在广州居住数月，观察到了中国人的饮茶情况，记入介绍中国的书《广州述记》中（1569 年出版）。

《茶业通史》封面

TUESDAY. AUG 19，2025

2025 年 8 月 19 日

农历乙巳年 · 闰六月廿六

8月19日

今日生命叙事

早起____点，午休____点，晚安____点，体温____，体重____，走步____

今日喝茶：绿□　白□　黄□　青□　红□　黑□　花茶□

正能量的我

茶名著·《茶叶全书》

威廉·乌克斯，20 世纪初美国《茶叶与咖啡贸易》杂志的主编。1910 年，他开始考察东方各产茶国，搜集有关茶叶方面的资料。在初步调查后，他又相继在欧美各大图书馆与博物馆收集材料，历经 25 年，于 1935 年完成《茶叶全书》的写作，并于同年出版。此书包括茶的历史方面、技术方面、科学方面、商业方面、社会方面、艺术方面，附有大量珍贵照片，被称为现代世界茶叶大全。1949 年 5 月，《茶叶全书》由上海中国茶叶研究社翻译出版中文版，主编为吴觉农。

该书最后附有茶叶年谱、茶叶辞典、茶叶书目以及茶叶索引。

《茶叶全书》封面

WEDNESDAY. AUG 20，2025

2025 年 8 月 20 日

农历乙巳年 · 闰六月廿七

8月20日

星期三

今日生命叙事

早起____点，午休____点，晚安____点，体温____，体重____，走步____

今日喝茶：绿☐ 白☐ 黄☐ 青☐ 红☐ 黑☐ 花茶☐

正能量的我

节气茶·处暑茶

处暑后白露前采摘的茶叶，称为处暑茶，也称暑茶。

处暑后，北方冷空气南下次数增多，湿气渐退。此时，空气中透着清爽，昼夜的温差开始显明，草木处于一个稳定的收敛状态，茶树的生长明显缓慢。处暑茶因天气炎热，直射光强，茶多酚与氨基酸的比值大，茶叶的厚度、色深进一步加强，色泽乌暗灰燥，没有光泽，茶味苦、涩渐浓。处暑茶汲取的是湿去燥来的大自然能量。冲泡处暑茶，更能体会选泡茶水之重要。

处暑茶属秋茶。秋茶，泛指小暑、大暑和秋季采制的茶叶。按节气分，小暑、大暑、立秋、处暑、白露、秋分、寒露采制的茶为秋茶；按时间分，6 月初至 7 月上旬采制的茶为夏茶，7 月中旬以后采制的为秋茶。之后，一般只有我国华南茶区，由于地处亚热带，四季不大分明，还有茶叶采制。

秋茶的特征：干看（冲泡前）成品茶，茶叶大小不一，叶张轻薄瘦小；绿茶色泽黄绿，红茶色泽暗红；茶叶香气平和。湿看（冲泡后）成品茶，香气不高，滋味淡薄，叶底夹有铜绿色叶芽，叶张大小不一，对夹叶多，叶缘锯齿明显。

处暑茶叶

THURSDAY. AUG 21，2025

2025 年 8 月 21 日

农历乙巳年·闰六月廿八

8月21日

星期四

今日生命叙事

早起____点，午休____点，晚安____点，体温____，体重____，走步____

今日喝茶：绿☐　白☐　黄☐　青☐　红☐　黑☐　花茶☐

正能量的我

茶范·唐代茶范颜真卿

颜真卿

颜真卿是唐代中期杰出的政治家，经历安史之乱、中兴之治，与时代同呼吸共命运，成为大唐中兴的能臣，以义烈闻名于时，最终以死明志。

颜真卿是唐代茶德风气的倡导者，他编纂了《韵海镜源》，兴茶会雅集，增进学士以茶交情兴文，促进了唐代湖州文化圈的繁荣；他推动第一个皇家茶工厂——顾渚山贡茶院建成；他出资建三癸亭，支持陆羽办茶亭；他帮助建成青塘别业，陆羽入住修订《茶经》，完成三稿并付梓。

颜真卿亦是唐代书法家，他将自己高尚的人格融入书法，创立雄强、壮美、宽博的“颜体”楷书，透露出中正的行为修养，成为中国书法史上唯一能与王羲之雁行的书法家。“书至于颜鲁公”“颜楷”被后世奉为楷书首典。

颜真卿是道德楷模，他为官近五十载，一心为国、一尘不染、一意担当，勤政爱民，惜才兴茶，以自身的“云水风度、松柏气节”诠释了茶德精神。颜真卿无愧是唐代茶范，他的茶魂带着那个朝代的气象和自身的本性——博大。

FRIDAY. AUG 22，2025

2025 年 8 月 22 日

农历乙巳年·闰六月廿九

8月22日 星期五

今日生命叙事

早起____点，午休____点，晚安____点，体温____，体重____，走步____

今日喝茶：绿☐　白☐　黄☐　青☐　红☐　黑☐　花茶☐

正能量的我

茶和节气·处暑

鹰乃祭鸟雨凉秋，天地始肃禾乃登。
祭海网鱼保渔家，祀祖奠先放河灯。
春困秋乏苦口师，春祈秋报鸡苏佛。
茶园秋耕正当时，梦得乐天会茶僧。

处暑·玉簪花

处暑是农历每年二十四节气的第14个节气。处暑，气温类节气，表示炎热的暑气到此时开始退去，“处”有“退”“止”的意思。处暑开始，一年之中秋高气爽的季节到来了，气温下降逐渐明显。

处暑物候：初候鹰乃祭鸟；二候天地始肃；三候禾乃登。

第二次夏茶采摘历经大暑、立秋、处暑3个节气，处暑是最后一个时节。茶谚语有“若要茶，二八耙”（二、八指农历的二月和八月），“茶叶不怕采，只要肥料待”，说的都是在处暑节气里要重视茶园管理。

处暑节气里，喝什么茶？处暑时节，顺应秋收之气，应注重滋阴润肺、健脾安神，使肺气清，避免心生烦躁。适宜饮红茶、黑茶（普洱熟茶、茯砖茶，均5年以上）、白茶（白牡丹、寿眉，均3年以上）、再加工茶（小青柑）。可适当提高茶水入口温度（以舌感不烫为度）并略为“牛饮”，以促出汗，让积聚在体内的热气散发出来。注意出汗后不要吹风，及时擦干，不要立即洗澡，尤其不宜洗冷水澡。

SATURDAY. AUG 23，2025

2025 年 8 月 23 日

农历乙巳年 · 七月初一

8月23日

星期六

处暑

今日生命叙事

早起___点，午休___点，晚安___点，体温___，体重___，走步___

今日喝茶：绿□　白□　黄□　青□　红□　黑□　花茶□

正能量的我

茶范 · 宋代茶范苏轼

苏轼

苏轼，北宋文学家、书画家，唐宋八大家之一，他在文、诗、词方面都达到了极高的造诣，堪称宋代文学最高成就的代表。苏轼的创造性活动不局限于文学，他在书法、绘画、茶事等领域的成就都很突出，对医药、烹饪、水利等技艺也有所贡献。苏轼体现典型的宋代文化精神。苏轼历经坎坷、命途多舛，他进退自如、宠辱不惊的人生态度，既坚持操守又修身养性的人生境界，成为后代文人景仰的典范。苏轼以宽广的审美眼光去拥抱大千世界，凡物皆有可观，到处都能发现美的存在。这样的审美态度为后人提供了富有启迪意义的审美范式。

苏轼与茶结缘终生，长期的地方为官经历和贬谪生活，使其足迹遍及江南、华南茶区，他采茶、制茶、点茶、品茶、讲茶、咏茶，情趣盎然。“从来佳茗似佳人”，茶成了苏轼保持旷达而乐观人生的精神伴侣。他创作有大量的茶事作品，清新豪健，善用夸张比喻，独具风格，广为传咏。

苏轼是宋代文化高度繁荣历程中涌现的文坛领袖，他不但是茶人首席代表，而且是左右宋代茶德风气走向的关键人物，也是影响后代社会茶德修行的众望典范。苏轼无愧是宋代茶范，他的茶魂带着那个朝代的气象和自身的本性——旷达。

SUNDAY. AUG 24，2025

2025 年 8 月 24 日

农历乙巳年 · 七月初二

8月24日 星期日

今日生命叙事

早起___点，午休___点，晚安___点，体温___，体重___，走步___

今日喝茶：绿☐ 白☐ 黄☐ 青☐ 红☐ 黑☐ 花茶☐

正能量的我

茶谱系·武夷大红袍

武夷大红袍

武夷大红袍，乌龙茶（青茶）类（细分为闽北乌龙）。大红袍是武夷山茶树品种的一个名称，因早春茶芽萌发时，远望整丛树艳红似火，仿佛披着红色的袍子，因此得名。母树生长在武夷山九龙窠高岩峭壁上，岩壁上一直保留着 1927 年天心寺和尚所作的“大红袍”石刻。大红袍茶树品种经无性繁殖、繁育种植，生长在武夷山。武夷大红袍就是以品种命名的，为历史名茶。

武夷大红袍制茶鲜叶于 5 月 10 日左右开始采摘，采摘标准为芽叶生长较成熟的 3 ～ 4 叶开面新梢，无叶面水、无破损、新鲜、均匀一致。鲜叶不可过嫩，过嫩则成茶香气低、味苦涩；也不可过老，过老则滋味淡薄、香气粗劣。尽量避免在雨天采和带露水采茶。不同品种、不同岩别、山阳山阴地（茶园）及干湿不同的茶青，不得混淆。根据茶青产地不同，武夷大红袍还分为：正岩，采自武夷山风景名胜区，品质最好；半岩，采自武夷山风景名胜区周边，品质次之；洲茶，采自武夷山风景名胜区附近的乡、镇，品质更次。制茶工艺工序有倒（也叫晒）、晾、摇、抖、撞、炒、揉、初焙、簸、捡、复火、分筛、归堆、拼配等。

武夷大红袍成品茶叶条索紧结壮实，稍扭曲，色泽绿褐油润；香气馥郁，有兰花香，香高而持久，“岩韵”明显；汤色橙黄明亮，入口润滑有质感（口中茶水感觉黏稠），活、甘、清、香，回味足；叶底软亮匀齐，红边明显。深呼一口气从鼻中出，若能闻到幽幽香气的，其香品为上。熟香型（足焙火）的茶以果香和奶油香为上；清香型（轻焙火）的茶以花香和蜜桃香为上。

冲泡武夷大红袍，可参照武夷岩茶冲泡方法。

MONDAY. AUG 25, 2025

2025年8月25日

8月25日

农历乙巳年·七月初三

今日生命叙事

早起___点，午休___点，晚安___点，体温___，体重___，走步___

今日喝茶：绿□　白□　黄□　青□　红□　黑□　花茶□

正能量的我

武夷名丛，乌龙茶（青茶）类（细分为闽北乌龙）。武夷岩茶分为武夷大红袍、武夷水仙、武夷肉桂、武夷名丛、武夷奇种。武夷岩茶最知名的“五大名丛”是奇丹（大红袍）、铁罗汉、白鸡冠、水金龟、半天腰。

奇丹（大红袍），原产于天心岩九龙窠悬崖上。其成品茶叶条索紧实，色泽绿褐润；香气馥郁，芬芳似桂花香；滋味醇厚回甘，“岩韵”明显。

铁罗汉，原产于慧苑岩之内鬼洞（亦称峰窠坑），主要分布在武夷山内山（岩山）。其成品茶叶条索粗壮、紧结、匀整，色泽绿褐油润，带宝色，其香气浓郁幽长；汤色清澈艳丽，呈深橙黄色；滋味顺滑，浓厚鲜活，岩韵特强。上品兼具花果香。

白鸡冠，原产于隐屏峰蝙蝠洞，主要分布在武夷山内山（岩山）。其成品茶叶条索紧结，色泽墨绿带黄，香气幽长；滋味醇厚，较甘爽；汤色橙黄明亮。

水金龟，原产于牛栏坑杜葛峰之半崖上，主要分布在武夷山内山（岩山）。其成品茶叶条索紧结，弯曲，匀整，稍显瘦弱，色泽乌润略略泛白；微焙火焦香；汤色橙黄，清澈艳丽。

半天腰，又称半天鹞，原产于九龙窠三花峰之第三峰绝顶崖上。其茶香多变，初时如兰似花，继而如栗像杏，再则焦香横溢。成品茶叶条索紧细，色泽乌润；熟果香气鲜明馥郁；滋味浓醇，回甘清甜、持久。

冲泡武夷名丛，可参照武夷岩茶冲泡方法。

武夷名丛铁罗汉

武夷名丛白鸡冠

武夷名丛半天腰

TUESDAY. AUG 26，2025

2025 年 8 月 26 日

农历乙巳年 · 七月初四

8月26日

星期二

今日生命叙事

早起____点，午休____点，晚安____点，体温____，体重____，走步____

今日喝茶：绿□　白□　黄□　青□　红□　黑□　花茶□

正能量的我

茶谱系·武夷奇种

武夷奇种

武夷奇种，乌龙茶（青茶）类（细分为闽北乌龙）。奇种是武夷山茶树品种的一个名称，属于灌木型中叶类，是武夷山最早的土著品种，也是当地有性群体种的总称。奇种品种多且杂，武夷茶史上所记载的数百个茶树品种名，大部分都属于奇种。之所以称为奇种，在于它的茶树形状、叶片性状千奇百怪，难以找到两株一模一样的茶树。武夷奇种就是以品种命名的，也是武夷岩茶中最有特色的茶品种。

武夷山为丹霞地貌，泉清、洞幽、怪石、奇峰，造就了茶树生长的先天优势。奇种这原生、古老的高山茶树，有的生长在悬崖峭壁上，有的生长在背阴的坑涧里，有的生长在终年云雾缭绕的峡谷里，有的生长在满是山泉浸润的石砾中。即便它们原先是同一品种的茶树，却由于小环境的差异产生品种变异，同一片山岩上，由于海拔垂直变化较大，顶部、中部、底部的光照、湿度、土壤、植被不同，所生长的茶树也会产生变异。因此，武夷山形成“一岩一茶”的奇特状况，更因花粉的传播杂交出了不同品种的新奇种。而在茶叶谱系中，武夷岩茶的分类为武夷大红袍、武夷水仙、武夷肉桂、武夷名丛、武夷奇种，解决了消费难、分难辨的问题。

武夷奇种沿用武夷岩茶的制茶工序。

武夷山的得天独厚的自然条件，使得武夷奇种滋味浓强，岩骨花香特征明显。

冲泡武夷奇种，可参照武夷岩茶冲泡方法。

WEDNESDAY. AUG 27，2025

2025 年 8 月 27 日

农历乙巳年 · 七月初五

8月27日

星期三

今日生命叙事

早起___点，午休___点，晚安___点，体温___，体重___，走步___

今日喝茶：绿☐　白☐　黄☐　青☐　红☐　黑☐　花茶☐

正能量的我

茶谱系 · 武夷肉桂

武夷肉桂，也称玉桂乌龙茶（青茶）类（细分为闽北乌龙）。武夷肉桂发掘自清代，是从高脚乌龙培育出来的无性繁殖品种。其因香气独特、辛锐、霸气且似桂皮香，故被称为肉桂。据《崇安县新志》记载，肉桂早在清代就享有其名，最早被发现于武夷山慧苑岩，属于武夷名丛之一，为历史名茶。武夷肉桂产于武夷山风景区，主要分布于武夷山水帘洞、三仰峰、马头岩、桂林岩、天游岩、仙掌岩、百花岩、竹窠、碧石、九龙窠等地。

武夷肉桂制茶鲜叶一般 5 月采摘，一年只采一季，以春茶为主，当新梢发育成熟形成驻芽时采摘 3 ～ 4 叶；宜在晴天采摘，雨天、露水和烈日均不采摘。

武夷肉桂成品茶叶条索匀称，肥壮紧结、沉重，色泽褐绿，油润有光，叶背有蛙皮状砂粒；香气浓郁持久，有桂皮香、乳香、蜜桃香、焦糖香、花果香、奶油香；口感顺滑，醇厚回甘，岩韵明显；叶底肥厚匀亮，绿叶红镶边。武夷肉桂分为正岩茶、半岩茶、洲茶、特级茶、一级茶、二级茶、浓香茶和清香茶。

冲泡武夷肉桂，可参照武夷岩茶冲泡方法。

武夷肉桂

THURSDAY. AUG 28, 2025

2025年8月28日

8月28日

星期四

农历乙巳年·七月初六

今日生命叙事

早起____点，午休____点，晚安____点，体温____，体重____，走步____

今日喝茶：绿□　白□　黄□　青□　红□　黑□　花茶□

正能量的我

节日和茶·七夕节

农历七月初七，七夕节，又名“乞巧节”“七巧节”。七夕始于汉代，是流行于中国及汉文化圈的国家及地区的传统节日。相传农历七月初七夜或七月初六夜，妇女在庭院中向织女星乞求智巧，故称为“乞巧”。其起源于人类对自然的崇拜及妇女穿针乞巧，后被赋予了牛郎织女的传说，成为象征爱情的节日。七夕节，女子穿针乞巧、拜织女、陈列花果等诸多习俗影响至日本、朝鲜半岛、越南等。

拜织女：月光下摆一张桌子，桌子上置茶、酒、水果、五子（桂圆、红枣、榛子、花生、瓜子）等祭品，又有鲜花几朵、束红纸插在瓶子里，花前置一个小香炉。于案前焚香礼拜后，大家一起围坐在桌前，一面吃坚果、喝茶，一面朝着织女星座默念自己的心事。

吃巧果：又名“乞巧果子”“七巧果”。七夕乞巧的应节食品，以巧果最为出名，款式极多，主要的材料是油、面、糖、蜜。

拜织女、吃巧果的配茶多种多样，绿茶、白茶、黄茶、青茶（乌龙茶）、红茶、黑茶、花茶都适宜。

《宋人七夕乞巧图》（局部）

七巧果

FRIDAY. AUG 29，2025

2025 年 8 月 29 日

农历乙巳年 · 七月初七

8月29日

星期五

七夕节

今日生命叙事

早起___点，午休___点，晚安___点，体温___，体重___，走步___

今日喝茶：绿☐　白☐　黄☐　青☐　红☐　黑☐　花茶☐

正能量的我

茶谱系·武夷水仙

武夷水仙

武夷水仙，乌龙茶（青茶）类（细分为闽北乌龙）。水仙是武夷山茶树品种的一个名称。传说是在清康熙年间，水仙是从武夷山寺庙边的一株大茶树，分出几条扭曲变形的树干，种植培育出的茶树品种。武夷山得天独厚的自然环境，使水仙茶树的树冠高大、叶宽而厚，茶叶品质更加优异，从美丽的仙山采到的茶，便取名叫作水仙。水仙茶树品种分为正岩水仙（种植在正岩产区内的水仙，以马头岩、慧苑坑、水帘洞著名）、老丛水仙（一般是指五六十年以上树龄的水仙茶树）、高丛水仙（树龄在20年以上且从未修剪的水仙茶树）。武夷水仙就是以品种命名的，为历史名茶。

武夷水仙鲜叶原料以中开面1芽3叶为佳，据试验对比：小开面开采的成茶香低味涩，大开面开采的吃水淡薄。武夷水仙采摘管理严格，应轻收轻放，速运，薄摊，通风，防止损伤劣变；依不同采摘时间、树龄、早晚青、雨水青、分别摊放管理。制茶工序是晒青、做青、炒青、初揉、走水焙、簸拣、摊凉、挑剔、毛茶、补火等。武夷水仙制作工艺，综合闽北、闽南的传统工艺，以“中晒中摇”为特色；其成茶品质稳定，既具有闽南制法的清香，又具有闽北制法的醇厚。

武夷水仙成品茶叶条索肥壮、紧结、匀整，叶端褶皱扭曲；叶片色泽青翠黄绿，油润而有光泽；内质香气浓郁清长，“岩韵”特征明显；汤色橙黄，深而鲜艳，滋味醇厚，具有爽口回甘的特征；叶底肥嫩明净，黄亮朱砂边。武夷山茶区素有“醇不过水仙，香不过肉桂”的说法。

冲泡武夷水仙，可参照武夷岩茶冲泡方法。

SATURDAY. AUG 30，2025

2025 年 8 月 30 日

农历乙巳年 · 七月初八

8月30日

今日生命叙事

早起____点，午休____点，晚安____点，体温____，体重____，走步____

今日喝茶：绿☐　白☐　黄☐　青☐　红☐　黑☐　花茶☐

正能量的我

茶谱系 · 闽北水仙

闽北水仙，乌龙茶（青茶）类（细分为闽北乌龙），始产于百余年前闽北南平市建阳区水吉乡大湖村一带，现主产区为建瓯、建阳两地，大湖村西乾保护有母树至今。水仙是茶树的一个品种名，其繁殖、传播、引种广泛。闽北水仙就是以品种命名的，为历史名茶。

闽北水仙一年四季均有鲜叶采制。鲜叶的采摘标准为在顶芽开展（即开面）采 3 ～ 4 叶。首春、二春，除留鱼叶外，再留一叶采。采茶时，最好露水要干，一般分行、分片、分批进行采摘。每天收集 4 次，即 8 时、10 时、13 时、15 时。制茶主要工序是萎凋、摇青、杀青、揉捻、初烘、包揉、足火。

闽北水仙成品茶叶条索壮结匀整，叶端扭曲，色泽砂绿油润，中部近叶柄部分叶色暗绿并呈现白色斑点，俗有“蜻蜓头，青蛙腹”之称；香气馥郁，果香芬芳，又似兰花香；滋味醇厚，入口浓厚之余有甘爽回味；汤色橙黄明亮；叶底柔软，红边明显。

冲泡闽北水仙时，每人选用一只容量 130 毫升的盖碗作为泡具和饮具，茶水比为 1 : 35，投茶量 3 克，水 105 克（毫升），泡茶水温宜水烧开至 100℃；采用单边定点低冲法注水，4 分钟后即可品饮。

闽北水仙

SUNDAY. AUG 31，2025

2025 年 8 月 31 日

农历乙巳年 · 七月初九

8月31日

今日生命叙事

早起___点，午休___点，晚安___点，体温___，体重___，走步___

今日喝茶：绿□ 白□ 黄□ 青□ 红□ 黑□ 花茶□

正能量的我

茶谱系 · 闽南水仙

闽南水仙，乌龙茶（青茶）类（细分为闽南乌龙），清咸丰年七年（1857 年），永春仙溪乡人郑世报父子从闽北引种水仙茶在仙溪鼎仙岩。20 世纪初，鼎仙岩的水仙茶树被引种到永春五台山等地，遂称永春水仙。20 世 50 年代始，闽南的 10 余个县、市相继引种，所产茶叶称为闽南水仙，融合闽北和闽南乌龙茶制作工艺的优点。永春成为闽南水仙的发源地。

永春水仙茶的采摘时间在谷雨前后至立夏前，夏茶在夏至之前采摘，秋茶在立秋后采摘。制茶工序是萎凋（两晒两晾）、做青（摇青结合做手、晾青交替进行）、炒青、揉捻、初烘、包揉、复烘、复包揉、文火烘干、摊凉、拣剔。

永春水仙成品茶叶茶梗粗壮、节间长、叶张肥厚，条索紧结卷曲，似拐杖形、扁担形，色泽乌绿带黄，似香蕉色，“三节色”明显；香气清高细长，兰花香明显；汤色橙黄或金黄，清澈；滋味清醇爽口，透花香；叶底肥厚、软亮，红边显现，叶张主脉宽、黄、扁。

冲泡闽南水仙时，每人选用一只容量 130 毫升的盖碗作为泡具和饮具，茶水比为 1∶35，投茶量 3 克，水 105 克（毫升），泡茶水温宜水烧开至 100℃，采用单边定点低冲法注水，4 分钟后即可品饮。

闽南水仙

MONDAY. SEPT 1，2025

2025 年 9 月 1 日

农历乙巳年 · 七月初十

9月1日 星期一

今日生命叙事

早起___点，午休___点，晚安___点，体温___，体重___，走步___

今日喝茶：绿□ 白□ 黄□ 青□ 红□ 黑□ 花茶□

正能量的我

茶谱系 · 漳平水仙茶饼

漳平水仙茶饼，青茶（乌龙茶）类（细分为闽南乌龙），又名纸包茶，系青茶紧压茶，产于福建省漳平市双洋、南洋、新桥等地，起源自双洋镇中村，创制于 1934 年，为历史名茶。

漳平水仙在春、夏、秋茶季，皆可采摘，采用水仙茶树品种的茶树鲜叶作为原料，选用鲜叶的标准是小开面至中开面 2 ～ 3 叶的嫩梢为主，要求鲜叶嫩度适中、匀净、新鲜。制茶工艺工序是晒青、凉青、摇青、炒青、揉捻、模压造型、烘焙。其综合了闽北与闽南乌龙茶的初制技术，主要特点是晒青较重，做青前期使用水筛摇青，做青后期使用摇青机摇青，前后各两次。炒青后采用木模具压制造型、白纸定型等特有的工序，再经精细的烘焙。

漳平水仙茶饼成品茶叶呈正方块，边长约 5 厘米，厚约 1 厘米，形似方饼，重约 8 克，色泽乌褐油润，干香清高持长；内质香气醇正高爽，具花香且香型优雅；滋味醇正甘爽且味中透香，汤色橙黄，清澈明亮；叶底肥厚黄亮，红边鲜明。

冲泡漳平水仙茶饼时，茶与水的比例为 1∶15，投茶量 8 克，水 120 克（毫升）；泡具宜选容量 150 毫升的盖碗（投茶后，采用 N 字形覆盖冲法注水，盖上茶盖）；泡茶水温宜水烧开至 100℃，冲泡后即刻出汤，用公道杯均分于茶盅后品饮。

漳平水仙茶饼

TUESDAY. SEPT 2, 2025

2025 年 9 月 2 日

农历乙巳年 · 七月十一

9月2日 星期二

今日生命叙事

早起____点，午休____点，晚安____点，体温____，体重____，走步____

今日喝茶：绿☐ 白☐ 黄☐ 青☐ 红☐ 黑☐ 花茶☐

正能量的我

茶谱系 · 平阳黄汤

平阳黄汤，黄茶类（细分为黄小茶），产于浙江省温州市平阳、泰顺、瑞安等地，品质以平阳北港朝阳山所产为最佳，故名平阳黄汤。其历史悠久，在清代因曾被列为贡品而闻名，为历史名茶。

平阳黄汤于清明前开采，采摘鲜叶的标准为细嫩多毫的 1 芽 1 叶和 1 芽 2 叶初展，要求大小匀齐一致。制茶主要工艺工序为杀青、揉捻、闷堆、初烘、闷烘。

平阳黄汤成品茶叶条索细紧，色泽黄绿；汤色杏黄明亮，香气清芬高锐，滋味鲜醇爽口；叶底芽叶成朵匀齐。其以“干茶显黄、汤色杏黄、叶底嫩黄”的“三黄”特征闻名。

冲泡平阳黄汤时，可每人选用一只容量 130 毫升的盖碗作为泡具和饮具，茶水比为 1∶50，投茶量 2 克，水 100 克（毫升），泡茶水温宜水烧开降温至 85℃。主要冲泡步骤：温茶碗内凹，投入茶，采用定点旋冲法注水，水量达到茶碗八分满后，盖上茶盖。当茶汤的水温降至适口温度时，趁热品饮。如觉茶汤淡，可用茶盖拨动茶叶使其翻滚后再品饮。

平阳黄汤

WEDNESDAY. SEPT 3, 2025

2025 年 9 月 3 日

9月3日 星期三

农历乙巳年 · 七月十二

今日生命叙事

早起____点，午休____点，晚安____点，体温____，体重____，走步____

今日喝茶：绿□　白□　黄□　青□　红□　黑□　花茶□

正能量的我

茶谱系·恩施玉露

恩施玉露，绿茶类（细分为蒸青绿茶），曾称“玉绿”，毫白如玉，故改名“玉露”，产于湖北省恩施市东南部的芭蕉乡及东郊五峰山，为历史名茶。早在唐代就有“施南方茶”的记载。

恩施玉露于春、夏、秋茶季均有采摘，采用湖北省无性系良种茶树鲜叶作为原料，选用鲜叶的标准是1芽1叶或1芽2叶，大小均匀，节短叶密，芽长叶小，色泽浓绿。制茶工艺工序是蒸青（蒸汽杀青）、扇干水汽、铲头毛火、揉捻、铲二毛火、整形上光（手法为搂、搓、端、扎）、烘焙、拣选。其中“整形上光”是制成玉露茶色泽光滑油润、条索挺直紧细、汤色清澈明亮、香气清高醇厚的重要工序。

恩施玉露春茶成品条索紧结，芽头硕壮扁平，色泽墨绿，润泽明亮；香气清高，汤色嫩绿；滋味清香，清新爽口；叶底柔软鲜绿。

冲泡恩施玉露时，每人选用一只容量130毫升的盖碗作为泡具和饮具，茶水比为1∶50，投茶量2克，水100克（毫升），泡茶水温宜用水烧开后静候降温至80～85℃（春茶80℃，夏茶、秋茶85℃）。主要冲泡步骤：温茶碗内凹，投入茶叶后，采用定点旋冲法注水，水量达到茶碗八分满后，盖上茶盖，3分钟后即可品饮。

4月1日采摘（制）恩施玉露

4月10日采摘（制）恩施玉露

THURSDAY. SEPT 4, 2025

2025 年 9 月 4 日

农历乙巳年 · 七月十三

9月4日

今日生命叙事

早起____点，午休____点，晚安____点，体温____，体重____，走步____

今日喝茶：绿□ 白□ 黄□ 青□ 红□ 黑□ 花茶□

正能量的我

茶谱系 · 苏州茉莉花茶

茉莉苏萌毫

小叶花茶

茉莉铁大方

茉莉奇兰

苏州茉莉花茶，再加工茶类（细分为窨香花果茶），产于江苏省苏州市，以“徽坯苏窨尖尖翘”具独特风格为历史名茶。

苏州茉莉花茶，选用江苏、安徽、浙江 3 省的茶坯进行综合拼配，发挥拼配茶坯吸香能力强的特点。窨制是待茉莉花的开放程度为 80% ～ 90%（呈虎爪形）时，让“拼配茶坯”在自然常态下吸香透香。苏州茉莉花茶在窨制过程中，还讲究传统的“白兰花打底”做法。这样窨出来的茶香气充足，花的渗透性好。这些形成了苏州茉莉花茶“徽坯苏窨”的制茶技艺，并得到很好的传承。苏州茉莉花茶主要品种有茉莉苏萌毫（八窨一提）、茉莉叶大方、小叶花茶、茉莉奇兰等。

苏州茉莉花茶，突出了茉莉花香的鲜爽、灵快、优雅。

冲泡苏州茉莉花茶时，可每人选用一只容量 130 毫升的盖碗作为泡具和饮具，茶水比为 1∶50，投茶量 2 克，水 100 克（毫升），泡茶水温宜水烧开后降温至 95℃。主要冲泡步骤：温茶碗内凹，投入茶叶后，盖后摇香，开盖后采用正中定点注水法注水，水量达到茶碗八分满后，盖上茶盖。当茶汤的水温降至适口温度时，趁热品饮。

FRIDAY. SEPT 5，2025

2025 年 9 月 5 日

农历乙巳年 · 七月十四

9月5日 星期五

今日生命叙事

早起____点，午休____点，晚安____点，体温____，体重____，走步____

今日喝茶：绿□ 白□ 黄□ 青□ 红□ 黑□ 花茶□

正能量的我

茶谱系·安化天尖

安化天尖，黑茶类（细分为湖南黑茶），产于湖南省益阳市安化县，为历史名茶。安化黑茶的制作原料均为黑毛茶，黑毛茶又按等级分为芽尖、白毛尖、天尖、贡尖、乡尖、生尖、捆尖 7 类，其中以芽尖为极品。但其因数量极少，未能成为市场交易的商品，故在时下市场流通的黑茶产品中，以天尖茶为最佳。

安化天尖采用谷雨时节的茶树鲜叶加工而成的黑毛茶作为原料，经筛分后取优质原料，采用传统火焙黑茶工艺制作而成。制茶工艺工序是原料筛分、风选、拣剔、高温蒸汽软化、揉捻、渥堆、烘焙（烘焙不是简单地去用柴火烟熏，上品必经过七星灶烘焙）、拼堆、包装，延续采用竹篾篓包装方式，有助于茶叶完全发酵。

安化天尖成品茶叶条索紧结，较圆直，嫩度较好，色泽乌黑油润；香气醇和，带松烟香；汤色橙黄，滋味醇厚；叶底黄褐尚嫩。

冲泡安化天尖时，茶水比例为 1：18，投茶量 7 克，水约 120 克（毫升），主要泡具首选容量 130 毫升的盖碗或宜兴紫砂壶；适宜用 100℃开水冲泡茶叶，采用 N 字形覆盖冲法注水。第一次、第二次的茶汤直接倒入茶海中，第三次冲泡的茶汤始倒入公道杯，均分至茶盅供品饮。

安化天尖

SATURDAY. SEPT 6，2025

2025 年 9 月 6 日

农历乙巳年 · 七月十五

9月6日

今日生命叙事

早起___点，午休___点，晚安___点，体温___，体重___，走步___

今日喝茶：绿☐ 白☐ 黄☐ 青☐ 红☐ 黑☐ 花茶☐

正能量的我

茶和节气·白露

蒹葭苍苍露吟辉，茶花含苞叶儿肥。
黄澄玉米青麦苗，红火高粱白棉飞。
北山阵阵鸿雁来，南池只只玄鸟归。
醇茶桂圆祈禹王，拜月赏月竖中秋。

白露·昙花

白露是农历每年二十四节气的第15个节气。白露，水汽类节气，表示天气转凉，清晨空气里的水都凝结成了白色的露珠。

白露物候：初候鸿雁来；二候玄鸟归；三候群鸟养羞。

白露之后，雨量减少，气温逐渐下降，早晚温差是一年中最大的，清晨草木上可见到白色露水。植物也需要为过冬而开始存储养分了。茶树，此时内含物的多糖类物质生成较多，在白露之后的天气条件下，茶叶内含物的生化演变非常复杂，香气的构成也非常丰富。所谓的“春水秋香”，便是如此形成的。自白露始，一年进入了秋茶的开采期。茶谚语有“高山莫摘白露茶”。

白露节气里，喝什么茶？白露时节，应温补阳气，止咳化痰，养阴润肺，需防秋燥，滋阴益气。适宜饮白茶（白牡丹、寿眉，均3年以上）、乌龙茶（闽北乌龙、安溪铁观音、凤凰单丛、东方美人）、再加工茶（小青柑，2年以上）、红茶。

SUNDAY. SEPT 7，2025

2025 年 9 月 7 日

农历乙巳年 · 七月十六

9月7日

星期日

白露

今日生命叙事

早起____点，午休____点，晚安____点，体温____，体重____，走步____

今日喝茶：绿□　白□　黄□　青□　红□　黑□　花茶□

正能量的我

节气茶·白露茶

白露后秋分前采摘的茶叶，称为白露茶。

秋茶，泛指小暑、大暑和秋季采制的茶叶。按节气分，小暑、大暑、立秋、处暑、白露、秋分、寒露采制的茶为秋茶；按时间分，7月中旬以后采制的为秋茶。白露茶属秋茶。白露时节我国大部分地区秋高气爽、云淡风轻，北风南下频繁，大地积聚的热量被吹走，阴气渐重，露气越来越重，在植物上凝成白色水珠，故称这一时段为白露。草木凝水，说明地表温度下降。白露时节的茶树经过夏季和初秋的酷热，进入“白露秋风夜，一夜凉一夜”的天气状况。此时正是茶树生长的又一最佳时期，茶叶的味道浓厚、香醇并带苦涩。白露茶汲取的是天地由暖变凉阶段的大自然能量。

民间有“春茶苦，夏茶涩，要喝茶，秋白露”的说法。白露茶富有秋茶的特征：条索紧结粗大，稍显芽毫；色泽乌黑油润，稍显灰带棕；汤色清亮；香气飘逸，多有松烟味；滋味纯和，茶汤入口柔和，苦涩味稍重，口腔收敛性强。白露时节，换掉旧茶喝新茶，就是秋茶接续春茶。茶农待客多会选用白露茶。

茶树经过夏季的酷热，到了白露前后正是生长的最佳时期。白露茶不像春茶鲜嫩、不经泡，也不像夏茶干涩、味道苦，而有着独特的甘醇与清香味道。

白露茶叶

MONDAY. SEPT 8，2025

2025 年 9 月 8 日

农历乙巳年 · 七月十七

9月8日 星期一

今日生命叙事

早起____点，午休____点，晚安____点，体温____，体重____，走步____

今日喝茶：绿□　白□　黄□　青□　红□　黑□　花茶□

正能量的我

茶谱系 · 冻顶乌龙

冻顶乌龙，乌龙茶（青茶）类（细分为台湾乌龙），产于中国台湾南投鹿谷冻顶山，为新创名茶。

冻顶乌龙一年四季皆可制茶，谷雨前后采对夹 2 ～ 3 叶茶青，一年中可采 4 ～ 5 次。春茶醇厚；冬茶香气上扬，品质上乘；秋茶次之。冻顶乌龙采用青心乌龙、台茶 12 号（金萱）、台茶 13 号（翠玉）等品种的茶树鲜叶作为原料。制茶工艺工序是日光萎凋（晒青）、室内静置及搅拌（凉青及作青）、炒青、揉捻、初干、布球揉捻（团揉）、干燥，发酵程度 15% ～ 20%。

冻顶乌龙成品茶叶紧结成半球形，色泽墨绿；汤色金黄亮丽；香气浓郁，滋味厚、甘、润，饮后回味无穷。其是香气、滋味并重的台湾特色茶。

冲泡冻顶乌龙时，可每人选用一只容量 130 毫升的盖碗作为泡具和饮具，茶水比为 1∶35，投茶量 3 克，水 105 克（毫升），泡茶水温宜水烧开后降温至 95℃。主要冲泡步骤：温茶碗内凹，投入茶叶后，采用单边定点低冲法注水，水量达到茶碗八分满后，盖上茶盖。当茶汤的水温降至适口温度时，趁温热品饮。如觉茶汤淡，可用茶盖拨动茶叶使其翻滚后再品饮。

冻顶乌龙

TUESDAY. SEPT 9, 2025

9月9日 星期二

2025 年 9 月 9 日

农历乙巳年·七月十八

今日生命叙事

早起____点，午休____点，晚安____点，体温____，体重____，走步____

今日喝茶：绿□ 白□ 黄□ 青□ 红□ 黑□ 花茶□

正能量的我

茶物哲语 · 君子修道立德

中国古代的至圣先师孔子认为：“芳兰生于深林，不以无人而不芳。君子修道立德，不为穷困而改节。”兰花幽、静、清、逸、香，兰德与兰情，是古今赞美和崇尚的品质。清代汉学家、儒学大师、教育家陈寿祺，便是生动实例。

陈寿祺曾主讲泉州清源书院 10 年，清道光三年（1823 年）后主讲福州鳌峰书院 11 年，培养了许多栋梁之材。陈寿祺经常痛斥时弊，激烈指责官场腐败。他指出鸦片祸害不能杜绝根源在于海关敛财，吏役肥私，洋商牟利。林则徐禁烟的指导思想与陈寿祺一脉相传。他倡修道光《福建通志》，著《左海全集》。

陈寿祺平生不饮无弈，惟手不释卷。教子以慎取舍，依忠厚为本。教人务敦本，重立品，衡文亦必以法度。

他任清代福建最高学府鳌峰书院山长（校长），清道光五年（1825）春制订《鳌峰崇正讲堂规约八则》：“正心术”“慎交游”“广学问”“稽习业”“择经藉”“严课规”“肃威仪”“严出入”。倡导书院以培养经世致用人才为目标。他勉励林则徐为官要“清如江流滔，惠如海波广”“许身稷禹伦，志士何所讳”。他立家风家训：“淡泊 · 慎取舍 · 依忠厚”“不以不廉之财奉甘旨，不以不义之行欺晨昏”。其儿子陈乔枞，举人，官至抚州知府。能继其业，亦著有《礼堂经说考》等，凡十种。

在这茶品“兰膳”中，联想陈寿祺相关诗句“睡起静无事，茶香分外清”“著作蓬山敢自诬，甘馨兰膳可无娱”的语境，不但品出人生应有的兰德和兰情。更得启示：“芳兰生于深林，不以无人而不芳。君子修道立德”，不论自己学问多少，不论是学生还是老师，不论是否有人看见，都应积极用行动来修道立德。

WEDNESDAY. SEPT 10，2025

2025 年 9 月 10 日

农历乙巳年 · 七月十九

9月10日 星期三

今日生命叙事

早起____点，午休____点，晚安____点，体温____，体重____，走步____

今日喝茶：绿□　白□　黄□　青□　红□　黑□　花茶□

正能量的我

古代雅集·文士茶会

宋代文士雅集茶会比较讲究，形成了挂画、插花、焚香、煮茶的“文人四雅”。宋徽宗所绘《文会图》向人们展现了北宋时期文人品茗茶会的场景。

一座颇具岁月痕迹的庭园，数棵参天大树，旁临曲池，石脚显露；四周栏楯围护，垂柳修竹，绿阴婆娑。

在两棵大树下，设一张巨型贝雕黑漆方桌，桌案上摆放着 8 盘果品和 6 瓶插花，桌案右边和左边各一件放在注碗中的执壶。围坐的宾主人人面前都放着瓷托盏；桌上还陈放有丰盛的果品、食物和备用盘碟、酒樽、杯盏等。垂柳后设一石案几，案几上香炉一只，并有横陈仲尼式瑶琴一张，琴谱数页，琴囊已解，似乎刚刚被弹拨过。

在巨型贝雕黑漆方桌的前方，设伺茶矮几、茶桌。一侍女正在矮几边忙碌，擦拭几面。茶桌上陈列着白色茶盏、黑色盏托等物品。一侍女左手端托盏，右手持长柄茶匙，正在从茶罐中舀取茶粉匀入茶盏。茶桌和矮几旁陈设有茶炉、具列、水盂、水缸、酒坛等物。茶炉上置汤瓶两只，炉火正炽，显然正在煮水候汤。童子在一旁手提汤瓶，意在点茶。一位文士似乎口渴，亲自端盘来到茶桌边等候点茶。

宋徽宗《文会图》(局部)

THURSDAY. SEPT 11，2025

2025年9月11日

农历乙巳年·七月二十

9月11日 星期四

今日生命叙事

早起____点，午休____点，晚安____点，体温____，体重____，走步____

今日喝茶：绿□ 白□ 黄□ 青□ 红□ 黑□ 花茶□

正能量的我

古代雅集·幕府雅集

清代是中国古代学者做学问相当严谨的朝代，乾隆、嘉庆时期及道光初期，学术由乾隆、嘉庆考据向经世致用转变，道光、咸丰年间宗宋诗风的勃兴，阮元幕府汇聚了众多乾隆、嘉庆、道光年间著名的学者与诗文作家，幕府雅集对士林学术风气变迁产生了深远的影响。

阮元曾由翁方纲提拔，诗文创作受翁氏影响，以学问入诗，讲究诗法，推崇宋诗，为清代中期学人诗最后一位宗师。陈寿祺受阮元知遇之恩并幕府学术，《绛跗草堂诗集》亦获得翁方纲好评“才力雄大，各体皆足以胜时辈友朋”，学生林昌彝《射鹰楼诗话》宣传有“经学词章长者”：顾炎武、朱彝尊、毛西河、王懋竑、罗有高、朱筠、邵晋涵、桂馥、洪亮吉、孙星衍、焦循、阮元、龚景瀚、陈寿祺、谢震、魏源、叶名沣、何绍基。

阮元幕府不局限于门户之见、派系之争，显示出一种兼容并包的广博气象。嘉庆二十年（1815 年），阮元、段玉裁、陈寿祺相互函文往来，一同探讨立身守节、汉宋兼采等话题。

阮元门人幕僚众多，幕僚雅集自其任山东学政开始，就清茗延请幕僚佐政及研讨学术，闲暇时即与幕宾僚属雅集唱和。

阮公祠

FRIDAY. SEPT 12，2025

2025 年 9 月 12 日

农历乙巳年 · 七月廿一

9月12日 星期五

今日生命叙事

早起____点，午休____点，晚安____点，体温____，体重____，走步____

今日喝茶：绿☐ 白☐ 黄☐ 青☐ 红☐ 黑☐ 花茶☐

正能量的我

茶谱系·茯砖茶

茯砖茶，黑茶类（细分为陕西黑茶），产于陕西省咸阳市泾阳县，制作茯砖茶最早的原料来自陕西、四川，后期原料供应量无法满足，遂引进湖南的黑毛茶作为茯砖茶的原料。我国最大的茯砖茶产地在湖南省益阳市，于 1959 年投产。

目前，茯砖茶分为特制和普通，特制茯砖茶（简称特茯）全部用三级黑毛茶作为原料。而压制普通茯砖茶（简称普茯）的原料中，三级黑毛茶只占到 40% ～ 45%，四级黑毛茶占 5% ～ 10%，其他茶占 50%。茯砖茶压制工序与黑、花两砖基本相同。成品茯砖茶外形长 35 厘米、宽 18.5 厘米、厚 5 厘米，每片砖净重均为 2 千克。

特制茯砖茶砖面色泽黑褐，内质（金花）菌香气浓且纯正，滋味醇厚，汤色红黄明亮，叶底黑汤尚匀。普通茯砖茶砖面色泽黄褐，内质（金花）香气纯正，滋味醇和尚浓，汤色红黄尚明，叶底黑褐粗老。泡饮时，汤红不浊、香清不粗、味厚不涩、口劲强、耐冲泡为佳。

茯砖茶烹煮法：泡具选用耐高温玻璃壶、陶壶、铁壶，茶 7 克，水 175 克（毫升），茶水比 1∶25。壶中投茶，用开水润茶后倒去，再注入冷水，将壶放置于电陶炉上煮至沸腾（专人全程事茶）。

茯砖茶

茯砖茶泡饮法：泡具首选盖碗、紫砂壶，也可用飘逸杯；茶 7 克，水 210 克（毫升），茶水比 1∶30。壶中投茶，先用沸水润茶后倒去，再用 100℃开水冲泡，采用 N 字形覆盖冲法注水。

茯砖茶调饮奶茶：将茯砖茶敲碎，投入沸水中，茶水比 1∶20，熬煮（专人全程事茶）10 分钟后，加入相当于茶汤量 1/5 ～ 1/4 的鲜奶（纯牛奶），煮开，然后用滤网滤去茶渣即成。

SATURDAY. SEPT 13，2025

2025 年 9 月 13 日

农历乙巳年 · 七月廿二

9月13日

今日生命叙事

早起____点，午休____点，晚安____点，体温____，体重____，走步____

今日喝茶：绿□　白□　黄□　青□　红□　黑□　花茶□

正能量的我

茶谱系 · 雷山银球茶

雷山银球茶

雷山银球茶，绿茶类（细分为炒青绿茶），产于贵州省黔东南苗族侗族自治州雷山县，创制于1987年，为新创名茶。产地范围为雷山县西江镇、望丰乡、丹江镇、大塘乡、方祥乡、达地乡、永乐镇、郎德镇、桃江乡。

雷山银球茶的原料选用当地群体种以及福鼎大白茶茶树品种的鲜叶，3月下旬到5月中旬采摘，明前茶、清明茶尤佳。采摘鲜叶的标准是1芽2叶初展，要求叶芽细嫩，无病虫害。其制茶工序为摊凉、杀青、回潮、揉捻、拣块、筛末、回炒、过筛、称量、造（球）型、烘烤、辉锅。利用制作过程中原料本身的果胶自黏力造型成球状。在烘烤过程中，尤其要掌握适宜的温度，避免球茶发酵，出现红汤、红叶。

雷山银球茶成品外形为滚圆球形状，匀整（颗粒直径18～20毫米，重2.5克，正负差不超过0.1克）；球面银灰墨绿，光亮露毫，绿润鲜活；香气清香，浓醇回甜，汤色绿黄，清澈明亮；叶底黄绿明亮，完整显芽。

冲泡雷山银球茶时，可每人用一只容量130毫升的盖碗作为泡具和饮具，茶水比为1∶44，投茶1颗粒（2.5克），水110克（毫升），泡茶水温宜水烧至100℃。主要冲泡步骤：温茶碗内凹，投入茶叶后，采用N字形覆盖冲法注水，水量达到茶碗八分后，盖上茶盖。5分钟后即可品饮。如觉茶汤淡，可用茶盖拨动茶叶使其翻滚后再品饮。

SUNDAY. SEPT 14，2025

2025 年 9 月 14 日

农历乙巳年 · 七月廿三

9月14日 星期日

今日生命叙事

早起____点，午休____点，晚安____点，体温____，体重____，走步____

今日喝茶：绿□ 白□ 黄□ 青□ 红□ 黑□ 花茶□

正能量的我

茶谱系 · 黑砖茶

黑砖茶，黑茶类（细分为湖南黑茶），产于湖南省安化白沙溪，创制于1939年。

黑砖茶原料选自安化、桃江、益阳、汉寿、宁乡等县茶厂生产的优质黑毛茶。压制黑砖茶的原料成分为80%的三级黑毛茶和15%的四级黑毛茶，以及5%的其他茶，总含梗量不超过18%。不同级别的毛茶进厂后，要通过筛分、风选、破碎、拼堆等工序，制成符合规格的半成品，做到形态均匀、质量纯净。半成品再经过蒸压、烘焙、包装等工序才能成为成品。

黑砖茶的外形为长方砖形，长35厘米、宽18厘米、厚3.5厘米，每片砖净重均为2千克。砖面色泽黑褐，内质香气纯正，滋味浓厚微涩，汤色红黄微暗，叶底老嫩尚匀。茶叶冲泡出的茶汤，汤红不浊、香清不粗、味厚不涩、口劲强、耐冲泡为佳。

黑砖茶

黑砖茶烹煮法：煮茶具宜用耐高温玻璃壶、铁壶、银壶，茶14克，水420克，茶水比1 : 30。壶中投茶并用沸水两次润茶后倒去，再注入冷水，将壶放置于电陶炉上煮至沸腾（专人全程事茶）。

黑砖茶泡饮法：直接冲泡饮用，泡具首选容量150毫升的盖碗或紫砂壶，也可用飘逸杯；茶7克，水140克，茶与水比1 : 20。壶中投茶并用沸水润茶两次后倒去，再用100℃开水冲泡，采用N字形覆盖冲法注水。

黑砖茶调饮奶茶：将茶敲碾碎，投入沸水中，茶水比1 : 30，熬煮（专人全程事茶）10分钟，按茶奶5 : 1加入鲜奶，煮开后用滤网滤去茶渣即成。

MONDAY. SEPT 15，2025

2025 年 9 月 15 日

农历乙巳年 · 七月廿四

9月15日 星期一

今日生命叙事

早起____点，午休____点，晚安____点，体温____，体重____，走步____

今日喝茶：绿□ 白□ 黄□ 青□ 红□ 黑□ 花茶□

正能量的我

茶谱系·广东大叶青

广东大叶青，黄茶类（细分为黄大茶），产于广东省韶关、肇庆、湛江等地，创制于明代，为历史名茶。

广东大叶青采用大叶种茶树鲜叶制成，鲜叶的采摘标准是1芽2～3叶，要求鲜叶匀净、鲜活。进厂鲜叶应及时摊放，严防鲜叶损伤或发热红变。制茶主要工艺工序是萎凋、杀青、揉捻、闷黄（堆）、干燥。除具有黄茶加工特有的闷黄工序外，还增加了萎凋工序。

广东大叶青成品茶叶条索肥壮，紧结重实，老嫩均匀，叶张完整，芽毫显露，色泽青润显黄，香气纯正；冲泡后汤色橙黄明亮，滋味陈醇回甘；叶底呈淡黄色。

冲泡广东大叶青时，可每人选用一只容量130毫升的盖碗作为泡具和饮具，茶水比为1∶50，投茶量2克，水100克（毫升），泡茶水温宜水烧开后降温至90℃。主要冲泡步骤：温茶碗内凹，投入茶叶后，采用回旋低冲法注水，水量达到茶碗八分满后，盖上茶盖。当茶汤的水温降至适口温度时，趁温热品饮。如觉茶汤淡，可用茶盖拨动茶叶使其翻滚后再品饮。

广东大叶青

TUESDAY. SEPT 16，2025

2025 年 9 月 16 日

农历乙巳年 · 七月廿五

9月16日 星期二

今日生命叙事

早起____点，午休____点，晚安____点，体温____，体重____，走步____

今日喝茶：绿□　白□　黄□　青□　红□　黑□　花茶□

正能量的我

茶谱系 · 雪青

雪青，绿茶类（细分为炒青绿茶），产于山东省日照市东港区，创制于 1974 年，为新创名茶。雪青因采用寒冬过去茶树返青后第一次采集的茶叶所制而得名，意为白雪中显出郁郁青翠色。其后统一归名为日照绿茶。

雪青制茶鲜叶于 4 月下旬开始采摘，鲜叶的采摘标准为 1 芽 1 叶初展。采摘时做到“四不采”，即紫芽叶不采、病虫叶不采、雨水叶不采、露水叶不采。要求芽叶完整，大小一致，色泽一致，匀净、新鲜。制茶工艺工序是摊青、杀青、搓条、提毫、摊凉、烘干。

雪青茶成品茶叶色泽翠绿或墨绿，条索紧细，白毫显露；清香持久，滋味鲜爽厚醇，汤色黄绿，清澈明亮；叶底嫩柔明亮。雪青具有叶片厚、滋味浓、香气高、耐冲泡的特色。

冲泡雪青茶时，可每人选用一只容量 130 毫升的盖碗作为泡具和饮具，茶水比为 1∶50，投茶量 2 克，水 100 克（毫升），泡茶水温宜水烧开后降温至 85℃。主要冲泡步骤：温茶碗内凹，投入茶叶后，采用环圈注水法注水，水量达到茶碗八分满后，盖上茶盖。当茶汤的水温降至适口温度时，趁温热品饮。如觉茶汤淡，可用茶盖拨动茶叶使其翻滚后再品饮。

雪青（日照绿茶）

雪青

WEDNESDAY. SEPT 17，2025

2025 年 9 月 17 日

农历乙巳年 · 七月廿六

9月17日 星期三

今日生命叙事

早起____点，午休____点，晚安____点，体温____，体重____，走步____

今日喝茶：绿□　白□　黄□　青□　红□　黑□　花茶□

正能量的我

茶谱系 · 金尖茶

金尖茶

金尖茶，黑茶类（细分为四川黑茶），产于四川省雅安、宜宾、江津、万县，原料扩大到四川全省茶区。

金尖茶以川南边茶、康南边茶为原料，原料要求是生长期超过 6 个月的成熟鲜茶叶。金尖茶生产经毛茶整理、配料、蒸压成形、干燥、成品包装等工序。生产工序非常复杂，多达 32 道，原料进厂经粗加工后须陈化（贮放），目的是深发酵（全发酵）茶。

传统的成品金尖茶外形长 24 厘米、宽 19 厘米、厚 12 厘米，每块砖净重均为 2.5 千克，砖为圆角长方枕形，稍紧实，无脱层，色泽棕褐，砖内无黑霉、白霉、青霉等霉菌。金尖茶内质香气高爽纯正，带油香；汤色黄红尚明，滋味醇和；叶底暗褐欠匀。

冲泡金尖茶时，茶水比为 1∶20，投茶量 7 克，水 140 克（毫升）；泡具首选容量 150 毫升的盖碗；泡茶水温宜水烧开至 100℃，采用 N 字形覆盖冲法注水。前两次的茶汤直接倒入茶海，第三次泡的茶汤始倒入公道杯，均分于茶盅供品饮。

如果前两选用银壶煮水，当水面冒“鱼眼泡”时，冲泡的茶汤香甜柔滑。

金尖茶饮用方法多样，煎、煮、冲泡、提汁、干嚼均可；茶汁可以和多类食物和饮液等混合食用，如中草药、谷物、乳品、水果、植汁、盐、糖等。

品赏金尖茶有四绝——红、浓、陈、醇。

THURSDAY. SEPT 18，2025

2025 年 9 月 18 日

农历乙巳年 · 七月廿七

9月18日

今日生命叙事

早起____点，午休____点，晚安____点，体温____，体重____，走步____

今日喝茶：绿□　白□　黄□　青□　红□　黑□　花茶□

正能量的我

茶画 ·《撵茶图》

刘松年，南宋画家，南宋四大家之一。

《撵茶图》为工笔白描，描绘了磨茶、点茶、挥翰、赏画的文人雅士茶会场景。画面左侧，在棕榈树前峭立的太湖石边，左前方一位茶师坐在矮几上，右手正在转动碾磨子磨茶，旁边的黑色方桌上陈列着茶帚、茶筛、茶箩、贮茶的盒等。后方另一茶师伫立于案桌边，右手提着汤瓶，正向放着茶勺的茶盆内冲汤，左手边放着茶筅，准备点茶。他左侧是煮水的风炉、壶和茶巾，上面正在煮水；右手边是贮水瓮，桌上还有茶末盒以及茶盏和盏托。

画面右侧有三人，一位僧人伏案执笔作书；一位与僧人相对而坐，似在观赏僧人写字；一位坐僧人旁，正展卷赏画。整个画面布局闲雅，用笔生动，充分展示了文人雅集品茶、赏画的生动场面，是宋代流行的点茶技艺和品饮的真实写照。

南宋刘松年《撵茶图》绢本（台北故宫博物院藏）

FRIDAY. SEPT 19，2025

2025 年 9 月 19 日

农历乙巳年 · 七月廿八

9月19日 星期五

今日生命叙事

早起____点，午休____点，晚安____点，体温____，体重____，走步____

今日喝茶：绿□　白□　黄□　青□　红□　黑□　花茶□

正能量的我

茶诗词·《山泉煎茶有怀》

山泉煎茶有怀

（唐）白居易

坐酌泠泠水，看煎瑟瑟尘。

无由持一碗，寄与爱茶人。

诗人静坐，对着鼎釜里那汲自深山的清凉泉水，看着鼎中正在煎煮的茶——那碧色茶粉细末，如粉尘在汤面飘荡，发出瑟瑟响声，真是享受着如同音乐的美妙。当好茶出汤了，诗人手捧着一碗茶品饮。喝茶没有什么理由，爱茶之人而已。

这首诗是中国古代茶诗的典范之一，诗中描写了一位煎茶、奉茶、分享茶的爱茶人形象。唐代名茶尚不易得，官员、文士常相互以茶为赠品或邀友人饮茶，表示友谊。诗人得茶后常邀好友共同品饮，也常赴雅集茶宴，如湖州茶山境会亭茶宴，是庆祝贡焙完成的官方茶宴，又如太湖舟中茶宴，则是文人湖中雅会。可见中唐以后，文人以茶叙友情已是寻常之举。

“坐酌泠泠水，看煎瑟瑟尘”，是白居易眼中煎茶时的有声有韵。一盏清茶，或许陪伴的是一蓑烟雨任平生的诗词客，或许是一生一世一双人的爱情，又或许是兴亡千古繁华梦的倦客。

山泉亭

SATURDAY. SEPT 20，2025

2025 年 9 月 20 日

农历乙巳年 · 七月廿九

9月20日

今日生命叙事

早起____点，午休____点，晚安____点，体温____，体重____，走步____

今日喝茶：绿□　白□　黄□　青□　红□　黑□　花茶□

正能量的我

茶物哲语·茶瓶用瓦，如乘折脚骏登高

最早的茶谚语，文字记载见于唐代苏广的《十六汤品》，其中有谚曰：“茶瓶用瓦，如乘折脚骏登高。”

这里的“瓦”是指粗陶材质的器皿。无釉之瓦，透气性过于强，易渗水，又有土沁味。“骏”是指品质拔尖的马。

这一条茶谚语指出：用瓦这样材质的瓮罐来存放茶汤，易渗透且易于让茶味失真，甚至产生异味。就像骑乘着品质拔尖但跛脚的马去登山一样，东西虽好，但没能达到希望的效果，甚至会有危害。

《十六汤品》，亦称《十六汤》《汤品》。书中在汤（开水）是茶汤品质的重要因素这一认识的基础上，评论了 3 种冷热程度不同的汤、3 种注水时缓急程度不同的汤、5 种用不同茶具盛装的汤、5 种用不同薪柴加热的汤，共计 16 种汤的得失。

古代粗陶罐

SUNDAY. SEPT 21，2025

2025 年 9 月 21 日

农历乙巳年 · 七月三十

9月21日 星期日

今日生命叙事

早起____点，午休____点，晚安____点，体温____，体重____，走步____

今日喝茶：绿☐　白☐　黄☐　青☐　红☐　黑☐　花茶☐

正能量的我

节气茶·秋分茶

秋分后寒露前采摘的茶叶，称为秋分茶。

秋茶，泛指小暑、大暑和秋季采制的茶叶。按节气分，小暑、大暑、立秋、处暑、白露、秋分、寒露采制的茶为秋茶；按时间分，7月中旬以后采制的为秋茶。秋分茶属秋茶。

古籍《春秋繁露·阴阳出入上下篇》中说："秋分者，阴阳相半也，故昼夜均而寒暑平。"秋分之"分"为"半"之意。秋分后，北半球昼短夜长的现象越来越明显，昼夜温差逐渐加大，气温逐日下降，逐渐步入"一场秋雨一场寒"的深秋季节。中国南方大部地区渐凉，此时茶树的地面生长速度缓慢，茶树的生长转入地下。茶叶的密度增加，一片片色如翡翠、洁净如洗的叶子上，开始凝聚秋香。茶叶香涩凝重，耐人寻味。秋分茶汲取的是平和收敛的大自然能量。

秋冬季是茶树根系生长且大量吸收贮藏养分之时，茶农开始安排给茶树施加有机肥，补给储备能量，以期茶树顺利度过严寒的冬季。

萧萧落叶，不敌一片茶叶。当秋之清冷叶落意凉时，有一盏秋茶在手，暖手暖心。爱茶人品味着茶的"春水秋香"，心旷神怡，悠然逍遥。

秋分茶叶

MONDAY. SEPT 22，2025

2025 年 9 月 22 日

农历乙巳年 · 八月初一

9月22日 星期一

今日生命叙事

早起____点，午休____点，晚安____点，体温____，体重____，走步____

今日喝茶：绿□ 白□ 黄□ 青□ 红□ 黑□ 花茶□

正能量的我

茶和节气·秋分

雷始收声水始涸，昼夜均等秋色俩。
社糕社酒社饭养，秋收秋耕秋种忙。
天上圆月遥夜游，南极寿星白鹿随。
丹桂飘爽茶更香，乘兴登楼放眼长。

秋分·菊花

秋分是农历每年二十四节气的第16个节气。秋分，天文类节气，表示昼夜平分。“分秋”的意思，一是昼夜时间相等，二是秋分日平分了秋季。过了秋分“一场秋雨一场寒”，气温下降得特别快，幅度也很大，逐渐步入深秋季节。

秋分物候：初候雷始收声；二候蛰虫坯户；三候水始涸。

白露、秋分到寒露期间，是秋茶的高产时期。与春茶不同，秋茶的内含物中氨基酸含量略低，糖类含量略高，香气浓而高扬，茶汤甘甜，苦涩较低。秋茶的茶汤较为清爽，柔滑不及春茶，但易品味到“水含香”。茶汤入口感觉略有平淡，但稍等片刻，甘甜与香气从喉底慢慢涌出，香气绕喉，经久不绝。因此，铁观音有“非秋茶不出观音韵”的说法。

秋分节气里，喝什么茶？秋分时节，应阴平阳秘，收敛闭藏，注意润秋燥、养脾胃、防秋凉。适宜饮乌龙茶（安溪铁观音、漳平水仙、武夷岩茶、凤凰单丛、东方美人）、红茶、白茶（白牡丹、寿眉，均3年以上）、再加工茶（小青柑，2年以上）。还要注意喝温茶水，不喝凉茶水。

TUESDAY. SEPT 23，2025

2025 年 9 月 23 日

农历乙巳年 · 八月初二

9月23日

星期二

秋分

今日生命叙事

早起____点，午休____点，晚安____点，体温____，体重____，走步____

今日喝茶：绿□　白□　黄□　青□　红□　黑□　花茶□

正能量的我

茶谱系 · 崂山雪芽

崂山雪芽，绿茶类（细分为炒青绿茶），产于山东省青岛市。崂山种茶有悠久的历史，崂山茶相传由宋代丘处机、明代张三丰等崂山道士由江南移植，亲手培植而成，数百年为崂山道观之养生珍品。传统的崂山茶系主要分为崂山绿茶、崂山石竹茶、崂山玉竹茶。崂山雪芽为新创名茶。

崂山雪芽制茶鲜叶于 3 月下旬开始采摘。崂山雪芽原料选用无性系茶树良种鲜叶，鲜叶的采摘标准是 1 芽 1 叶、1 芽 2 叶，芽叶长度 1 ～ 2 厘米。鲜叶采摘要求不采雨水叶、不采病虫危害叶、不采紫色芽叶、不采瘦弱叶等不符合标准的芽叶；要求鲜叶匀净新鲜。其制茶主要工艺工序是摊放、杀青、揉捻、干燥等。

崂山雪芽成品茶叶条索纤细秀丽、匀整，墨绿润光，香气高锐持久；汤色嫩绿明亮，滋味鲜醇回甘；叶底绿黄、嫩匀。

冲泡崂山雪芽时，可每人选用一只容量 130 毫升的盖碗作为泡具和饮具，茶水比为 1∶50，投茶量 2 克，水 100 克（毫升），泡茶水温宜水烧开后降温至 85℃。主要冲泡步骤：温茶碗内凹，投入茶叶后，采用环圈注水法注水，水量达到茶碗八分满后，盖上茶盖。当茶汤的水温降至适口温度时，趁温热品饮。如觉茶汤淡，可用茶盖拨动茶叶使其翻滚后再品饮。

崂山雪芽

WEDNESDAY. SEPT 24，2025

2025 年 9 月 24 日

农历乙巳年 · 八月初三

9月24日

今日生命叙事

早起____点，午休____点，晚安____点，体温____，体重____，走步____

今日喝茶：绿□　白□　黄□　青□　红□　黑□　花茶□

正能量的我

茶谱系·白毫银针

白毫银针，白茶类（细分为白芽茶），主要产区为福建省福鼎、政和、松溪、建阳等地，创制于1796年，为历史名茶。

白毫银针鲜叶于春茶季采摘，采自福鼎大白茶、政和大白茶良种茶树，鲜叶的采摘标准是春茶嫩梢萌发的1芽1叶，采下后置室内“剥针”（用手指将真叶、鱼叶轻轻地剥离），也有的直接“摘针”（摘下肥壮单芽），然后付制。制茶工序是萎凋、干燥，以晴天尤其是凉爽干燥的天气所制的银针品质最佳。将剥出的茶芽均匀地薄摊于水筛上，勿重叠，置微弱日光下或通风阴凉处，晒凉至八九成干，再用焙笼以30～40℃的文火达足干即成。也有用烈日代替焙笼晒到全干的，称为毛针。毛针经筛选，取肥长茶芽，再用手工摘去银针脚，并筛簸拣除叶片、碎片、杂质等，最后再用文火焙干，趁热装箱。

白毫银针芽成品芽头肥壮，挺直如针，银毫显露，嫩香带毫香。福鼎所产白毫银针芽茸毛厚，色白富光泽，汤色浅杏黄，味清鲜爽口；政和所产白毫银针汤味醇厚，香气清芬。

冲泡白毫银针时，每人选用一只容量130毫升的盖碗作为泡具和饮具，茶水比约为1∶30，投茶量3克，水90克（毫升），泡茶水温宜水烧开后降温至85℃，温盖碗内凹，投入茶叶，采用定点旋冲法注水，水量到茶碗八分满后，再盖上茶盖，3分钟后即可品饮。

白毫银针（政和）

白毫银针（福鼎）

THURSDAY. SEPT 25，2025

2025 年 9 月 25 日

农历乙巳年 · 八月初四

9月25日

星期四

今日生命叙事

早起____点，午休____点，晚安____点，体温____，体重____，走步____

今日喝茶：绿□　白□　黄□　青□　红□　黑□　花茶□

正能量的我

茶谱系 · 霍山黄芽

霍山黄芽，黄茶类（细分为黄芽茶），产于安徽省霍山县，源于唐代，兴于明清，为历史名茶。

霍山黄芽鲜叶于谷雨前 5 天左右开始采摘，至立夏结束采摘。霍山黄芽以当地群体种茶树鲜叶为原料，鲜叶的采摘标准是 1 芽 1 叶至 1 芽 2 叶。采摘手法为折采，总体要求幼嫩匀净，不带其他杂质，外形整齐美观，达到形状、大小、色泽一致。采摘时严格进行拣剔，并做到“四不采”，即无芽不采、虫芽不采、霜冻芽不采、紫芽不采。霍山黄芽制茶工序按历史上黄茶的工序进行，其工艺流程为杀青，摊放闷堆约 24 小时，再毛火，然后再摊放闷堆约 24 小时，最后足火干燥。

霍山黄芽成品茶叶条索笔直微展，匀齐成朵，形似雀舌，嫩黄披毫；香气清香持久，滋味鲜醇，浓厚回甘；汤色黄绿清澈明亮；叶底嫩黄明亮。其具有“黄叶黄汤”的黄茶典型品质特征。

冲泡霍山黄芽时，可每人选用一只容量 130 毫升的盖碗作为泡具和饮具，茶水比为 1∶50，投茶量 2 克，水 100 克（毫升），泡茶水温宜水烧开后降温至 85 ～ 90℃。主要冲泡步骤：温茶碗内凹，投入茶叶后，采用回旋低冲法注水，水量达到茶碗八分满后，盖上茶盖。当茶汤的水温降至适口温度时，趁温热品饮。如觉茶汤淡，可用茶盖拔动茶叶使其翻滚后再品饮。

霍山黄芽

FRIDAY. SEPT 26, 2025

2025 年 9 月 26 日

农历乙巳年 · 八月初五

9月26日

星期五

今日生命叙事

早起___点，午休___点，晚安___点，体温___，体重___，走步___

今日喝茶：绿□ 白□ 黄□ 青□ 红□ 黑□ 花茶□

正能量的我

茶谱系 · 金萱茶

金萱茶，乌龙茶（青茶）类（细分为台湾乌龙），产地为中国台湾各产茶区，为新创名茶。

金萱茶全年可采 4 ～ 5 季（含早春茶），春茶于 4 月上中旬开采。金萱茶采用台茶 12 号（金萱）品种茶树鲜叶为原料。鲜叶的采摘标准是对夹 2 ～ 3 叶。其制茶工序是日光萎凋（晒青）、室内静置及搅拌（凉青及做青）、炒青、揉捻、初干、布球揉捻（团揉）、干燥。

金萱茶成品茶叶紧结重实，呈半球形，色泽翠绿；汤色金黄亮丽，香气浓郁，具有独特的奶香，滋味甘醇；叶底青绿，基本上没有红边。

冲泡金萱茶时，可每人选用一只容量 130 毫升的盖碗作为泡具和饮具，茶水比为 1∶35，投茶量 3 克，水 105 克（毫升），泡茶水温宜水烧开至 100℃。主要冲泡步骤：温茶碗内凹，投入茶叶后，采用单边定点低冲法注水，水量达到茶碗八分满后，盖上茶盖。当茶汤的水温降至适口温度时，趁温热品饮。如觉茶汤淡，可用茶盖拨动茶叶使其翻滚后再品饮。

金萱茶

SATURDAY. SEPT 27, 2025

2025 年 9 月 27 日

农历乙巳年 · 八月初六

9月27日

今日生命叙事

早起____点，午休____点，晚安____点，体温____，体重____，走步____

今日喝茶：绿□　白□　黄□　青□　红□　黑□　花茶□

正能量的我

茶谱系 · 祁门红茶

祁门红茶，红茶类（细分为工夫红茶），主产于安徽省祁门县、石台县、东至县、贵池市、黟县和黄山区（旧称太平县），以及江西省浮梁县等地，创制于清代末期，为历史名茶。陆羽《茶经》中记载："歙州产茶，且素质好。"祁门古隶属于歙州。

祁门红茶在春、夏、秋茶季均可采摘，采用槠叶群体种茶树鲜叶作为原料，鲜叶的采摘标准是1芽2叶、1芽3叶及同等嫩度的对夹叶。祁门红茶制茶工序是萎凋、揉捻、发酵、烘干。

祁门红茶成品茶叶条索紧细匀秀，锋苗毕露，色泽乌润，金毫显露；入口醇和，香中带甜（玫瑰花清新持久的甜香），汤色红艳明亮，回味厚美；叶底亮柔。

冲泡祁门红茶时，可每人选用一只容量130毫升的盖碗作为泡具和饮具，茶水比为1∶50，投茶量2克，水100克（毫升），泡茶水温宜水烧开至100℃。主要冲泡步骤：温茶碗内凹，投入茶叶后，采用正中定点注水法注水，水量达到茶碗八分满后，再盖上茶盖。当茶汤的水温降至适口温度时，趁温热品饮。如觉茶汤淡，可用茶盖拨动茶叶使其翻滚后再品饮。

祁门红茶

SUNDAY. SEPT 28，2025

2025 年 9 月 28 日

农历乙巳年 · 八月初七

9月28日 星期日

今日生命叙事

早起____点，午休____点，晚安____点，体温____，体重____，走步____

今日喝茶：绿□　白□　黄□　青□　红□　黑□　花茶□

正能量的我

茶谱系 · 青砖茶

青砖茶，黑茶类（细分为湖北黑茶），主产地在长江流域鄂南和鄂西南地区，原产地在湖北省赤壁市赵李桥镇羊楼洞（古镇），已有 600 多年的历史。

青砖茶以海拔 600 ～ 1200 米高山茶树鲜叶作为原料，原料采摘时节为小满至白露，鲜叶梗长不超过 20 厘米，原料经拣杂后，高温杀青、揉捻、干燥，进而后期发酵，随后脱梗、复制成半成品，再进行蒸制、压制、定形、烘制和包装。

成品青砖茶外形长 34 厘米、宽 14 厘米、厚 4 厘米，每块砖净重均为 2 千克；其砖面平整、棱角整齐；内质香气纯正，滋味醇和，汤色黄红明亮；叶底暗褐粗老。

青砖茶

煎煮青砖茶时，需将茶砖敲碾碎，放进特制的水壶中加水煎煮，主要泡具为耐高温的玻璃壶、陶壶、铁壶，茶与水比为 1 : 25，投茶量 15 克，水 375 克（毫升），。壶内投茶用沸水润茶后倒去，再注入冷水，放置于电陶炉上煮至沸腾，煮沸后调文火慢煮 20 ～ 40 分钟（专人全程事茶）。

冲泡青砖茶时，泡具选容量 150 毫升的盖碗，茶与水的比例为 1 : 25，投茶量 5 克，水 125 克（毫升）；泡茶水温宜水烧开至 100℃，采用 N 字形覆盖冲法注水，泡茶叶后，用公道杯均分至茶盅后品饮。

MONDAY. SEPT 29，2025

2025 年 9 月 29 日

农历乙巳年·八月初八

9月29日 星期一

今日生命叙事

早起____点，午休____点，晚安____点，体温____，体重____，走步____

今日喝茶：绿□　白□　黄□　青□　红□　黑□　花茶□

正能量的我

茶谱系 · 碧潭飘雪

碧潭飘雪，再加工茶类（细分为窨香花果茶），产于四川省新津县，创制于 1991 年。

碧潭飘雪制茶鲜叶于清明前采摘，采用四川中小叶群体品种、名山 131 良种茶树鲜叶为原料，鲜叶的采摘标准是独芽或 1 芽 1 叶初展，要求细嫩芽叶。制茶工艺工序是杀青、揉捻、做形、干燥，制成茶坯；再佐以盛夏含苞未放的优质茉莉鲜花混合窨制，通过“一窨一炒”工艺加工而成，使茉莉花的鲜灵芬芳与茶胚的清香融为一体。

碧潭飘雪成品茶叶条索紧细挺秀，芽毫显露，茉莉花瓣洁白，与茶融为一体；香气高爽持久，滋味醇爽；叶底嫩绿明亮。以绿茶茶香为主，带有茉莉花香；汤色绿亮，花瓣悬浮在茶汤中，美丽似雪，“碧潭飘雪”之名由此而来。

冲泡碧潭飘雪时，可每人选用一只容量 130 毫升的盖碗作为泡具和饮具，茶水比为 1∶50，投茶量 2 克，水 100 克（毫升），泡茶水温宜水烧开后降温至 95℃。主要冲泡步骤：温茶碗内凹，投入茶叶后，盖盖后摇香，开盖后采用正中定点注水法注水，水量达到茶碗八分满后，不用茶盖，静观“碧潭上飘有雪”。当茶汤的水温降至适口温度时品饮。

碧潭飘雪

TUESDAY. SEPT 30，2025

2025 年 9 月 30 日

农历乙巳年 · 八月初九

9月30日

星期二

今日生命叙事

早起___点，午休___点，晚安___点，体温___，体重___，走步___

今日喝茶：绿☐ 白☐ 黄☐ 青☐ 红☐ 黑☐ 花茶☐

正能量的我

茶谱系·政和工夫

政和工夫，红茶类（细分为工夫红茶），是福建三大工夫红茶之一，产于福建北部，以政和县为主产区，创制于清代后期，为历史名茶。闽红工夫是政和工夫、坦洋工夫和白琳工夫的统称。

政和工夫制茶鲜叶于4月上中旬开始采摘，采用政和大白茶品种、当地小叶群体种茶树鲜叶作为原料，鲜叶的采摘标准是1芽2～3叶。要求进厂鲜叶分级摊放，按级付制。制茶主要工序是萎凋、揉捻、发酵、干燥。

政和工夫成品茶叶条索紧结，肥壮多毫，色泽乌润；内质香气高，鲜甜，汤色红浓，滋味浓厚；叶底肥壮红亮。

冲泡政和工夫时，可每人用一只容量130毫升的盖碗作为泡具和饮具，茶水比为1∶50，投茶量2克，水100克（毫升），泡茶水温宜水烧开后降温至85～90℃。主要冲泡步骤：温茶碗内凹，投入茶叶后，采用回旋低冲法注水，水量达到茶碗八分满后，盖上茶盖。当茶汤的水温降至适口温度时，趁温热品饮。如觉茶汤淡，可用茶盖拨动茶叶使其翻滚后再品饮。

政和工夫

WEDNESDAY. OCT 1，2025

2025 年 10 月 1 日

农历乙巳年 · 八月初十

10月1日

星期三

国庆节

今日生命叙事

早起____点，午休____点，晚安____点，体温____，体重____，走步____

今日喝茶：绿□ 白□ 黄□ 青□ 红□ 黑□ 花茶□

正能量的我

茶博物馆 · 云南省茶文化博物馆

云南省茶文化博物馆

云南省茶文化博物馆，是以普洱茶文化为主题的博物馆，为国家三级博物馆，非国有博物馆。该博物馆位于云南省昆明市五华区钱王街86号，占地面积796平方米，于2016年6月5日起免费对外开放。

该博物馆主要陈列藏品分为茶品、茶器、物品、字画四大类，相关珍稀藏品1000余件。馆设非遗传习馆、文史馆、普洱馆、茶器馆、品牌馆、鄂尔泰贡茶馆、茶马古道文化走廊、学堂、书斋、品鉴室等，展示源远流长的中国茶文化、茶道、茶艺和品茶艺术，以及云南茶文化的传承、少数民族饮茶习俗和悠悠茶马古道沉淀的历史文化。

该博物馆自建馆以来，收藏展陈各类珍稀普洱茶样本、普洱茶老茶、古乔木茶树300余种。展品陈列包括：稀有种类普洱茶样本以及各类古茶树衍生物；从民国中后期一直到现代的普洱陈茶、老茶；代表云南省参展2008北京奥运会、2010上海世博会、2015米兰世博会等重大国际活动的展品和国礼；云南普洱茶传统加工技艺非物质文化遗产保护单位出品代表云南顶级古树茶的非物质文化遗产系列国礼茶；云南省各地区历代普洱茶用具和茶具。

该博物馆不定期开展各类云南民族茶文化展览和体验活动，包括云南普洱茶非物质文化遗产展览和体验、少数民族茶艺比赛和茶文化体验活动、国际斗茶大赛和古树茶免费品鉴活动等。

THURSDAY. OCT 2，2025

2025 年 10 月 2 日

农历乙巳年 · 八月十一

10月2日

星期四

今日生命叙事

早起____点，午休____点，晚安____点，体温____，体重____，走步____

今日喝茶：绿□　白□　黄□　青□　红□　黑□　花茶□

正能量的我

茶博物馆 · 湖南省茶叶博物馆

湖南省茶叶博物馆

湖南省茶叶博物馆是省级综合性茶叶专业博物馆，位于湖南省长沙市芙蓉区隆平高科技产业园隆园一路 19 号。湖南茶叶博物馆面积近 5000 平方米，由湖南省茶业集团股份有限公司投资建立，于 2013 年起开放，参观需预约。

湖南省茶叶博物馆由茶文化科普区、茶叶资源圃及湘茶品茗区 3 个部分组成，收藏迄今珍藏年份老茶、传统制茶、器具、瓷器、紫砂、字画等藏品 416 件，以年份老茶为主要特色。

茶叶资源圃，集中了全国 70 个优良的茶叶品种资源。亲临体验区，可以感受不同茶叶品种的形态，同时也可以亲身体验和参与采茶、制茶的全过程。

湘茶品茗区，涵盖了茶艺欣赏、品茶论道、茶文化主题沙龙、茶艺培训等，体现了中国传统茶文化与现代生活的完美融合。

中茶馆，主要介绍茶叶的发展历史、中国茶及茶文化的世界传播、茶叶加工工艺、茶与健康，以及茶产业发展等，引导各位爱茶人士全方位地初步了解认知中国茶及茶文化的发展历程。

FRIDAY. OCT 3，2025

2025 年 10 月 3 日

农历乙巳年 · 八月十二

10月3日 星期五

今日生命叙事

早起____点，午休____点，晚安____点，体温____，体重____，走步____

今日喝茶：绿□　白□　黄□　青□　红□　黑□　花茶□

正能量的我

茶博物馆 · 贵州茶文化生态博物馆

贵州茶文化生态博物馆，是以茶文化为主题的生态博物馆，为国家三级博物馆，位于贵州省湄潭县。贵州茶文化生态博物馆中心馆，是其核心馆，展馆占地面积 2000 多平方米，于 2013 年 9 月 28 日起免费向公众开放。

贵州茶文化生态博物馆是一个内容丰富、内涵深刻的茶文化博物馆群。其范围包括中心馆、民国中央实验茶场旧址博物馆、贵州红茶出口基地湄潭茶场制茶工厂旧址博物馆、贵州茶工业电力东方红电站旧址博物馆。

中心馆陈列内容包括：序厅及前言、茶的起源、古代茶事、历史名茶、民国中央实验茶场、茶叶农垦、茶叶科研、茶叶供销与外贸、当代茶业、茶礼茶俗等 10 个部分 43 个单元。其中茶叶科研、茶叶供销与外贸两部分尚在建设之中。

中心馆主要采用实物、图片、浮雕、多媒体等展陈形式，结合贵州地方建筑元素进行陈列布展，通过现代展陈的形式对贵州全省茶叶发展历史和茶文化资源进行介绍。其中展陈有各种图片 500 多张，各类实物 560 多件。

贵州茶文化生态博物馆

SATURDAY. OCT 4, 2025

2025 年 10 月 4 日

农历乙巳年 · 八月十三

10月4日

今日生命叙事

早起____点，午休____点，晚安____点，体温____，体重____，走步____

今日喝茶：绿☐　白☐　黄☐　青☐　红☐　黑☐　花茶☐

正能量的我

茶博物馆·黄山徽茶文化博物馆

黄山徽茶文化博物馆，是集徽州文化展示、收藏、旅游等于一体的大型地方综合性博物馆，也是国内唯一全面体现徽州文化主题的博物馆，位于安徽省黄山市徽州区迎宾大道118号。该博物馆坐落在黄山市，展厅面积700平方米，于2012年4月正式免费对外开放。该博物馆是一个非国有博物馆，陈列约有3000件珍贵文物和历史资料。

该博物馆分5个展区和6个接待大厅。展区如下：

“千载话茶香”展区：主要展示徽州厅堂、徽茶器具、徽州遗址图、文献资料、徽茶史略等。

“尘寰有神品”展区：主要展示国家级非物质文化遗产黄山毛峰传统制作技艺茶机具和首创黄山毛峰“机械法”原始茶机具以及徽茶的分类、徽州茶人等。

“行止寄胸怀”展区：主要展示徽州茶人开山种茶选地、选种、选苗、炒茶、揉茶、焙茶，以及选茶水、观茶质、选茶具、闻茶香、品茶味、施茶、礼茶、传统的茶叶检验器具等。

“茗器盛薪海”展区：主要展示以徽茶历史不同年代、不同材质、不同造型的茶器等。

“追忆似水流年”展区：主要展示以徽茶的历史文献资料及现代电子影像。

黄山徽茶文化博物馆

接待大厅：黄山毛峰传统制作技艺传习、茶艺产品等2个大厅，以及永庆堂、听雨轩、富溪堂、同丰堂4个品茗接待大厅，全面展示了徽茶几千年的茶文化和发展历史。

SUNDAY. OCT 5，2025

2025 年 10 月 5 日

农历乙巳年·八月十四

10月5日 星期日

今日生命叙事

早起___点，午休___点，晚安___点，体温___，体重___，走步___

今日喝茶：绿□ 白□ 黄□ 青□ 红□ 黑□ 花茶□

正能量的我

节日和茶·中秋节

农历八月十五是中秋节。“秋暮夕月”的习俗在《大戴礼记》中就有记载。夕月，即祭拜月神。古代帝王祭月的节日为农历八月十五，时日恰逢三秋（孟秋、仲秋、季秋）之半（中），故称中秋。

中秋节成为固定的节日，始于唐代。中秋节是我国传承已久的岁时节日，我国自古便有祭月、拜月、赏月、吃月饼、赏桂花、饮桂花酒、张灯、泛舟、举家团圆等习俗。唐代，中秋多有文人的高雅娱乐，如举办仲秋雅集，可谓“月明风露照影清，玉兔广袖敲茶臼。吴刚伐桂飞嘉木，天涯共此遥夜游。”

月饼最初是用来祭奉月神的祭品。“月饼”一词最早见于宋代吴自牧《梦粱录》中，后来人们逐渐把中秋赏月与品尝月饼、家人团圆结合成俗。中秋月饼多为重油重糖，制作程序多有煎炸烘烤，属典型的肥甘厚味食品，容易产生热气或者使胃肠积滞。因此，最好在两餐之间、半空腹状态下食用月饼。吃月饼，配茶喝，是一种享受。月饼一般有咸、甜两类，如咸甜月饼同食，应先吃咸的，后吃甜的；如果备有鲜、咸、甜、辣等不同风味的月饼，应按鲜、咸、甜、辣的顺序吃，这样才能品出月饼的味道。

中秋节吃月饼

月饼的甜腻遇上茶的鲜爽，相得益彰。一般来说，吃月饼时，可从各种茶类中任选一款，冲泡茶汤来搭配。中秋节时正处秋分节气，可以在秋分节气适宜饮用的茶类中选配。

MONDAY. OCT 6，2025

2025 年 10 月 6 日

农历乙巳年 · 八月十五

10月6日

星期一

中秋节

今日生命叙事

早起____点，午休____点，晚安____点，体温____，体重____，走步____

今日喝茶：绿□ 白□ 黄□ 青□ 红□ 黑□ 花茶□

正能量的我

茶博物馆·黄山太平猴魁博物馆

黄山太平猴魁博物馆，是以太平猴魁为主题的体验型博物馆，位于安徽省黄山市屯溪区延安路 3 号，总面积 220 平方米，于 2015 年 12 月 27 日起免费向公众开放。该博物馆是一个非国有博物馆，馆藏藏品 313 件套。

黄山太平猴魁博物馆集太平猴魁的发展史、生长环境展示、制作技艺展示、历史荣耀、茶道表演、品茗为一体，该馆收藏了历史上各种品茶器和珍贵历史照片，展现了太平猴魁茶文化和茶历史，是太平猴魁和中国茶文化传播的重要载体。

黄山太平猴魁博物馆

TUESDAY. OCT 7，2025

2025 年 10 月 7 日

农历乙巳年 · 八月十六

10月7日

星期二

今日生命叙事

早起____点，午休____点，晚安____点，体温____，体重____，走步____

今日喝茶：绿□　白□　黄□　青□　红□　黑□　花茶□

正能量的我

茶和节气·寒露

本香之茶在于秋，一年摘期节后休。
南方尚暖雁来宾，北方露寒雀入流。
菊伸黄瓣悠悠长，枫变红叶翩翩漫。
丛薄林深鹿呦呦，千古高风颂佳句。

寒露·桂花

寒露是农历每年二十四节气的第17个节气。寒露，水汽类节气，表示露水已寒，连露水也寒凉，即将凝结（成霜、结冰）。“寒”就是寒冷，“露”就是露水，古代通常用“露”来表达天气较凉变冷之意。

寒露物候：初候鸿雁来宾；二候雀入大水为蛤；三候菊有黄华。

于白露、秋分、寒露时采摘制作的茶，均属于“秋茶”，铁观音秋茶、白茶的白露茶、白茶的寒露茶，都有较大产量。

寒露节气里，喝什么茶？寒露时节，应注意润肺生津、健脾益胃、养阴防燥、防风寒。寒露时，适宜饮乌龙茶（安溪铁观音、黄金桂、凤凰单丛）、黄茶、红茶、白茶（寿眉，均3年以上）；还要注意喝温茶水，不喝凉茶水。

WEDNESDAY. OCT 8，2025

2025 年 10 月 8 日

农历乙巳年 · 八月十七

10月8日

星期三

寒露

今日生命叙事

早起____点，午休____点，晚安____点，体温____，体重____，走步____

今日喝茶：绿□ 白□ 黄□ 青□ 红□ 黑□ 花茶□

正能量的我

节气茶 · 寒露茶

每年寒露的前 3 天和后 4 天所采之茶，为正秋茶，也称寒露茶。

“露先白而后寒”，寒露后天气明显凉了。寒露至霜降共 15 天，采摘茶叶的时间最多有 5 天。我国绝大部分产茶地区，茶树生长和茶叶采制是有季节性的。按节气分，小暑、大暑、立秋、处暑、白露、秋分、寒露采制的茶为秋茶；按时间分，7 月中旬以后采制的为秋茶。霜降标志着草木开始准备休眠，茶树也要留有休眠前的缓冲期，如果一直采茶到霜降，不利于茶树的休养生息。所以秋茶采摘后，只有我国华南茶区，由于地处亚热带，四季不分明，还有茶叶采制。

茶叶在寒露之后变化较大，里面带有“寒气”。寒露茶汲取的是冷峻内含的大自然能量。寒露茶既不像春茶那样鲜嫩、不经泡，也不像夏茶那样干涩、味苦，而是有一种独特的甘醇清香。如果说春茶喝的是那股清新的青草味，那么晚秋茶喝的则是一种浓郁的、醇厚的味道。经过了一夏的煎熬，茶叶也仿佛在时间中熬出了最浓烈的品性。从茶叶的本身香气来说，真是“一年之茶在于秋”。

从明前茶到寒露茶，茶叶贮藏了每一节气的天地之气，人与它恰如“茶”字：“草木之间藏人性，人字变化草木中。”

寒露茶叶

THURSDAY. OCT 9，2025

2025 年 10 月 9 日

农历乙巳年 · 八月十八

10月9日 星期四

今日生命叙事

早起___点，午休___点，晚安___点，体温___，体重___，走步___

今日喝茶：绿□　白□　黄□　青□　红□　黑□　花茶□

正能量的我

茶博物馆 · 黄山松萝茶文化博物馆

黄山松萝茶文化博物馆，是以松萝茶文化为主题的体验型博物馆，位于安徽省休宁县经济开发区内，建筑面积 4100 平方米，于 2012 年起对公众开放，是非国有博物馆，馆藏藏品 645 件套。

黄山松萝茶文化博物馆本着“特色、互动、品位、传承”的理念，通过群雕模型、情景再现、珍贵史料、图书档案、文学作品等展陈手法，重点展示了自唐、宋、明、清以来，徽茶及松萝茶的发展过程和辉煌的文化；徽州茶商在茶生产、经营和贸易活动中的业绩和风采；松萝茶在中国茶界的四大领先地位以及松萝茶走向世界的历史轨迹。同时，该博物馆以传说、故事、文献、史料演绎松萝茶的科学价值、养生保健价值和文学艺术价值。

该博物馆从历史与教育的高度，将徽州茶与松萝茶有机结合，展现其厚重的文化内涵，以展示徽州茶文化及物品为基本功能，以研究交流松萝茶文化为重要使命，以开发利用茶文化产业和茶产品为发展方向。

黄山松萝茶文化博物馆

FRIDAY. OCT 10, 2025

2025 年 10 月 10 日

农历乙巳年 · 八月十九

10月10日 星期五

今日生命叙事

早起____点，午休____点，晚安____点，体温____，体重____，走步____

今日喝茶：绿☐ 白☐ 黄☐ 青☐ 红☐ 黑☐ 花茶☐

正能量的我

茶博物馆·江南茶文化博物馆

江南茶文化博物馆，是茶文化综合性博物馆，地处江苏省苏州市古镇东山的碧螺景区。该博物馆占地面积 18 亩，建筑面积 5600 平方米，于 2008 年起开放，是由苏州市东山茶厂独立承建的非国有博物馆。

江南茶文化博物馆附设康熙御茶园、土特产展示中心，项目集江南茶文化展示和休闲于一体。其中，茶文化展示馆 1761 平方米（仿古 2 层），康熙御茶园（生态良种果木林）及景观布置 7000 平方米，农家餐厅 800 平方米（仿古 2 层），农家宾馆 580 平方米。

江南茶文化博物馆主要介绍江南茶区四大名茶的茶文化、茶历史、茶俗及茶艺。其中重点挖掘和展示洞庭山碧螺春茶文化的内涵和历史，藏品数量 304 件。

该博物馆分为茶文化历史实物、品茶、茶文化、茶艺等展示区。分类并详细介绍产于洞庭东山、西山的碧螺春，不但有其历史、形成、制作、品质，还有康熙赐名碧螺春、碧螺春茶文化、碧螺春与名人以及民间传说、营养价值和保健养生、菜肴、品饮方式、贮藏方式等，力求知识性、趣味性于一体，达到雅俗共赏。

该博物馆有 3 个镇馆之宝：一组紫檀木仿古雕刻得栩栩如生的茶圣——陆羽像；馆外空中神壶，一巨型茶壶悬挂在空中，潺潺流水自上而下，十分神奇；根据流传在东山一个民间故事而建造的汉白玉雕塑“碧螺姑娘”。

江南茶文化博物馆

该博物馆配套有：以太湖水产为主的餐厅得福楼，有休闲、度假功能的碧螺山庄，还有品茗观景的紫金堂，等等。

SATURDAY. OCT 11，2025

2025 年 10 月 11 日

农历乙巳年 · 八月二十

10月11日

今日生命叙事

早起____点，午休____点，晚安____点，体温____，体重____，走步____

今日喝茶：绿□　白□　黄□　青□　红□　黑□　花茶□

正能量的我

茶范·明代茶范朱权

朱权

朱权为明太祖朱元璋第 17 子，明代第一代宁王。永乐元年（1403 年），朱权被改封南昌后，于南昌郊外构筑精庐隐居，多与文人学士往来，潜心于戏曲、古琴、茶道和著述以寄情。他平生撰述纂辑见于著录者约 70 种，存世约 30 种。

朱权多才多艺，且戏曲、历史方面的著述颇丰，有《汉唐秘史》等书数十种，堪称戏曲理论家和剧作家，所创作杂剧今知有 12 种。

朱权耽乐清虚，悉心茶道，借茶来表明自己的志向和内心世界，达到修身养性；他主张保持茶叶的本色，提倡饮茶方式要方便、简单，应茶本身的自然之性，推动了叶茶（散茶）发展；他将饮茶经验和体会写成《茶谱》，流传于世。

朱权以隐士之力参与促进明代文化艺术呈现世俗化趋势，他不仅是明代茶人的杰出代表，而且是推动明代茶德风气走向的重要人物，也是影响明代社会茶德修行的突出典范。朱权称得上是明代茶范，他的茶魂带着那个朝代的气象和自身的本性——清真。

SUNDAY. OCT 12，2025

2025 年 10 月 12 日

农历乙巳年 · 八月廿一

10月12日 星期日

今日生命叙事

早起____点，午休____点，晚安____点，体温____，体重____，走步____

今日喝茶：绿□　白□　黄□　青□　红□　黑□　花茶□

正能量的我

古代雅集·邺下雅集

三国时期，曹操定都邺城，他与儿子曹丕、曹植都喜欢与名士进行文化交游，因此文士云集邺下，以曹氏父子（特别是曹丕）为中心，经常云游集宴、诗酒酬唱。曹丕在《又与吴质书》中回忆当时的盛况说："昔日游处，行则连舆，止则连席，何曾须臾相失。每至觞酌流行，丝竹并奏，酒酣耳热，仰而赋诗，当此之时，忽然不自知乐也。"当时文风极盛，成一时风气。所以后人评价说"诗酒唱和领群雄，文人雅集开风气"，邺下聚会，开创了文人雅集的先河。

文学上形成"建安七子"这一文学家群体，他们是王粲、刘桢、徐干、陈琳、阮瑀、应玚和孔融。他们早期崇尚空灵、抛开政治、隐居山林的所谓"晋风度"，受到了后世知识分子的赞赏和推崇。后人仰慕"建安七子"的同时，又给魏晋时期的7个人安上"竹林七贤"的美名。而其实，他们从未同时聚在一起。

记叙邺下雅集的画作有明代王问的《建安七子图》绢本。

明玉问《建安七子图》

MONDAY. OCT 13，2025

2025 年 10 月 13 日

农历乙巳年·八月廿二

10月13日 星期一

今日生命叙事

早起____点，午休____点，晚安____点，体温____，体重____，走步____

今日喝茶：绿☐ 白☐ 黄☐ 青☐ 红☐ 黑☐ 花茶☐

正能量的我

古代雅集·“竹林七贤”“竟陵八友”雅集

“竹林七贤”之名始见于《魏氏春秋》，是指魏晋时期的嵇康、阮籍、山涛、向秀、刘伶、王戎及阮咸7人。7人早期均仕魏，并崇尚老子、庄子，纵酒放任，以清高自许。《三国志·魏志·嵇康传》称其“相与友善，游于竹林，号为七贤”。

七贤们的交谊并未善始善终。随着司马氏集团的兴盛和曹魏的衰败，他们的政治态度逐步分裂。嵇康、阮籍、刘伶仕魏为官，不屈从于司马氏集团。向秀在嵇康被害后，被迫出仕。阮咸、山涛先后投靠司马氏。王戎则功名心最盛，为人鄙吝，深得官场要诀，久居高位。山涛曾想拉拢嵇康投司马氏。嵇康写了著名的《与山巨源绝交书》，痛骂山涛，抨击时政。

七贤们的艺术成就也大相径庭。刘伶一篇《酒德颂》千古传育。阮籍工诗，嵇康擅文能诗，向秀能赋。阮咸通乐，日常惟以弦歌宴饮而已。至于山涛、王戎仅能清言而已，未见诗文佳作。竹林七贤虽然最终分道扬镳了，但他们早期崇尚空灵、抛开政治、隐居山林的所谓“晋风度”受到了后世知识分子的赞赏和推崇。相传七贤们常去的竹林，位于今河南辉县西南的竹林寺。

南北朝齐永明年间（483—493年），有一大群文士集合于竟陵王萧子良左右，形成了一个文学群体，文学史上称“竟陵八友”。《梁书·武帝本纪》：“竟陵王子良开西邸，招文学，高祖（萧衍）与沈约、谢朓、王融、萧琛、范云、任昉、陆倕并游焉，号曰‘八友’。”他们彼此唱和，互相推波助澜，形成了一股文学潮流。

《竹林七贤图》

TUESDAY. OCT 14, 2025

2025 年 10 月 14 日

农历乙巳年 · 八月廿三

10月14日 星期二

今日生命叙事

早起____点，午休____点，晚安____点，体温____，体重____，走步____

今日喝茶：绿□　白□　黄□　青□　红□　黑□　花茶□

正能量的我

古代雅集·唐代以茶代酒的雅集

唐吕温在《三月三日茶宴序》中写道：“三月三日，上巳禊饮之日也。诸子议以茶酌而代焉。乃拨花砌，憩庭阴，清风逐人，日色留兴，卧指青蔼，坐攀香枝。闲莺近席而未飞，红蕊拂衣而不散。乃命酌香沫，浮素杯，殷凝琥珀之色。不令人醉，微觉清思，虽五云仙浆，无复加也。”

钱起在《过张成侍御宅》诗中也有“杯里紫茶香代酒”之句，都是描写文人集会“以茶酌而代”的情形。

颜真卿、陆士修等人的《五言月夜啜茶联句》也是描写一次茶会的情形，在品茶之时联句赋诗：泛花邀过客，代饮引清言（陆士修）。醒酒宜华席，留僧想独园（张荐）。不须攀月桂，何假树庭萱（李萼）。御史秋风劲，尚书北斗尊（崔万）。流华净肌骨，流瀹涤心原（颜真卿）。不似春醪醉，何辞绿菽繁（皎然）。素瓷传静夜，芳气满闲轩（陆士修）。从“代饮引清言”和“不似春醪醉”可以看出，此次聚会只喝茶不饮酒。茶诗友别出心裁，用的都是与茶有关的代名词。陆士修用“代饮”表示以饮茶代替饮酒；张荐用“华宴”借指茶宴；颜真卿用“流华”借指饮茶。因为诗中说的是月夜啜茶，所以还用了“月桂”这个词。用联句来咏茶，这在茶诗中不多见。

WEDNESDAY. OCT 15，2025

2025 年 10 月 15 日

农历乙巳年·八月廿四

10月15日

星期三

今日生命叙事

早起____点，午休____点，晚安____点，体温____，体重____，走步____

今日喝茶：绿□　白□　黄□　青□　红□　黑□　花茶□

正能量的我

古代雅集·琉璃堂雅集

琉璃堂雅集，是唐代诗人王昌龄与其诗友李白、高适等，在江宁县丞任所琉璃堂厅前聚会吟诗唱和的茶会，参加的人物有：僧人 1 人，文士 7 人，另有服侍者 3 人。

南唐画院的周文矩为“琉璃堂雅集”作有一卷人物画——《琉璃堂人物图》，其后半段《文苑图》部分，精心刻画 4 位诗人冥思苦想、寻觅诗句的生动情态。画面的中部一人是李白，袖手伏在弯曲的松树上凝神思索，旁若无人；右边一人是王昌龄，一只手握笔托腮，另一只手捧纸绢，陷入沉思；一位书童子俯身为他研墨；左边二人坐着共展一卷诗文，似在细细琢磨推敲，一位做沉思状，一位扭头回视，似乎听到了什么声音。作品把处于特定情景中的 4 位诗人的神情姿态和性格气质刻画得细致入微，人物姿态各有不同，但又统一在画家构思的浓浓氛围中。

该画现今传世的均为宋代摹本，此幅作品为国内所藏宋代摹本残存的后半段；另一宋代全摹本为美国收藏家存。

五代周文矩《琉璃堂人物图》(局部)

THURSDAY. OCT 16, 2025

2025年10月16日

农历乙巳年·八月廿五

10月16日

星期四

今日生命叙事

早起___点，午休___点，晚安___点，体温___，体重___，走步___

今日喝茶：绿□　白□　黄□　青□　红□　黑□　花茶□

正能量的我

古代雅集·西园雅集

宋神宗元祐元年（1086 年），暑夏，北宋驸马都尉王诜邀请好友苏轼、苏辙、黄庭坚、米芾、秦观、蔡肇、晁无咎、李公麟等 16 位文人名士在西园聚会。主人的花园，松桧梧竹，草木花鸟，小桥流水，泉石灵畅，皆妙绝极园林之胜。

在一棵松树分为两支形成的树荫下，苏轼穿戴乌帽黄道服，正捉笔书写名言佳语；苏轼的右侧是李之仪，他坐不住了，倚着椅子的把手，注视并品读中；而主人王诜穿戴仙桃巾紫裘，不失风度而坐观之，但也是倾身近读；王诜的右侧，那位富贵风韵、眼观不语、云环翠饰而侍立的妇女，是王诜的家姬，后随从有女奴；在画桌对面的穿戴幅巾青衣的蔡肇，他据隔着方几，伫立凝视。都沉浸在诗话雅集中。

孤松盘郁，上有凌霄缠络，红绿相间；下有大石案，陈设一张古琴；桌面中央是齐全的点茶、斗茶用具，一位茶僮（茶师）正在煮水净具。在另一处，四面是芭蕉环围的大石盘，几位主友正在观赏李公麟画的《陶潜归去来图》。

雅集正进行中，风竹相吞，炉烟方袅，草木自馨，人间清旷之乐，不过于此。

刘松年《西园雅集图》（局部）

FRIDAY. OCT 17，2025

2025 年 10 月 17 日

农历乙巳年 · 八月廿六

10月17日

星期五

今日生命叙事

早起____点，午休____点，晚安____点，体温____，体重____，走步____

今日喝茶：绿□　白□　黄□　青□　红□　黑□　花茶□

正能量的我

茶典故·朱元璋推广散茶

中国古代饮茶方式多种多样，最有代表性的是唐代煎茶，宋代（延续至元代）为点茶、斗茶，明代（延续至清代直到现在）为撮泡茶、壶泡茶。

从唐代至元代，茶叶基本都是制成茶饼和团饼的，便于运输和交易，但茶饼和团饼在饮用前要碾磨成末，很麻烦。而且，兴于宋代的团饼茶素有“一朝团焙成，价与黄金逞”的说法，以斗茶为乐耗费人力物力，平民百姓消费不起。

在洪武二十四年（1391 年）九月十六日，明朝开国皇帝朱元璋兴利去弊，下诏令“罢造龙团，惟采芽茶以进”，停止龙团制作，上到官僚，下到百姓都必须遵守。这让“蒸而团之或蒸而饼之”的茶叶改头换面，让当时的“斗茶”之风一扫而去……他也对制茶技艺的发展起了促进作用。

在此之前，元代末就已经有散茶了，当时民间以饮用芽茶散茶为主，开始出现取一撮芽茶散茶冲泡饮茶的情况，但真正全国范围推广散茶还是从朱元璋开始。

SATURDAY. OCT 18, 2025

2025 年 10 月 18 日

农历乙巳年 · 八月廿七

10月18日

今日生命叙事

早起____点，午休____点，晚安____点，体温____，体重____，走步____

今日喝茶：绿□　白□　黄□　青□　红□　黑□　花茶□

正能量的我

茶谱系·滇红

滇红，红茶类（细分为工夫红茶），产于云南省临沧、保山、凤庆、西双版纳、德宏等地，主产在临沧、凤庆、勐海、双江、云县、昌宁等县。滇红有滇红工夫和滇红碎茶。滇红工夫创制于 1939 年，为历史名茶。滇红碎茶于 1958 年试制成功。

滇红采用云南大叶种茶树鲜叶作为原料，鲜叶的采摘标准是 1 芽 2 ～ 3 叶。滇红工夫制茶主要工序是萎凋、揉捻、发酵、干燥。滇红碎茶初制工序是萎凋、揉切、发酵、干燥。

滇红工夫成品茶叶条索紧结肥硕，色泽乌润，金毫显露；内质香气鲜郁高长，冲泡后散发出自然果香和蜜香，滋味浓厚鲜爽，富有收敛性；汤色红艳，金圈突出，叶底红匀嫩亮。CTC 红碎茶颗粒紧实、圆实、匀齐、纯净，色泽油润；内质香气甜醇，滋味鲜爽浓强，汤色红艳；叶底红匀明亮。

冲泡滇红时，可每人用一只容量 130 毫升的盖碗作为泡具和饮具，茶水比为 1 : 50，投茶量 2 克，水 100 克（毫升），泡茶水温宜水烧开后降温至 90 ～ 95℃。主要冲泡步骤：温茶碗内凹，投入茶叶后，采用正中定点注水法注水，水量达到茶碗八分满后，盖上茶盖。当茶汤的水温降至适口温度时，趁温热品饮。如觉茶汤淡，可用茶盖拨动茶叶使其翻滚后再品饮。

滇红

SUNDAY. OCT 19，2025

2025 年 10 月 19 日

10月19日

星期日

农历乙巳年·八月廿八

今日生命叙事

早起____点，午休____点，晚安____点，体温____，体重____，走步____

今日喝茶：绿□　白□　黄□　青□　红□　黑□　花茶□

正能量的我

茶典故·陆羽献茶

唐代竟陵龙盖寺的智积禅师善于品茶，一传十，十传百，人们把智积禅师看成是茶仙下凡。这消息也传到了唐代宗（762—779 年）耳中。代宗嗜好饮茶，也是品茶行家，宫中还录用了一些善于品茶的人供职。代宗得闻后，半信半疑，就下旨召来智积，决定当面试茶。

智积到了宫中，代宗即命宫中煎茶能手来碗上等茶汤，赐予智积品尝。智积谢恩后接茶在手，轻轻喝了一口，就放下茶碗，再也没喝第二口茶。代宗问因何故？智积起身手摸长须笑答："我所饮之茶，都是弟子陆羽亲手所煎。饮惯他煎的茶，再饮别人煎的茶，就感到单薄如水了。"代宗听罢，问陆羽现在何处？智积答道："陆羽酷爱自然，遍游海内名山大川，品评天下好茶名泉，现在何处贫僧也难知晓。"

于是朝中派人四处寻找陆羽，不几天终于在吴兴（今湖州）找到并接进宫。唐代宗见陆羽虽然说话结巴，其貌不扬，但出言不凡，知识渊博，几分欢喜。命他煎茶献师，陆羽欣然同意，就取出自己清明前采制的紫笋茶，用泉水烹煎后，先献给代宗。代宗接过茶碗，一阵清香迎面扑来，精神为之一爽，再看碗中茶叶淡绿清澈，品尝后香醇回甜，连赞好茶。就让陆羽再来一碗，由宫女送去给智积品尝。智积喝了一口，连叫好茶，接着一饮而尽。智积放下茶碗，兴冲冲地走出御书房，大声喊道："鸿渐在哪里？"代宗吃惊地问："智积怎么知道陆羽来了？"智积哈哈大笑道："我刚才品的茶，只有渐儿才能煎得出来，喝了这茶，当然就知道是渐儿来了。"

陆羽煮茶

唐代宗十分佩服智积的品茶之功和陆羽的茶技之精，有意留陆羽在宫中培养茶师。但陆羽不羡荣华富贵，不久又回到吴兴苕溪，专心撰写《茶经》去了。

MONDAY. OCT 20，2025

2025 年 10 月 20 日

农历乙巳年·八月廿九

10月20日 星期一

今日生命叙事

早起____点，午休____点，晚安____点，体温____，体重____，走步____

今日喝茶：绿☐ 白☐ 黄☐ 青☐ 红☐ 黑☐ 花茶☐

正能量的我

茶典故·卢仝与“七碗茶歌”

卢仝，号玉川子，唐代诗人。他嗜茶成癖，著有《茶谱》，诗风亦浪漫，清贫但敢为茶农请命，世人尊称其为“茶仙”。他的诗《走笔谢孟谏议寄新茶》，传唱千年而不衰，其中尤以“七碗茶歌”最是脍炙人口：“一碗喉吻润，二碗破孤闷。三碗搜枯肠，惟有文字五千卷。四碗发轻汗，平生不平事，尽向毛孔散。五碗肌骨清。六碗通仙灵。七碗吃不得也，唯觉两腋习习清风生。”

卢仝的“七碗茶歌”，几乎成了人们吟唱茶的典故。“何须魏帝一丸药，且尽卢仝七碗茶”（宋代苏轼）；“不待清风生两腋，清风先向舌端生”（宋代杨万里）；“我尽安知非卢仝，只恐卢仝未相及”（明代胡交焕）；“一瓯瑟瑟散轻蕊，品题谁比玉川子”（清代汪巢林）；北京中山公园的来今雨轩，民国初年曾改为茶社，门有一联云：“三篇陆羽经，七度卢仝碗”。

卢仝的“七碗茶歌”在日本亦广为传颂，并被日本人演变为日式茶道：“喉吻润、破孤闷、搜枯肠、发轻汗、肌骨清、通仙灵、清风生。”

卢仝

TUESDAY. OCT 21，2025

2025 年 10 月 21 日

农历乙巳年 · 九月初一

10月21日 星期二

今日生命叙事

早起____点，午休____点，晚安____点，体温____，体重____，走步____

今日喝茶：绿□　白□　黄□　青□　红□　黑□　花茶□

正能量的我

茶典故 · 李德裕与惠山泉水

李德裕，是唐武宗时期（841—846 年）的宰相，他善于品水鉴泉。李德裕在朝廷任职时，有一位茶友也是亲信知己奉使说口（今江苏镇江）。李德裕托他："还日，金山下扬子江中急水，取置一壶来。"那人忘了，舟上石头城，才记起嘱托。此时，那人急忙装了一瓶水，还回京城时，以此献给李德裕。李饮后非常惊讶，说：江南水味，不同于昔年过去了，"此颇似建业石头城下水"。那人不敢隐瞒，如实说明缘由。此事见五代南唐尉迟偓《中朝故事》。

李德裕喜好饮用惠山泉水，曾不远千里设置驿站传送。有一位老僧对此特权挥霍之事，不以为然，专门拜见李德裕，说相公要饮惠山泉水，不必到无锡去专递，只要取京城的昊天观的水就行。李德裕大笑其荒唐，便暗地让人取来惠山泉水和昊天观水各一瓶，做好记号，并加上其他各种泉水，一起送到老僧处请他品鉴，请其找出惠山泉水来，老僧一一品赏之后，从中取出两瓶。李德裕揭开记号一看，正是惠山泉水和昊天观水，李德裕大为惊奇，不得不信。于是，再也不用"水递"来运输惠山泉水了。此事见宋代唐庚《斗茶记》。

惠山泉

WEDNESDAY. OCT 22，2025

2025 年 10 月 22 日

农历乙巳年 · 九月初二

10月22日 星期三

今日生命叙事

早起___点，午休___点，晚安___点，体温___，体重___，走步___

今日喝茶：绿□ 白□ 黄□ 青□ 红□ 黑□ 花茶□

正能量的我

茶和节气·霜降

千树扫作一番黄，青青茶丛傲寒霜。
昔日地窖丁柿场，新添贮罐老茶藏。
莫叹世态多无常，只识征途少巧方。
唱酬金菊正似阳，煮水煎茶随流觞。

霜降·彼岸花

霜降是农历每年二十四节气的第 18 个节气。霜降，水汽类节气，表示天气渐冷，开始有霜。

霜降物候：初候豺乃祭兽；二候草木黄落；三候蛰虫咸俯。

霜降，表示北方部分地区开始有霜。“霜降始霜”反映的是黄河流域的气候特征。到了霜降时节，在江南的绿茶产区，茶树叶片开始变得枯黄。此时的茶叶已不能采制。云南、广西、广东、福建、台湾等地，仍有少量可采摘的茶叶。云南普洱茶的“老黄片”，广西六堡茶的“霜降老茶婆”，广东、福建、台湾乌龙茶的“雪片”“冬片”，都是用此期间采摘的茶叶制作的。茶谚语有“基肥足，春茶绿”，进入霜降节气茶农分别进行茶园清园、除草、除虫，深耕施肥、浅沟追肥及覆盖蓬草、薄膜等工作，以确保茶园顺利过冬，并且提升来年春茶的品质。

霜降节气里，喝什么茶？霜降时节，人体的气机在收敛，应注意养脾胃以养肾气，起居避寒凉。适宜饮乌龙茶（冻顶乌龙、安溪铁观音、武夷岩茶）、黄茶、白茶（白毫银针，3 年以上）、黑茶（茯砖、普洱熟茶、六堡茶“霜降老茶婆”、沱茶，均 3 年以上）。还要注意喝温茶水，不喝凉茶水。

THURSDAY. OCT 23，2025

2025 年 10 月 23 日

农历乙巳年·九月初三

10月23日

星期四

霜降

今日生命叙事

早起____点，午休____点，晚安____点，体温____，体重____，走步____

今日喝茶：绿□　白□　黄□　青□　红□　黑□　花茶□

正能量的我

茶诗词·《鹧鸪天·寒日萧萧上琐窗》

鹧鸪天·寒日萧萧上琐窗

（宋）李清照

寒日萧萧上琐窗，梧桐应恨夜来霜。
酒阑更喜团茶苦，梦断偏宜瑞脑香。
秋已尽，日犹长，仲宣怀远更凄凉。
不如随分尊前醉，莫负东篱菊蕊黄。

这首词的思绪从寒日夜来霜，到借酒消愁，悲慨万分，凄婉情深，冉升信念。

“酒阑更喜团茶苦”，是词人对宋代《清明上河图》那世间太平文化繁荣的怀想。“酒阑”借指兵荒马乱到了极点，“团茶”即宋代的龙团饼茶，词中借“团茶”喻指宋代文化繁荣时期。词人忆起一家人在文化繁荣时期虽然很忙、很辛苦，但甚为喜悦，因而更怀念、更向往。

由“秋已尽，日犹长”，表达思念亡夫之情“日犹长”，自己孤单寂寞的生活日子也还“犹长”，往后可能“更凄凉”。没有“团茶”，没有“角茶”，只能借酒消愁啊！

莫负东篱菊蕊黄

FRIDAY. OCT 24，2025

2025年10月24日

农历乙巳年·九月初四

10月24日

星期五

今日生命叙事

早起____点，午休____点，晚安____点，体温____，体重____，走步____

今日喝茶：绿□　白□　黄□　青□　红□　黑□　花茶□

正能量的我

茶诗词·《浣溪沙·谁念西风独自凉》

浣溪沙·谁念西风独自凉

（清）纳兰性德

谁念西风独自凉，萧萧黄叶闭疏窗，沉思往事立残阳。

被酒莫惊春睡重，赌书消得泼茶香，当时只道是寻常。

这首词情景互相映衬，由西风、黄叶，生出自己孤单寂寞和思念亡妻之情，继而由此忆起亡妻在世时的生活片段，最后抒发无穷的遗憾和沉重的哀伤。其中写到夫妻风雅生活的乐趣：夫妻角茶赌书，互相指出某事出在某书某页某行，谁说得对谁就举杯饮茶为乐，以到茶水泼得满地，满室洋溢着茶香。这样的生活片段极似宋代李清照和她的丈夫赵明诚“角茶赌书”的情景。

词人有与李清照《鹧鸪天·寒日萧萧上琐窗》唱和的味道：不但语境近似，心境相似，“角茶赌书”生活片段类似，又同为丧偶，诗词同韵脚，在词中选用相同的字词有：萧萧、窗、凉、黄、酒、茶、香。

独饮

SATURDAY. OCT 25，2025

2025 年 10 月 25 日

农历乙巳年 · 九月初五

10月25日

今日生命叙事

早起___点，午休___点，晚安___点，体温___，体重___，走步___

今日喝茶：绿□　白□　黄□　青□　红□　黑□　花茶□

正能量的我

茶画·《玉川煮茶图》

这幅细笔水墨画，描绘了卢仝坐蕉林修篁下煮茶品茗的场景。

画面上花园一处，有一座造型奇特的假山，山后翠竹挺拔，山前两棵高大芭蕉树下，坐着煮茶主人卢仝。左右两仆，一双手端盒，一提壶取水而来。石桌上，摆放着茶具。卢仝左手持羽扇，坐于蕉林修篁下，双目凝视着熊熊炉火上的煮茶釜，静静地聆听着煮茶釜中欲沸还未沸的清泉之水，“松风”之声隐约可闻，煮茶釜中茶烟袅袅升起。人物神态生动，在大自然中煮泉品茗的悠然自得、安逸闲适，跃然画面。

该画作者丁云鹏，字南羽，号圣华居士，明代著名画家。他能诗书，擅绘画，白描、人物、山水、花卉、佛像、墨模无不精。

明丁云鹏《玉川煮茶图》(故宫博物院藏)

SUNDAY. OCT 26，2025

2025 年 10 月 26 日

农历乙巳年 · 九月初六

10月26日 星期日

今日生命叙事

早起____点，午休____点，晚安____点，体温____，体重____，走步____

今日喝茶：绿☐　白☐　黄☐　青☐　红☐　黑☐　花茶☐

正能量的我

茶画·《饮茶图团扇》

画左边一位侍女双手捧茶盘，一位贵妇人伸手从盘中取茶具。右边一位贵妇人面向她们走来，仪态端庄娴静；后边随从侍女双手捧一只锦盒。画风承唐代，典雅浓丽。此画旧题为南唐周文矩画作，但观其时代气息，应为宋人所作。

宋佚名《饮茶图团扇》绢本设色（美国弗利尔美术馆藏）

MONDAY. OCT 27，2025

2025 年 10 月 27 日

农历乙巳年 · 九月初七

10月27日

星期一

今日生命叙事

早起___点，午休___点，晚安___点，体温___，体重___，走步___

今日喝茶：绿□　白□　黄□　青□　红□　黑□　花茶□

正能量的我

茶范·当代茶范吴觉农

吴觉农

吴觉农是中国知名的爱国民主人士和社会活动家，著名农学家、农业经济学家，现代茶叶事业复兴和发展的奠基人。

吴觉农是一位知名的爱国民主人士和社会活动家，他出生于苦难的时代，具有高度的爱国主义精神，是不断追求进步的革命知识分子，他的身上表现着富贵不能淫、威武不能屈、贫贱不能移的高贵品质。他振兴中国茶叶的理想同他爱国主义的思想密切相关。

吴觉农被誉为“当代茶圣”。他毕生从事茶事，学识渊博，经验丰富，态度严谨，目光远大。他所著《茶经述评》至今仍是研究陆羽《茶经》最权威的著作。他还最早论述了中国是茶树的原产地，创建了中国第一个高等院校的茶业专业和全国性茶叶总公司，又在福建武夷山麓首创了茶叶研究所，为发展中国茶叶事业作出了卓越贡献。

吴觉农，博学多才，不慕官禄，不畏强权，艰苦创业，矢志许茶，为中国当代茶学理论、科研育人、产销贸易等方面作出了划时代的贡献，他是中国当代茶学的开拓者和奠基人。吴觉农的茶魂带着当代中国的气象和自身的本性——担当。

TUESDAY. OCT 28，2025

2025 年 10 月 28 日

农历乙巳年 · 九月初八

10月28日 星期二

今日生命叙事

早起____点，午休____点，晚安____点，体温____，体重____，走步____

今日喝茶：绿☐ 白☐ 黄☐ 青☐ 红☐ 黑☐ 花茶☐

正能量的我

节日和茶·重阳节

农历九月初九，重阳节，又称重九节，为中国传统节日。庆祝重阳节一般有出游赏秋、登高远眺、观赏菊花、遍插茱萸、吃重阳糕、饮菊花酒等活动。重阳节，早在战国时期就已经形成，到了唐代正式被定为民间的节日，后沿袭至今。《中华人民共和国老年人权益保障法》明确：每年农历九月初九为老年节。倡导全社会树立尊老、敬老、爱老、助老的风气。

老年节，看望老人、敬送礼物、办敬老活动、陪老人畅聊，少不了送茶、敬茶、喝茶，面对选茶问题，要从适宜节气养生来选择。

重阳是“秋寒新至”，随后是深秋、冬季时节，依据“秋冬养阴”原则，老人饮茶宜润、宜温、宜老，如茶性温和的老茶（普洱熟茶、老白茶），能调养胃肠道；茶性平和的乌龙茶，能平火。老年节选茶，就讲求一个字“温”。温，是指要倡导饮温性茶。温性茶主要是红茶、黑茶（普洱熟茶、砖茶、六堡茶，成品均5年以上）、乌龙茶（武夷岩茶、安徽铁观音、凤凰单丛，均1年以上）、白茶（白毫银针、白牡丹，均5年以上）等。

重阳节看望老人

WEDNESDAY. OCT 29，2025

2025 年 10 月 29 日

农历乙巳年 · 九月初九

10月29日

星期三

重阳节

今日生命叙事

早起___点，午休___点，晚安___点，体温___，体重___，走步___

今日喝茶：绿☐　白☐　黄☐　青☐　红☐　黑☐　花茶☐

正能量的我

古代雅集·九月九滕王阁雅集

唐肃宗上元二年（675年）九月九日，时任洪州都督的阎伯屿“大宴滕王阁”，召集达官文人雅士上滕王阁，登高远眺，临江赏景，吃重阳糕，喝茶饮酒，吟诗作赋，欢度民间重阳节。

时年25岁的王勃，正好因为要前往交趾看望任交趾县令的父亲而路过南昌，也被邀请参与。王勃“六岁即能写文章，文笔流畅，被赞为‘神童’。九岁时，读颜师古注《汉书》，作《指瑕》十卷以纠正其错”。

大宴上，阎伯屿想让自己的女婿作篇滕王阁序歌功颂德，让其在众人面前露一手，以彰其名。其他年长的文人雅士明白“都督”此意，所以“出纸笔遍请客，莫敢当”，就连都督的女婿也假意推辞。不想，王勃却接过了纸笔挥毫。阎伯屿见此情况，就以更衣为名，愤然离席。后来他听到“落霞与孤鹜齐飞，秋水共长天一色”一句，大惊曰：“此真天才，当垂不朽矣！”阎伯屿赶忙出来站在王勃身边观看他写完此滕王阁序，并请他上席，极欢而罢。

王勃的《滕王阁序》，全称《秋日登洪府滕王阁饯别序》，又名《滕王阁诗序》《宴滕王阁序》，是在这次雅集上写就的。

元夏永《滕王阁图》（局部）

后有追记此次九月九滕王阁雅集的画作传世。如：元代唐棣《滕王阁图》卷，纸本水墨27.5cm×84.5cm（美国纽约大都会艺术博物馆藏），元代夏永《滕王阁图》24.7cm×24.7cm（美国波士顿美术馆藏）。

THURSDAY. OCT 30，2025

2025 年 10 月 30 日

农历乙巳年 · 九月初十

10月30日 星期四

今日生命叙事

早起___点，午休___点，晚安___点，体温___，体重___，走步___

今日喝茶：绿□　白□　黄□　青□　红□　黑□　花茶□

正能量的我

茶博物馆·鲁西茶文化博物馆

鲁西茶文化博物馆，是茶文化专业性博物馆，为非国有博物馆，位于山东省聊城市东昌府区楼南大街 17 号，总面积 1900 平方米，自 2015 年起对外向公众开放。

鲁西茶文化博物馆中，从陆羽雕像到清朝至今的各式紫砂壶，从临清贡砖雕成的“百茶文”到近百种茶叶的精品展示，随处可见茶，让参观者恍惚间仿佛置身江南茶园。馆藏藏品分为茶叶、茶具、茶器、字画四大类，有相关珍稀藏品 1000 余件。茶文化博物馆有六大展厅，馆内茶香绕梁，文化体验丰富多彩，通过陈列茶品、茶器、茶事、茶诗画，排演茶艺、茶歌、茶曲、茶舞，举办民俗茶艺节等，展现中国大运河上千年不息的茶文化和茶生活。

茶史展厅，主要介绍中国茶叶生产、茶文化的发展史以及各式中外茶叶样品。

茶俗展厅，主要介绍云南、四川、西藏、福建、广东等地，以及明清时期的饮茶方法和礼仪，反映中国丰富多彩的茶文化。

茶器展厅，分别展示明代以后各式茶灶、茶壶、茶盏等器皿 60 余套；明清时期茶器 80 余套，其中有西泠八家之一的陈曼生设计制作的“曼生十八式”等经典壶式；近现代茶具展区展示清代至今各式茶器 120 余套。

茶艺展厅，参观者可以欣赏到古今中外的茶艺和茶道表演，如禅茶、文士茶、擂茶、农家茶、日本茶道等。

鲁西茶文化博物馆

茶书院内还展有吴昌硕、齐白石、张大千、徐悲鸿、潘天寿、吴冠中等大师的精品。张大千大师的巨幅作品《松下观瀑图》及齐白石的《借山图册》等众多精品力作陈列于此。

FRIDAY. OCT 31，2025

2025 年 10 月 31 日

农历乙巳年 · 九月十一

10月31日 星期五

今日生命叙事

早起____点，午休____点，晚安____点，体温____，体重____，走步____

今日喝茶：绿□ 白□ 黄□ 青□ 红□ 黑□ 花茶□

正能量的我

茶谱系·安溪铁观音（清香型）

安溪铁观音（清香型）

安溪铁观音，乌龙茶（青茶）类（细分为闽南乌龙），产于福建省安溪县，创制于清乾隆年间，为历史名茶。

安溪铁观音在一年春、夏、秋茶季皆可制茶，4月底至5月初开始采春茶，夏茶6月下旬采摘，暑茶一般于8月上旬采摘，至10月上旬采秋茶。安溪铁观音采用铁观音茶树品种茶树鲜叶为原料，鲜叶的采摘标准是驻芽3叶，俗称开面采。春、秋茶采摘1芽2～3叶，夏、暑茶采摘1芽3～4叶。制茶工序是晒青、凉青（或静置）、摇青、炒青、揉捻、初烘、初包揉、复烘、复包揉、足干。轻发酵的为清香型铁观音。

清香型安溪铁观音成品茶叶条索紧结沉重，色泽砂绿油润；内质香气馥郁、芬芳幽长，可谓“七泡有余香”；滋味醇厚甘鲜，汤色金黄明亮，饮之齿颊留香，甘润生津。茶香带有兰花香味，具有独特的风格，俗称“观音韵”；还有“春水秋香”之说。“清汤绿水”的则是清香型铁观音。

冲泡清香型安溪铁观音时，可每人用一只容量130毫升的盖碗作为泡具和饮具，茶水比为1∶35，投茶量3克，水105克（毫升），泡茶水温宜水烧开至100℃。主要冲泡步骤：温茶碗内凹，投入茶叶后，采用悬壶高冲法注水，水量达到茶碗八分满后，盖上茶盖。当茶汤的水温降至适口温度时，趁温热品饮。如觉茶汤淡，可用茶盖拨动茶叶使其翻滚后再品饮。

SATURDAY. NOV 1，2025

2025 年 11 月 1 日

农历乙巳年 · 九月十二

11月1日

今日生命叙事

早起____点，午休____点，晚安____点，体温____，体重____，走步____

今日喝茶：绿□　白□　黄□　青□　红□　黑□　花茶□

正能量的我

茶谱系·三里垭毛尖

三里垭毛尖

三里垭毛尖，绿茶类（细分为炒青绿茶），产于陕西省平利县三里垭村，为恢复历史名茶。据《平利县志》记载：“清乾隆年间，平利县三里垭毛尖，被列为贡品。”

三里垭毛尖于夏、秋、冬三个季节均可采制，鲜叶的采摘标准要求1芽1叶初展，其芽要细小短薄，嫩绿匀齐；采摘时讲究芽叶壮实，芽尖显露，带梗和鱼叶。其制茶工艺工序为杀青、揉捻、复炒复揉、初烘、提毫、烤足干、成品精选。总结自传统的“三炒三揉”，高温杀青，低温揉捻，搓团提毫，及时干燥。在锅中制作时，要求手不离锅，勤翻快炒，用力适度，连续炒制而成。

三里垭毛尖成品茶叶条索紧细，苗秀卷曲，白毫显露，色泽翠绿，香嫩持久；汤色嫩绿明亮，滋味鲜爽回甘；叶底完整，嫩绿明亮。用玻璃杯冲泡，可见茶芽在杯中悬空竖立，有的芽尖于水中三起三落，最后全部垂落杯底，仍是针尖上昂，叶柄下垂，恰似群笋出土，秋菊盛开，堪称“杯中茶景”。

冲泡三里垭毛尖时，可每人选用一只容量130毫升的盖碗作为泡具和饮具，茶水比为1∶50，投茶量2克，水100克（毫升），泡茶水温宜水烧开后降温至85℃。主要冲泡步骤：温茶碗内凹，投入茶叶后，采用定点旋冲法注水，水量达到茶碗八分满后，盖上茶盖。当茶汤的水温降至适口温度时，趁温热品饮。如觉茶汤淡，可用茶盖拨动茶叶使其翻滚后再品饮。

SUNDAY. NOV 2, 2025

2025 年 11 月 2 日

农历乙巳年·九月十三

11月2日 星期日

今日生命叙事

早起____点，午休____点，晚安____点，体温____，体重____，走步____

今日喝茶：绿□　白□　黄□　青□　红□　黑□　花茶□

正能量的我

茶谱系 · 普洱熟茶

普洱熟茶

普洱熟茶，黑茶类（细分为云南黑茶，有熟普散茶、熟普紧压），主要产于云南，由北向南分别是保山市、临沧市、普洱市、西双版纳傣族自治州。

普洱熟茶是以符合普洱茶产地环境条件下生长的云南大叶种晒青茶为原料，采用特定工艺，经过人工发酵、渥堆处理，快速后发酵熟化加工形成的散茶和紧压茶。普洱熟茶，再经过一段相当长时间存放，待其味质稳净，便可以出仓货卖。存放时间一般需要 2 ～ 3 年，干仓陈放 5 ～ 8 年的普洱熟茶为上品。普洱熟茶即云南黑茶，又分为熟普散茶（金芽熟普、宫廷熟普、散普）、熟普紧压（熟普陀茶、熟普砖茶、七子饼茶、熟普小陀茶）。

普洱熟茶成品茶叶色泽红褐，香气独特，有陈香，汤色红浓明亮，滋味醇和回甘，叶底红褐。

冲泡普洱熟茶时，可每人用一只容量 130 毫升的盖碗作为泡具和饮具，茶与水的比例为 1 : 30，投茶量 3 克，水 90 克（毫升），泡茶水温宜水烧开至 100℃。主要冲泡步骤：温茶碗内凹，投入茶叶后，第一次注水五分满后茶汤直接倒入茶海，第二次冲泡茶叶，采用 N 字形覆盖冲法注水，水量达到茶碗八分满后，盖上茶盖，5 分钟后即可品饮。如果是用银壶煮水，当水面冒起“鱼眼泡”时，冲泡出的茶汤香甜顺滑。

MONDAY. NOV 3, 2025

2025 年 11 月 3 日

农历乙巳年 · 九月十四

11月3日 星期一

今日生命叙事

早起___点，午休___点，晚安___点，体温___，体重___，走步___

今日喝茶：绿□　白□　黄□　青□　红□　黑□　花茶□

正能量的我

茶谱系 · 沩山毛尖

沩山毛尖，黄茶类（细分为黄小茶），产于湖南省宁乡沩山（亦称大沩山），为历史名茶。

沩山毛尖制茶鲜叶于清明后 7 ～ 8 天开始采摘。鲜叶的采摘标准是待肥厚的芽叶伸展到 1 芽 2 叶时，采下 1 芽 1 叶或 1 芽 2 叶，留下鱼叶，俗称“鸦雀嘴”。要求无残伤、无紫叶的鲜叶。其制茶工序是杀青、闷黄、轻揉、烘焙、熏烟。其中熏烟为沩山毛尖的独特之处。

沩山毛尖成品茶叶条索微卷，自然开展呈朵，形似兰花，色泽黄亮油润，身披白毫，嫩香清鲜；汤色橙黄鲜亮，松烟香气芬芳浓郁，滋味甜醇爽口；叶底黄亮嫩匀。

冲泡沩山毛尖时，可每人选用一只容量 130 毫升的盖碗作为泡具和饮具，茶水比为 1∶50，投茶量 2 克，水 100 克（毫升），泡茶水温宜水烧开后降温至 85℃。主要冲泡步骤：温茶碗内凹，投入茶叶后，采用定点旋冲法注水，水量达到茶碗八分满后，盖上茶盖。当茶汤的水温降至适口温度时，趁温热品饮。如觉茶汤淡，可用茶盖拨动茶叶使其翻滚后再品饮。

沩山毛尖

TUESDAY. NOV 4，2025

2025 年 11 月 4 日

农历乙巳年 · 九月十五

11月4日 星期二

今日生命叙事

早起____点，午休____点，晚安____点，体温____，体重____，走步____

今日喝茶：绿□ 白□ 黄□ 青□ 红□ 黑□ 花茶□

正能量的我

茶谱系·饶平奇兰

饶平奇兰，乌龙茶（青茶）类（细分为广东乌龙），产于广东省饶平县，为新创名茶。

饶平奇兰鲜叶在春、夏、秋、冬季皆可采摘。采用大叶奇兰茶树品种茶树鲜叶为原料，鲜叶的采摘标准是开面 2 ～ 3 叶，要求鲜叶嫩度适中，匀净、新鲜。制茶工序是晒青、凉青、做青、杀青、揉捻、初焙、复揉、复焙、足干。

饶平奇兰成品茶叶条索紧结略壮实，色泽砂绿油润；内质兰香浓郁，香气高长；滋味醇厚，甘滑爽口，汤色橙黄，清澈明亮；叶底红边明显。

冲泡饶平奇兰时，可每人选用一只容量 130 毫升的盖碗作为泡具和饮具，茶与水的比例为 1∶35，投茶量 3 克，水 105 克（毫升），泡茶水温宜水烧开至 100℃。主要冲泡步骤：温茶碗内凹，投入茶叶后，盖上茶盖后摇香醒茶，开盖后采用悬壶高冲法注水，水量达到茶碗八分满后，盖上茶盖。当茶汤的水温降至适口温度时，趁热品饮。如觉茶汤淡，可用茶盖拨动茶叶使其翻滚后再品饮。

饶平奇兰

WEDNESDAY. NOV 5，2025

2025 年 11 月 5 日

农历乙巳年 · 九月十六

11月5日 星期三

今日生命叙事

早起___点，午休___点，晚安___点，体温___，体重___，走步___

今日喝茶：绿□　白□　黄□　青□　红□　黑□　花茶□

正能量的我

茶谱系・文山包种

文山包种

文山包种，乌龙茶（青茶）类（细分为台湾乌龙），产于中国台湾省北部的台北市和桃园等县，以新店、坪林、石碇、深坑、汐止、平溪产最出名，为新创名茶。

文山包种制茶鲜叶于春、夏、秋、冬各茶季皆可采摘。谷雨前后采摘春茶，一年中可采 4 ～ 5 次。采用青心乌龙、台茶 12 号（金萱）、台茶 13 号（翠玉）、台茶 14 号（白文）品种茶树鲜叶作为原料，鲜叶的采摘标准是第 1 叶长至第 2 叶 1/3 ～ 2/3 面积的对夹 2 ～ 3 叶。采摘要求雨天不采、带露不采，晴天要在上午 11 点至下午 3 点之间采摘；春秋两季要求采 2 叶 1 心的茶青，采时需用双手弹力平断茶叶，断口成圆形，不可用力挤压断口；每装满一篓就要立即送厂加工。其制茶工序是日光萎凋（晒青）、室内静置及搅拌（凉青、做青）、杀青、揉捻、干燥。发酵程度为 8% ～ 10%。

文山包种成品茶叶呈条索状，紧结且自然弯曲，色泽砂绿油润；内质兰香浓郁，香气清雅带花香，滋味醇滑润富活性；叶底浓绿铝亮。其有香、浓、醇、韵、美五大特点。

冲泡文山包种时，可每人选用一只容量 130 毫升的盖碗作为泡具和饮具，茶水比为 1∶35，投茶量 3 克，水 105 克（毫升），泡茶水温宜水烧开至 100℃。主要冲泡步骤：温茶碗内凹，投入茶叶后，采用单边定点低冲法注水，水量达到茶碗八分满后，盖上茶盖。当茶汤的水温降至适口温度时，趁温热品饮。如觉茶汤淡，可用茶盖拨动茶叶使其翻滚后再品饮。

THURSDAY. NOV 6，2025

2025 年 11 月 6 日

农历乙巳年 · 九月十七

11月6日 星期四

今日生命叙事

早起____点，午休____点，晚安____点，体温____，体重____，走步____

今日喝茶：绿☐　白☐　黄☐　青☐　红☐　黑☐　花茶☐

正能量的我

茶和节气·立冬

西风渐起北风恸，河塘一色满眼空。
肃气凝凝水始冰，繁霜霏霏地始冻。
窗盈残阳散茶烟，门尽冷霜醒骨风。
迎冬顾盼安社稷，闭藏静养盛德栋。

立冬·双英决明

立冬是农历每年二十四节气的第 19 个节气。立冬，季节类节气，表示冬季的开始。

立冬物候：初候水始冰；二候地始冻；三候雉入大水为蜃。

立冬节气，万物收藏。到了立冬，当年的绿茶、白茶、黄茶、乌龙茶、红茶、黑茶、茉莉花茶都完成了新茶入仓。冬季是享受丰收、休养生息的季节，立冬在古代民间是“四时八节”之一，被当作重要节日来庆贺。立冬之后，茶树进入冬季休眠期，不采摘制茶。

立冬节气里，喝什么茶？立冬时节，应滋阴潜阳，养脾胃，少食生冷，调适寒热；适宜饮乌龙茶（金萱茶、武夷岩茶、凤凰单丛、安溪铁观音）、红茶（正山小种红茶、英德红茶）、白茶（白牡丹、寿眉，均 3 年以上）、黑茶（康砖、普洱熟茶、广西六堡茶，均 3 年以上）、黄茶、再加工茶（小青柑）。还要注意喝热茶水，不喝凉茶水。

FRIDAY. NOV 7, 2025

2025年11月7日

农历乙巳年·九月十八

11月7日

星期五

立冬

今日生命叙事

早起____点，午休____点，晚安____点，体温____，体重____，走步____

今日喝茶：绿□　白□　黄□　青□　红□　黑□　花茶□

正能量的我

茶谱系 · 浮梁茶

浮梁茶

浮梁茶，绿茶类（细分为炒青绿茶），产于江西省景德镇市浮梁县的瑶里镇、鹅湖镇、庄湾乡、王港乡、湘湖镇、西湖乡、勒功乡、江村乡、经公桥镇、峙滩乡、兴田乡、蛟潭镇、黄坛乡等 13 个乡镇。现浮梁县所在地在汉代已有僧人种植和采集茶叶，至唐代茶叶加工和贸易开始兴盛。

浮梁茶鲜叶采摘时节为谷雨前期，选用当地槠叶种茶树茶叶作为原料，鲜叶的采摘标准是 1 芽 1 叶和 1 芽 2 叶初展的细嫩芽叶，要求无病虫叶、紫色叶、鲜叶、鳞片、老叶，无红梗、红蒂、红片，无夹杂物。其制茶工艺工序是摊青、杀青、揉捻、做形、烘焙、复火。讲究手工作业加工，文火轻烤。

浮梁茶成品茶叶紧细圆直；色泽干湿翠绿，湿显金黄，香气有板栗、兰花之香，滋味醇爽；叶底嫩绿匀亮。成品茶叶有谷雨尖、细茶、粗茶之别。浮瑶仙芝、瑶里崖玉属品质优异的浮梁茶。

冲泡浮梁茶时，可每人选用一只容量 130 毫升的盖碗作为泡具和饮具，茶水比为 1∶50，投茶量 2 克，水 100 克（毫升），泡茶水温宜水烧开后降温至 85 ～ 90℃。采用回旋低冲法注水，水量达到茶碗八分满后，盖上茶盖，3 分钟后即可品饮。

SATURDAY. NOV 8，2025

2025 年 11 月 8 日

农历乙巳年 · 九月十九

11月8日

今日生命叙事

早起____点，午休____点，晚安____点，体温____，体重____，走步____

今日喝茶：绿□　白□　黄□　青□　红□　黑□　花茶□

正能量的我

茶谱系·寿眉（贡眉）

寿眉，白茶类（细分为白叶茶），也称贡眉，主产于福建省政和县、建阳区、松溪县、福鼎市等地，产量占白茶总产量一半以上。

寿眉制茶鲜叶在春、夏、秋茶季均可采摘。采用当地菜茶有性繁殖群体种茶树鲜叶作为原料，鲜叶的采摘标准是 1 芽 2 叶至 1 芽 2 ～ 3 叶，要求含有嫩芽、壮芽、开面叶。寿眉初制、精制工艺与白牡丹基本相同。寿眉的基本加工工序是萎凋、烘干、拣剔、烘焙、装箱。

寿眉成品茶叶毫心明显，白茸披露，色泽翠绿；汤色呈橙色或深黄色，滋味醇爽，香气鲜纯；叶底匀整、柔软、鲜亮，叶片迎光看去，可透视出主脉的红色。

冲泡寿眉时，茶水比为 1∶25，投茶量 5 克，水 125 克（毫升）；泡具首选容量 150 毫升的盖碗，也可用紫砂壶；泡茶水温宜用 100℃开水，注水采用环圈注水法。

煮寿眉时，茶与水的比例为 1∶50，投茶量 9 克，水 450 克（毫升）；用银壶或陶壶，煮沸后调文火慢煮 20 ～ 40 分钟。

寿眉（福鼎）

寿眉（政和）

SUNDAY. NOV 9，2025

2025 年 11 月 9 日

农历乙巳年 · 九月二十

11月9日 星期日

今日生命叙事

早起____点，午休____点，晚安____点，体温____，体重____，走步____

今日喝茶：绿□　白□　黄□　青□　红□　黑□　花茶□

正能量的我

茶谱系 · 广西六堡茶

广西六堡茶，黑茶类（细分为广西黑茶），产于广西壮族自治区梧州市，为历史名茶。广西六堡茶是在梧州市行政辖区范围内，选用苍梧县群体种、广西大中叶种及其分离选育的品种品系茶树的鲜叶作为原料，按特定的工艺进行加工，具有独特品质特征的黑茶。

广西六堡茶选用的鲜叶原料多为 1 芽 2 ～ 4 叶。“老茶婆”采摘的是成熟老叶，尤以霜降前后采摘的为上品。其初制工艺工序是杀青、初揉、渥堆、复揉、干燥。初制后进入精制，其工序包括毛茶筛、风、拣，拼配，初蒸，渥堆，复蒸压笠，凉置陈化，检验出厂。渥堆和陈化是形成六堡茶独特品质风格的关键工序。部分采用传统柴火干燥工艺制作的六堡茶带有烟味。

广西六堡茶成品条索粗壮，色泽黑褐光润，间有金黄花；汤色红浓，香气醇陈似槟榔香，滋味甘醇爽滑，清凉甘永，含有特殊烟味；叶底红褐色。

冲泡广西六堡茶时，茶与水的比例为 1∶18，投茶量 7 克，水 126 克（毫升）；泡具首选容量 150 毫升的盖碗或宜兴紫砂壶；泡茶水温宜用 100℃开水，注水采用单边定点低冲法。前两次的茶汤直接倒入茶海，第三次冲泡的茶汤始倒入公道杯，均分至茶盅后供品饮。

2013 年出仓的六堡茶

2007 年出仓的六堡茶

MONDAY. NOV 10, 2025

2025 年 11 月 10 日

农历乙巳年 · 九月廿一

11月10日

今日生命叙事

早起____点，午休____点，晚安____点，体温____，体重____，走步____

今日喝茶：绿☐　白☐　黄☐　青☐　红☐　黑☐　花茶☐

正能量的我

茶谱系 · 小青柑

小青柑，再加工茶（细分为窨香花果茶），产于广东省江门市新会。它采用的是每年夏季“未成年”的新会柑，与云南普洱茶搭配成为小青柑普洱茶。小青柑有晒干、半有晒、烘干的差别，以晒干的小青柑为上。小青柑茶质纯净，融合了小青柑的清醇果香和普洱茶的醇厚甘香之味，形成独特的口感与风味。冲泡后汤色橙红透亮，茶汤醇厚，汤感细腻，回味爽适有甜感，有浓厚陈香味。

小青柑可用以下 3 种方法冲泡（选用容量 126 毫升的盖碗作为公泡具，用开水冲泡，建议经 5 次冲泡过后，投入陶壶、银壶或玻璃壶中煮后继续品饮，滋味更加醇厚，果香更加浓郁）。

掀盖冲泡法：拆开包装，取出完整的小青柑；将小青柑上的小盖揭开，放入盖碗中；第一次洗茶，第二次润茶，第三次始正中定点注水，浸泡 5 秒后出茶汤，之后可逐渐增加浸泡开水的时间。

碎皮冲泡法：拆开包装；将小青柑小心掰碎后，将柑皮、茶叶同时放入盖碗中；第一次洗茶，第二次润茶，第三次始正中定点注水，前 5 泡快速出汤。

钻孔冲泡法：拆开包装，取出完整的小青柑；用普洱茶刀在小青柑四周及底部钻孔，孔径大小以不漏碎茶为宜；将钻孔后的小青柑放入盖碗中；单边定点法注水，第一次洗茶，第二次润茶，第三次正中定点注水，始作用为饮用茶，让茶汤慢慢浸出。

晒干的小青柑　　半晒干的小青柑　　烘干的小青柑

TUESDAY. NOV 11，2025

2025年11月11日

农历乙巳年·九月廿二

11月11日 星期二

今日生命叙事

早起___点，午休___点，晚安___点，体温___，体重___，走步___

今日喝茶：绿□ 白□ 黄□ 青□ 红□ 黑□ 花茶□

正能量的我

茶谱系 · 桂花龙井

桂花龙井，再加工茶（细分为窨香花果茶），产于浙江省杭州市。

桂花龙井原料茶胚以清明过后至谷雨前制作的西湖龙井为佳。原料茶胚是采摘 1 芽 1 叶或 1 芽 2 叶初展的鲜叶，按照西湖龙井的工艺制作而成。桂花原料以中秋时分桂花盛开时采摘的鲜花为主。开花不能太早也不能太晚，以花刚盛开为宜。不采用雨水花及带有露水的花。桂花龙井是西湖龙井与桂花窨制而成的茶叶，其制茶工序是配比原料、茶胚窨花、通花散热、筛除花渣、复烘干燥、包装贮藏。

冲一杯桂花龙井茶，桂花漂浮在茶汤上，犹如夜空的繁星，弥漫在茶杯。轻轻酌一口桂花龙井，茶汤中带有丝丝桂花的香甜，茶引花香，花益茶味，相得益彰。

冲泡桂花龙井时，可每人选用一只容量 130 毫升的盖碗作为泡具和饮具，茶水比为 1∶50，投茶量 2 克，水 100 克（毫升），泡茶水温宜用水烧开后降温至 95℃。主要冲泡步骤：温茶碗内凹，投入茶叶后，盖上茶盖后摇香，开盖后采用正中定点注水法注水，水量达到茶碗八分满后，不用盖上茶盖，静观“繁星”“落雨”。当茶汤的水温降至适口温度时趁热品饮。如觉茶汤淡，可用茶盖拨动茶叶使其翻滚后再品饮。

桂花龙井

WEDNESDAY. NOV 12，2025

2025 年 11 月 12 日

农历乙巳年 · 九月廿三

11月12日

星期三

今日生命叙事

早起___点，午休___点，晚安___点，体温___，体重___，走步___

今日喝茶：绿□　白□　黄□　青□　红□　黑□　花茶□

正能量的我

茶物哲语 · 虽天地之大，万物之多，而惟吾蜩翼之知

夏至，“鹿角解，蜩始鸣，半夏生”。“蜩始鸣”，是夏至第二物候，就是指这时的蜩（知了，蝉），因地表热量聚集，在土层下面热得待不住了，就爬上树，但感应到了阴凉，便鼓翼而鸣。

在这夏至节气里，有一方茶席上的茶则给茶拨讲了出自《庄子 · 达生》的故事：

茶则说：“相传孔子途经一片树林。看见林中一位老人，手持一根长长的竹竿，粘蜩（蝉）出手，又快又准，百无一失。孔子赞叹：‘您的技艺实在太高超了，是怎么练出来的呢？’老人回答孔子说：‘不懈的地练习是基本功。粘知了的时候，我的身体就像木桩一样稳，伸出的手臂就像枯竹竿一动不动。虽然天地博大有万物，在我眼中也只有知了的翅膀。不管什么诱物放在面前，我都不会动心。所以粘知了不难。’”

茶则进而说：“我们都是茶人‘泡好一杯茶’中很小的物件，但是，主人要是做到了不用看和找我们，而一出手，盲取、盲置能一丝不差，那他距‘茶事匠人’该不远了。”

茶拨补充说：“你说的对啊！比如使用我，拿起我后，不用眼睛看，就能像那老人‘竹竿一动，就粘上知了’，把我齐齐准准放置于‘茶拨架’，这动作看似简单，但真能见茶道功力！”

这则茶物哲语说明，事小一样能见匠心，一样能出匠人。

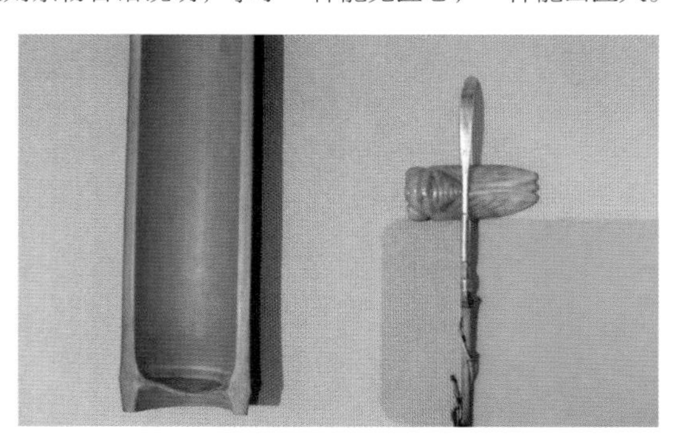

茶则与茶拨

THURSDAY. NOV 13，2025

2025 年 11 月 13 日

农历乙巳年 · 九月廿四

11月13日

星期四

今日生命叙事

早起____点，午休____点，晚安____点，体温____，体重____，走步____

今日喝茶：绿□　白□　黄□　青□　红□　黑□　花茶□

正能量的我

茶物哲语·多防出多欲，欲少防自简

钟南山下玉女洞

铁壶从壶嘴发声："嗖嗖嗖嗖……"

主人一听到"嗖嗖嗖嗖"，就知水开了。

铁壶也会从肚子里发声："咕咕咕咕……"

主人听到"咕咕咕咕，突突突突……"，一看水已从铁壶嘴冒出来了！于是，就开始每回守着防止冒溢出开水，只要一听到"嗖嗖嗖嗖"，就从炉上提起铁壶。但是，从"嗖嗖嗖嗖"到"咕咕咕咕"的时间太短了，还少不了冒溢出开水。

铁壶在主人接水时说："多防出多欲，欲少防自简。"

主人明白了，这出自苏辙的《和子瞻调水符》，说的是：苏轼在陕西凤翔做官时，钟南山下玉女洞中的泉水甘甜，深得他的喜爱。他每次去山中游玩，便用瓶子装两瓶带回，喝完后，让身边的侍从们走上几里地再去装水。这样日复一日，侍从们琢磨出了投机取巧的办法，从附近的井水里装上两瓶水冒充甘甜的泉水。苏轼识破真相后，便想了一个办法：他取一段竹子，一劈为二，上面画上符号，一半留给玉女洞中的寺僧，作为往来取水的信约。没想到，后来，侍从们连"调水符"都做个假的来进行蒙骗。苏辙的"和"诗中，开头就是这句："多防出多欲，欲少防自简。"意思说：兄弟呀，欲望多了，你就忧虑多，就得多设防；而如果清心寡欲，自然就无须步步为营地进行防御。

主人明白了，铁壶提醒：水应少放，便不溢开水。

FRIDAY. NOV 14, 2025

2025 年 11 月 14 日

农历乙巳年 · 九月廿五

11月14日 星期五

今日生命叙事

早起____点，午休____点，晚安____点，体温____，体重____，走步____

今日喝茶：绿☐ 白☐ 黄☐ 青☐ 红☐ 黑☐ 花茶☐

正能量的我

茶物哲语·德辅如毛，民鲜克举之

唐代陆羽《茶经》中的器之八有“碾、拂末”，用途：前者碾茶，后者将茶拂清。

宋代审安老人《茶具图册》中有“茶刷”。茶刷，宗从事，名子弗，字不遗，号扫云溪友。其姓“宗”，表示用宗丝制成，“弗”即“拂”，“不遗”是其职责，号“扫云”，就是掸茶之意。现代茶具中，类似功能的物件，称为毛刷，又叫养护笔（养壶笔），可以清扫茶盘、清理茶壶用。

从这千年源流来看，凡是用于扫除茶事中出现的废物的工具，都属茶扫帚。

现代茶扫帚说：“现代人论及‘茶具’，很少提到我。而为什么唐二十四器能将我列之八；宋十二种中号扫云溪友？”

唐代茶扫帚答道：“唐代饮茶真讲究仪式感，仪式感中‘洁净’是很重要的要素，特别是《诗经·大雅·烝民》有警言：‘德輶如毛，民鲜克举之。’首言茶‘德’的陆处士，必是重视，以行茶中的‘拂末’，教化文人雅士‘修德’要常举起。”

宋代茶扫帚说：“宋徽宗御制《艮岳记》，称宋朝‘世世修德，为万世不拔之基’‘足以跨周轶汉’。他在专著《大观茶论》中指出‘缙绅之士，韦布之流，沐浴膏泽，熏陶德化，咸以雅尚相推，从事茗饮。’把‘熏陶德化’提到更高的地位，自然给予‘封官’。”

现代茶扫帚说道：“我明白了。‘一室之不治，何以天下家国为？’咱这茶扫帚与社会教化是有联系的。”

宋代茶扫帚最后说：“主人的学茶笔记里有：《诗经·大雅·烝民》‘德輶如毛，民鲜克举之。’警言流传至今，两千年前感叹：那德行看似轻如毛，却很少有人能举动它。就世代警示德行之重，今天，仍要常举呀！伺茶时，每每举起茶扫帚，就多了一次提醒，真好，常抓不懈。”

SATURDAY. NOV 15，2025

2025 年 11 月 15 日

农历乙巳年 · 九月廿六

11月15日 星期六

今日生命叙事

早起___点，午休___点，晚安___点，体温___，体重___，走步___

今日喝茶：绿□　白□　黄□　青□　红□　黑□　花茶□

正能量的我

碾

茶刷

茶物哲语·舍得

茶桌上的茶叶说道："主人在茶桌上做学习笔记时，让我懂得'舍得'一词。'舍得'最早出自《易经》的一个'屯'卦。'屯'的意思是聚集、储存。此卦告诫人们，困难重重，条件不备，动则遇险。这就'不如舍'。佛教说：得就是舍。'舍得'者，实无所舍，亦无所得，是谓'舍得'。道教说：舍就是无为，得就是有为。正所谓'无为而不为'。儒教说：舍恶以得仁，舍欲以得圣。在现代人眼里，舍就是付出，是奉献，是投入；得就是产出。"

茶叶听后重复了其中的这句：舍得者，实无所舍，亦无所得，是谓'舍得'。并说："此句值得觉悟。"问茶桌："此句何解？"

茶桌又对茶叶解说："比如，主人用你（茶叶），免费招待茶人、茶客，而想着多卖茶叶，这是'商业模式'，舍小本谋大利，'实无所舍'而又求有'所得'，不是'舍得'。"

茶叶又问道："茶人、茶客想通过喝茶达到夏季养心，咱主人推荐适宜夏季每日饮用的茶并教其泡饮法，结果没成交买卖。这是舍得吗？"

茶桌答："这种情形，没成交，是舍得；成交了，也是舍得。没成交，主人把茶知识给了茶客，让茶客所求满足了，这'舍'让客人有用，双方都得有'交心'。如果成交，主人的舍得无增无减；至于卖出了茶叶并收钱，这是买卖范畴，与舍得不沾边呀。"

这则茶物哲语陈明：实无所舍，亦无所得。

公杯与私杯

SUNDAY. NOV 16，2025

2025 年 11 月 16 日

农历乙巳年 · 九月廿七

11月16日 星期日

今日生命叙事

早起____点，午休____点，晚安____点，体温____，体重____，走步____

今日喝茶：绿□ 白□ 黄□ 青□ 红□ 黑□ 花茶□

正能量的我

茶物哲语·清静为天下正

在给人泊心之地的茶舍前，有这样的“精神力量的资源”，向人们传递着它们的心里话。

灰砖说：“用我的平凡淡泊，留给你一框清静的视觉。”

野草异口同声说：“我们自然的点缀，只想让这‘框’的棱角变得润和。”

水说：“我这清澈的静水，让你看到的是‘止水’般的清静，你看不到的是动静。知道吗？大自然的运动，也如我这有一潭活水般，动无声、动无形。”

翠竹说：“大自然都在运动，我的运动给人以‘生机盎然’之感，有形有声，还有节（更被人引申为‘气节’），而视觉的本质又是一种不同于水的清静。”

小桥说：“你所看到的我们，共同走到一种清静的归宿当中了，成为这效法自然的饮茶品茗环境。”

倒影说：“在我看来，这，更是一种心静。”

倒影进而说：“《道德经》有句‘清静为天下正’，是能给人很多联想和影响的。静，是生命本态，生命在静中萌生、成长，又归宿静寂。静，带来心灵享受，心静自然凉，心静则灵魂清灵、思想舒展、触发灵感。静，修身养性，‘静胜躁’，让人有序且身心轻松。”

窗景

这则茶物哲语表明：对人而言，静，是一种心灵的状态；清，是在静态中心灵的清明。当清明于心的人多了，天下就和正了。“茶和天下”就是从和归于静始，达到使人心灵清明，终为天下和正。

MONDAY. NOV 17, 2025

2025 年 11 月 17 日

农历乙巳年 · 九月廿八

11月17日 星期一

今日生命叙事

早起____点，午休____点，晚安____点，体温____，体重____，走步____

今日喝茶：绿□ 白□ 黄□ 青□ 红□ 黑□ 花茶□

正能量的我

茶画·《品茶图》

文徵明一生嗜茶，曾自谓“吾生不饮酒，亦自得茗醉”。《品茶图》作于明嘉靖辛卯年（1531 年），文徵明 62 岁，自绘与友人陆子傅在林中茶舍啜谷雨茶的场景。画中茅屋正室，内置矮桌，文徵明、陆子傅对坐，桌上只有清茶一壶二杯。侧尾茅屋偏房中有泥炉砂壶，童子专心候火煮水。

画面上部题款：“碧山深处绝纤埃，面面轩窗对水开。谷雨乍过茶事好，鼎汤初沸有朋来。嘉靖辛卯，山中茶事方盛，陆子傅对访，遂汲泉煮而品之，真一段佳话也。徵明制。”

明文徵明《品茶图》（台北故宫博物院藏）

TUESDAY. NOV 18, 2025

2025年11月18日

农历乙巳年·九月廿九

11月18日 星期二

今日生命叙事

早起____点，午休____点，晚安____点，体温____，体重____，走步____

今日喝茶：绿□ 白□ 黄□ 青□ 红□ 黑□ 花茶□

正能量的我

茶画·《山窗清供图》

这是一幅清代的绘画小品，以线描绘出大小茶壶和盖碗各一只，画作明暗表现恰到好处，物件栩栩如生。画上自题五代诗人胡峤诗句：“沾牙旧姓余甘氏，破睡当封不夜候。”另有当时诗人、书法家朱显渚题六言诗一首：“洛下备罗案上，松陵兼到经中，总待新泉活水，相从栩栩清风。”茶具入画，反映了清代人对茶具的重视。一只盖碗、两只茶壶，在当时是常用的泡具。

《山窗清供图》

WEDNESDAY. NOV 19, 2025

2025 年 11 月 19 日

农历乙巳年·九月三十

11月19日 星期三

今日生命叙事

早起___点，午休___点，晚安___点，体温___，体重___，走步___

今日喝茶：绿□ 白□ 黄□ 青□ 红□ 黑□ 花茶□

正能量的我

茶谱系 · 安溪铁观音（浓香型）

安溪铁观音，乌龙茶（青茶）类（细分为闽南乌龙），产于福建省安溪县，创制于清乾隆年间，为历史名茶。

安溪铁观音在一年春、夏、秋茶季皆可制茶。4 月底至 5 月初开始采摘春茶，6 月下旬采摘夏茶，一般于 8 月上旬采摘暑茶，至 10 月上旬采摘秋茶。采用铁观音茶树品种茶树鲜叶作为原料，鲜叶的采摘标准是驻芽 3 叶，俗称开面采。春、秋茶采摘 1 芽 2 ～ 3 叶，夏、暑茶采摘 1 芽 3 ～ 4 叶。其制茶工序是晒青、凉青（或静置）、摇青、炒青、揉捻、初烘、初包揉、复烘、复包揉、足干。浓香型铁观音，一般采取传统工艺的“焙火”烘干。

浓香型安溪铁观音成品茶叶条索紧结沉重，色泽乌绿油润；内质香气纯正清长，滋味醇厚爽口，汤色金黄明亮。有些茶香，带有炒米香、兰花香、果味甜香“三香融一”的独特风格。

冲泡浓香型安溪铁观音时，可每人选用一只容量 130 毫升的盖碗作为泡具和饮具，茶水比为 1∶35，投茶量 3 克，水 105 克（毫升），泡茶水温宜水烧开至 100℃。主要冲泡步骤：温茶碗内凹，投入茶叶，盖上茶盖后摇香，开盖后采用悬壶高冲法注水，水量达到茶碗七八分满后，再盖上茶盖。当茶汤的水温降至适口温度时，趁温热品饮。如觉茶汤淡，可用茶盖拨动茶叶使其翻滚后再品饮。

安溪铁观音（浓香型）

THURSDAY. NOV 20，2025

2025 年 11 月 20 日

农历乙巳年 · 十月初一

11月20日

星期四

今日生命叙事

早起___点，午休___点，晚安___点，体温___，体重___，走步___

今日喝茶：绿□　白□　黄□　青□　红□　黑□　花茶□

正能量的我

茶谱系·花砖茶（千两茶）

花砖茶（千两茶），黑茶类（细分为湖南黑茶），清道光年间（1821—1850年）始创于湖南省益阳市安化县江南镇一带。以每卷（支）的茶叶净含量，合老秤一千两而得名，因其外表的篾篓包装成花格状，故又名花卷茶、千两茶。20世纪50年代末，白沙溪茶厂开创了以机械生产花砖茶取代千两茶，停止了千两茶的生产（1983年恢复）。

花砖茶造型虽然与花卷不同，但内质基本相同，压制花砖茶的原料大部分采用的是三级黑毛茶，以及少量降级的二级黑毛茶，总含梗量不超过15%。生产干毛茶原料的鲜叶，一般采用大叶种，鲜叶的采摘标准为1芽4～5叶及成熟对夹叶，此类鲜叶制成的干毛茶一般为二级6等，三级7、8等。黑茶鲜叶采摘不忌讳雨水叶，但不采虫叶、病叶。花砖茶压制要经过筛分、风选、破碎、拼配工序制成半成品，半成品再经过蒸压、烘焙与包装，才制成成品。

花砖茶成品长35厘米、宽18厘米、厚3.8厘米，每片砖净重均为2千克；正面边有花纹，砖面色泽黑褐；内质香气纯正，滋味浓厚微涩，汤色红黄微暗，叶底暗褐尚匀。

冲泡花砖茶时，茶水比为1∶30，粗老砖茶茶水比为1∶20；选用紫砂壶、陶壶作为泡具，投茶量7克；用如意杯（飘逸杯）冲泡时，投茶量15克；泡茶水温均用100℃开水冲泡。

花砖茶（千两茶）切片

花砖茶（千两茶）的卷茶工序

FRIDAY. NOV 21，2025

2025 年 11 月 21 日

农历乙巳年 · 十月初二

11月21日

星期五

今日生命叙事

早起____点，午休____点，晚安____点，体温____，体重____，走步____

今日喝茶：绿□　白□　黄□　青□　红□　黑□　花茶□

正能量的我

茶和节气·小雪

虹藏不见始花雪，闭塞寒菜吃糍粑。
柴米油盐酱醋茶，琴棋书画诗花香。
尺纸泼墨情奔放，泊园听雪心静洁。
煮茶焚香啃书夜，只待雪狂梅笑天。

小雪·倒挂金钟

小雪是农历每年二十四节气的第20个节气。小雪，降水类节气，表示开始下雪。

小雪物候：初候虹藏不见；二候天气上升地气下降；三候闭塞而成冬。

小雪节气，南方地区的北部开始进入冬季，而北方已进入封冻季节，长江中下游地区则陆续进入冬季的阴雨湿冷天气。这时的茶树处于冬季休眠期，应停止采摘。

小雪节气里，喝什么茶？小雪时节，应养护阳气，祛寒暖胃，助温补益肾，安神养志。适宜饮红茶（政和工夫、坦洋工夫、白琳工夫、祁红、英德红茶）、白茶（白牡丹、寿眉，均3年以上）、黑茶（黑砖茶、金尖茶、广西六堡茶，均3年以上）。还要注意喝热茶水，不喝凉茶水。

SATURDAY. NOV 22，2025

2025 年 11 月 22 日

农历乙巳年·十月初三

11月22日

小雪

今日生命叙事

早起___点，午休___点，晚安___点，体温___，体重___，走步___

今日喝茶：绿☐　白☐　黄☐　青☐　红☐　黑☐　花茶☐

正能量的我

1122

茶谱系 · 绿霜

绿霜，绿茶类（细分为烘青绿茶），产于安徽省宣州区郎溪县，创制于 1986 年。

绿霜的制茶鲜叶于清明至谷雨间采摘。以当地群体种茶树鲜叶作为主要原料，鲜叶的采摘标准是 1 芽 1 叶初展。制茶工艺工序是杀青、做形、干燥等。

成品绿霜茶叶条索紧结、挺直、匀整，白毫披露，色泽翠绿；毫香清高持久，汤色嫩绿明亮，滋味醇和；叶底匀齐成朵。

冲泡绿霜时，每人可选用一只容量 130 毫升的盖碗作为泡具和饮具，茶水比为 1∶50，投茶量 2 克，水 100 克（毫升），泡茶水温宜水烧开后降温至 80℃。主要冲泡步骤：温茶碗内凹，投入茶叶后，采用环圈法注水，水量达到茶碗八分后，盖上茶盖。当茶碗中茶汤的水温降至适口温度时，趁温热品饮。

绿霜

SUNDAY. NOV 23，2025

2025 年 11 月 23 日

农历乙巳年 · 十月初四

11月23日 星期日

今日生命叙事

早起____点，午休____点，晚安____点，体温____，体重____，走步____

今日喝茶：绿□　白□　黄□　青□　红□　黑□　花茶□

正能量的我

茶谱系 · 康砖

康砖，黑茶类（细分为四川黑茶），产于四川省荥经、雅安、天全、名山、邛崃等地，创制于清代乾隆年间。

康砖是蒸压而成的砖形茶。其原料有做庄茶、级外晒青茶、条茶、茶梗、茶果等制成的毛茶。毛茶原料需经过杀青、渥堆、初干蒸揉等工序制作而成。毛茶干燥后，再经筛分、切铡整形、风选、拣剔等工序加以整理归堆，按标准合理配料，经过称量、汽蒸、筑压、干燥等工序最后加工成康砖。

康砖成品长 17 厘米、宽 9 厘米、厚 6 厘米，每块砖净重均为 0.5 千克；圆角枕（长方）形，表面平整、紧实，洒面均匀、明显，无脱层、脱落，色泽棕褐，砖内无黑霉、白霉、青霉等霉菌。内质香气纯正，具有老茶的香气；汤色红褐、尚明，滋味纯正浓郁；叶底棕褐欠匀。

冲泡康砖时，茶与水的比例为 1∶20，投茶量 7 克，水 140 克（毫升）；主要泡具首选容量 150 毫升的盖碗；适宜用开水冲泡茶叶，用公道杯均分至茶盅后饮用。

康砖饮用方法多样，煎、煮、冲泡、提汁、干嚼均可；茶汁可以和多类食物和饮液等混合食用，如中草药、谷物、奶乳、水果、植汁、盐、糖等。

康砖有四绝——红、浓、陈、醇。

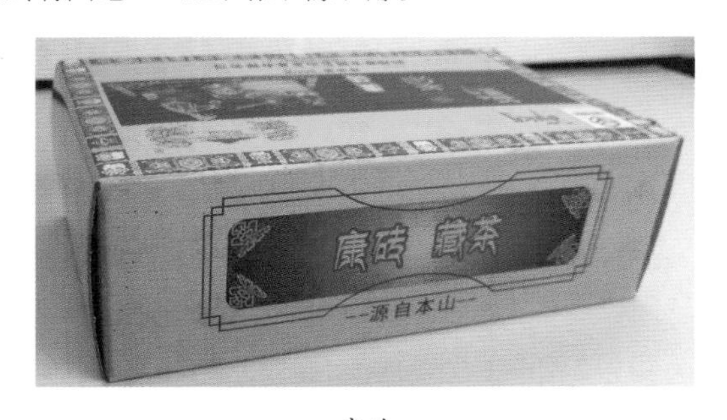

康砖

MONDAY. NOV 24，2025

2025 年 11 月 24 日

农历乙巳年 · 十月初五

11月24日 星期一

今日生命叙事

早起___点，午休___点，晚安___点，体温___，体重___，走步___

今日喝茶：绿□ 白□ 黄□ 青□ 红□ 黑□ 花茶□

正能量的我

茶谱系 · 泰山女儿茶

泰山女儿茶，绿茶类（细分为炒青绿茶），产于山东省泰安市泰山风景区。从 1966 年起，泰安开始引种茶树。泰山脚下的女儿茶园成为我国最北方的茶叶种植基地。该产茶区纬度高、光照时间长、昼夜温差大，茶树休眠期长，采摘期短，所产茶叶叶片肥厚坚实，茶汤清澈晶莹、碧绿娇嫩，饮之回味醇美，沁人心脾，有浓厚的泰山板栗香气，香高味浓，留香长久。

最早的女儿茶并不是真正意义上的茶，而是泰山所特有的一种青桐树的嫩芽。据明嘉靖年间（1522—1566 年）所修《泰山志》记载："茶薄产岩谷间，山僧间有之，而城市则无也。山人采青桐芽，曰女儿茶。……清香异南茗。"另外，明万历年间（1573—1620 年）文士李日华在《紫桃轩杂缀》亦记载："泰山无茶茗，山中人摘青桐芽点饮，号女儿茶。"可见女儿茶的确是出自泰山。明万历年间泰安诗人宋焘在《我思泰山高》诗中写道："携我寻真者，酌彼以青筒（桐）。至味元无味，恬然自不穷。"泰山扇子崖青桐涧旧有青桐，女儿茶或产于此处。也许是因为这种茶鲜嫩清香如少女，故而得名女儿茶。

泰山女儿茶

曹雪芹著《红楼梦》第六十三回中有一段情节：贾宝玉"怡红开夜宴"之后，恰逢林之孝家的带了几个女人来巡夜，问起宝玉睡了没有，并吩咐袭人，该给他沏些普洱茶吃。袭人和晴雯应答："沏了一盄子女儿茶，已经吃过两碗了。"

古今说的不是同一种茶也不奇怪。明代宁王朱权所著《茶谱》说，古代茶树并不是植物学上的种属名称，而是泛指一切可以采叶制茶的树种。

TUESDAY. NOV 25，2025

2025 年 11 月 25 日

农历乙巳年 · 十月初六

11月25日

星期二

今日生命叙事

早起____点，午休____点，晚安____点，体温____，体重____，走步____

今日喝茶：绿□　白□　黄□　青□　红□　黑□　花茶□

正能量的我

茶谱系 · 老君眉

老君眉，黄茶类（细分为黄芽茶），是君山银针中的珍品，产于湖南省岳阳市西洞庭湖中的君山岛上历史茶园，每年清明前 3 天采摘，为历史名茶。

《红楼梦》第四十一回“栊翠庵茶品梅花雪”中，写贾母来到栊翠庵，妙玉招待吃茶，有一段话：“贾母道：‘我不吃六安茶。’妙玉笑说：‘知道，这是老君眉。’”这段话说出了两个茶名：六安茶和老君眉。《红楼梦》（人民文学出版社，1985 年版）注释为：“老君眉，湖南洞庭湖君山所产的白毫银针茶，精选嫩芽制成，满布毫毛，香气高爽，其味甘醇，形如长眉，故名‘老君眉’。”

老君眉成品茶叶外形独特美观，内质色香味优异，其形似眉，条索紧细，汤色翠绿，清澈明亮，香气清纯，底蕴浓郁，滋味醇厚，甘甜爽口，叶底嫩绿，清亮匀整。

冲泡老君眉时，可每人用一只容量 130 毫升的盖碗作为泡具和饮具，茶水比为 1∶50，投茶量 2 克，水 100 克（毫升），泡茶水温宜水烧开后降温至 85℃。主要冲泡步骤：温茶碗内凹，投入茶叶后，采用定点旋中法注水，水量达到茶碗八分满后，盖上茶盖。当茶汤的水温降至适口温度时，趁温热品饮。如觉茶汤淡，可用茶盖拨动茶叶使其翻滚后再品饮。

老君眉

WEDNESDAY. NOV 26，2025

2025 年 11 月 26 日

农历乙巳年 · 十月初七

11月26日 星期三

今日生命叙事

早起____点，午休____点，晚安____点，体温____，体重____，走步____

今日喝茶：绿□　白□　黄□　青□　红□　黑□　花茶□

正能量的我

茶谱系 · 椪风乌龙

椪风乌龙，青茶（乌龙茶）类（细分为台湾乌龙），又称膨风茶、东方美人茶、白毫乌龙、香槟乌龙，为新创名茶。椪风乌龙主要产自中国台湾的新竹县、苗栗县及台北县坪林、石碇两大茶产区。其包装名称各地不同，产于新竹县北浦乡的，名“膨风茶”或“椪风茶”；产于新竹县峨眉乡的，名“东方美人茶”；产于苗栗县头份乡、三湾乡的，则沿用旧称“番庄乌龙”。

椪风乌龙制茶鲜叶采摘期在炎夏6—7月，即端午节前后10天。采摘经茶小绿叶蝉吸食的青心大茶树嫩芽，1芽1～2叶。其制茶工艺工序是日光萎凋，室内静置及搅拌、炒青、覆布回润、揉捻、解块、烘干。发酵程度50%～60%。

椪风乌龙成品茶叶条索疏松，枝叶连理，色泽白绿黄红褐五色相间，白毫显露；汤色呈琥珀茶色，具熟果香、蜜糖香，滋味圆柔醇厚；叶底红绿微亮。

冲泡椪风乌龙时，可每人用一只容量130毫升的盖碗作为泡具和饮具，茶水比为1：35，投茶量3克，水105克（毫升），泡茶水温宜水烧开至100℃。主要冲泡步骤：温茶碗内凹，投入茶叶后，采用单边定点低冲法注水，水量达到茶碗八分满后，盖上茶盖。当茶汤的水温降至适口温度时，趁温热品饮。如觉茶汤淡，可用茶盖拨动茶叶使其翻滚后再品饮。

椪风乌龙（东方美人）

THURSDAY. NOV 27，2025

2025年11月27日

农历乙巳年·十月初八

11月27日 星期四

今日生命叙事

早起____点，午休____点，晚安____点，体温____，体重____，走步____

今日喝茶：绿□　白□　黄□　青□　红□　黑□　花茶□

正能量的我

茶谱系·白芽奇兰

白芽奇兰

白芽奇兰，乌龙茶（青茶）类（细分为闽南乌龙），产于福建省平和县，大芹山是平和白芽奇兰的主产茶区。因传说中的母树在平和县崎岭乡彭溪水井边，新萌发出的芽叶呈白绿色，制成的茶叶具有奇特的兰花香味，因此将这茶树和所生产的茶叶，取名为白芽奇兰。其于 20 世纪 90 年代恢复生产。

白芽奇兰制茶解叶于 4 月下旬末至 5 月上旬初采摘。采用从当地群体种中用单株育种法育成的珍稀乌龙茶新良种的茶树鲜叶，鲜叶的采摘标准是茶树新梢长到驻芽 2 ～ 3 叶，最多不宜超过 4 叶，一般有 10% ～ 15% 芽达到小至中开面（有的可适当提早）即可采摘，其中春茶以顶叶开展 60% ～ 70%，夏暑茶顶叶开展 40% ～ 50%，秋冬茶以顶叶开展 50% ～ 60% 为宜。其制茶工艺工序是凉青、晒青、摇青、杀青、揉捻、初焙与初包揉、复焙与复包揉、烘干、筛分、风选、拣剔、烘焙。

白芽奇兰成品茶叶条索紧结匀整，色泽翠绿油润，稍间蜜黄，香气清高持久；兰花香味幽长，滋味醇厚，鲜爽回甘，汤色杏黄清澈明亮；叶底软亮。嗅闻白芽奇兰干茶，能闻到幽香，冲泡后兰花香更为突出。

冲泡白芽奇兰时，可每人用一只容量 130 毫升的盖碗作为泡具和饮具，茶水比为 1∶35，投茶量 3 克，水 105 克（毫升），泡茶水温宜水烧开至 100℃。主要冲泡步骤：温茶碗内凹，投入茶叶后，采用单边定点低冲法注水，水量达到茶碗八分满后，盖上茶盖。当茶汤的水温降至适口温度时，趁温热品饮。如觉茶汤淡，可用茶盖拨动茶叶使其翻滚后再品饮。

FRIDAY. NOV 28，2025

2025 年 11 月 28 日

农历乙巳年 · 十月初九

11月28日 星期五

今日生命叙事

早起____点，午休____点，晚安____点，体温____，体重____，走步____

今日喝茶：绿□ 白□ 黄□ 青□ 红□ 黑□ 花茶□

正能量的我

茶谱系 · 白琳工夫

白琳工夫，红茶类（细分为工夫红茶），是福建三大工夫红茶之一，产于福建省福鼎市，创制于清代后期，为历史名茶。闽红工夫是政和工夫、坦洋工夫和白琳工夫的统称。

白琳工夫制茶鲜叶于 4 月上中旬开始采摘。采用福鼎大白茶、福安大白茶茶树品种鲜叶作为原料，鲜叶的采摘标准是 1 芽 2 叶、1 芽 3 叶。茶青进厂后，对不匀整的茶青进行分级，特别大的或最小的另设级别单独付制，并剔除鳞片、鱼叶、老叶、梗蒂、红变芽等，以达到同批同级原料匀整付制的标准。白琳工夫制茶主要工序是萎凋、揉捻、发酵、干燥。

白琳工夫成品茶叶条索细长弯曲，茸毫多呈颗粒绒球状，色泽黄黑；内质香气鲜纯、有毫香，汤色橘红，滋味清鲜甜和；叶底艳丽红亮。

冲泡白琳工夫时，每人用一只容量 130 毫升的盖碗作为泡具和饮具，茶水比为 1：50，投茶量 2 克，水 100 克（毫升），泡茶水温宜水烧开后降温至 85℃。主要冲泡步骤：温茶碗内凹，投入茶叶后，采用回旋低冲法注水，水量达到茶碗八分满后，再盖上茶盖。当茶汤的水温降至适口温度时，趁温热品饮。如觉茶汤淡，可用茶盖拨动茶叶使其翻滚后再品饮。

白琳工夫

SATURDAY. NOV 29，2025

2025 年 11 月 29 日

农历乙巳年 · 十月初十

11月29日

今日生命叙事

早起____点，午休____点，晚安____点，体温____，体重____，走步____

今日喝茶：绿□　白□　黄□　青□　红□　黑□　花茶□

正能量的我

高碎

茉莉银毫

茶心

茉莉小白毫

北京茉莉花茶，再加工茶（细分为窨香花果茶）。

北京不产茶，但北京人爱茶，公认最爱的茶是茉莉花茶。从《红楼梦》中过年雅集的奖品“香片”，到20世纪70年代“二分钱”的“前门大碗茶”；从北京几家百年的茶店老字号，到老北京人，早起第一件事，就是沏一壶浓浓的茉莉花茶，开始一天的生活；茉莉花茶，备受北京人的青睐。各品牌茉莉花茶工艺没多大差别，但北京的茶店百年老字号，还硬是有数名老茶工，至今仍掌握稳定不变的口感香气和“窨”“提”技艺，能够保持“京味”的茉莉花茶。北京茶店老字号的“京味”茉莉花茶，至今保持在每斤100元以下的有“高碎”“茶心”“茉莉银毫”“茉莉小白毫”等类型。

冲泡北京茉莉花茶时，每人用一只容量130毫升的盖碗作为泡具和饮具，茶水比为1∶50，投茶量2克，水100克（毫升），泡茶水温宜用水烧开后降至95℃。主要冲泡步骤：温茶碗内凹，投入茶叶后，盖上茶盖后摇香，开盖后采用正中定点注水法注水，水量达到茶碗八分满后，再盖上茶盖。当茶汤的水温降至适口温度时趁热品饮。

SUNDAY. NOV 30, 2025

2025 年 11 月 30 日

农历乙巳年 · 十月十一

11月30日

今日生命叙事

早起____点，午休____点，晚安____点，体温____，体重____，走步____

今日喝茶：绿□　白□　黄□　青□　红□　黑□　花茶□

正能量的我

茶谱系 · 英德红茶

英德红茶，红茶类（细分为工夫红茶），产于广东省英德市，创制于 1964 年，为新创名茶。

英德红茶在春、夏、秋茶季均可采摘鲜叶制作。采用云南大叶种、英红优质大叶红茶新品种的茶树鲜叶作为原料，鲜叶的采摘标准是 1 芽 2 叶、1 芽 3 叶，以夏、秋季鲜叶为主。制茶工艺工序是萎凋、揉捻、发酵、干燥。

英德红茶成品茶叶条索肥嫩紧实，色泽乌黑油润，金毫显露；内质香气鲜浓持久，滋味浓厚，收敛性强；汤色红艳明亮，叶底红匀明亮。

金毫茶是英德红茶中的珍品，采用无污染生态茶园的英红九号、云南大叶种等品种的茶树鲜叶作为原料，鲜叶的采摘标准为 1 芽 1 叶初展。金毫茶成品条索紧结，色泽红润，满披毫；香气清高，滋味浓醇鲜爽，汤色红艳。加入牛奶、糖等冲饮，风味更佳。

冲泡英德红茶时，可每人用一只容量 130 毫升的盖碗作为泡具和饮具，茶水比为 1∶50，投茶量 2 克，水 100 克（毫升），泡茶水温宜水烧开后降温至 90 ～ 95℃。主要冲泡步骤：温水烫过茶碗内凹，投入茶叶后，采用正中定点注水法注水，水量达到茶碗八分满后，盖上茶盖。当茶碗中茶汤的水温降至适口温度时，趁温热品饮。如觉茶汤淡，可用茶盖拨动茶叶使其翻滚后再品饮。

英德红茶

MONDAY. DEC 1，2025

2025 年 12 月 1 日

农历乙巳年 · 十月十二

12月1日 星期一

今日生命叙事

早起___点，午休___点，晚安___点，体温___，体重___，走步___

今日喝茶：绿□ 白□ 黄□ 青□ 红□ 黑□ 花茶□

正能量的我

茶谱系 · 西涧春雪

西涧春雪，绿茶类（细分为烘青绿茶），产于安徽省滁州市，创制于 1989 年前后。西涧春雪的主产区在滁州南谯区琅琊山、皇甫山之间的低山丘陵，历史上出产有南谯贡茶。历史上的“西涧春潮”曾是滁州十二景之一，唐代诗人韦应物有诗《滁州西涧》。“西涧春雪”茶名即取自这一景，同时“春”表示时间，“雪”表示该茶白毫多。

西涧春雪的制茶鲜叶于清明至谷雨采摘。采摘当地群体种茶树鲜叶作为原料，鲜叶的采摘标准是特级 1 芽 1 叶初展为主，芽长 2.5 厘米左右；一级 1 芽 1 叶半开为主，二级 1 芽 1 叶开展为主；三级 1 芽 2 叶初展为主。制茶工艺工序是杀青、烘焙。杀青后期结合做形，烘焙分毛烘、复焙 2 次。

西涧春雪成品茶叶条索扁直，色泽绿，较润，显毫；清香高长，汤色碧绿，滋味鲜爽；叶底匀整明亮。

冲泡西涧春雪时，可每人可选用一只容量 130 毫升的盖碗作为泡具和饮具，茶水比为 1∶50，投茶量 2 克，水 100 克（毫升），泡茶水温宜水烧开后降温至 85℃。主要冲泡步骤：温茶碗内凹，投入茶叶后，采用环圈法注水，水量达到茶碗八分后，盖上茶盖。当茶碗中茶汤的水温降至适口温度时，趁温热品饮。

西涧春雪

TUESDAY. DEC 2，2025

2025 年 12 月 2 日

农历乙巳年 · 十月十三

12月2日 星期二

今日生命叙事

早起____点，午休____点，晚安____点，体温____，体重____，走步____

今日喝茶：绿□　白□　黄□　青□　红□　黑□　花茶□

正能量的我

茶谱系 · 大田美人茶

大田美人茶，青茶（乌龙茶）类（细分为闽北乌龙），产于福建省三明市大田县，创制于 1999 年。该茶是选用大田县茶园茶树与茶小绿叶蝉共生条件的茶树品种（包括金萱、青心大冇等优良品种）的新梢 1 芽 1 叶至 1 芽 2 ～ 3 叶作为原料，经独特工艺制成的具有“果（花）香蜜韵”品质特征的乌龙茶产品。大田茶业兴起始于宋代。南宋隆兴二年（1164 年），始建于境内的大仙峰岩寺崇圣岩，僧人在寺院周围开始种茶，受到世人的推崇，此为大田种植高山茶的起源。制茶工艺工序是萎凋、凉青、做青（摇青、凉青）、发酵、杀青、回润、揉捻、烘干。

大田美人茶成品茶叶条索自然缩卷、紧致成条，有红、黑、白、绿、黄等多种颜色；白毫显露，蜜糖香气；茶汤呈明亮清澈的琥珀色、橙黄色；滋味清雅醇厚，蜜韵幽长；叶底软亮。

冲泡大田美人茶时，可每人可用一只容量 130 毫升的盖碗作为泡具和饮具，茶水比为 1∶35，投茶量 3 克，水 105 克（毫升），泡茶水温宜水烧至 100℃。主要冲泡步骤：温茶碗内凹，投入茶，盖上茶盖后摇香，开盖后采用单边定点注水法，水量达到茶碗七八分满后，再盖上茶盖。当茶碗中茶汤的水温降至适口温度时品饮。

大田美人茶

WEDNESDAY. DEC 3，2025

2025 年 12 月 3 日

12月3日 星期三

农历乙巳年 · 十月十四

今日生命叙事

早起____点，午休____点，晚安____点，体温____，体重____，走步____

今日喝茶：绿□ 白□ 黄□ 青□ 红□ 黑□ 花茶□

正能量的我

茶谱系·碣滩茶

碣滩茶

碣滩茶，绿茶类（细分为炒青绿茶），碣滩茶是中国卷曲形绿茶的代表，产于湖南省武陵山沅水江畔的沅陵碣滩山区。碣滩茶，得名于唐代，明清时期称为“辰州碣滩茶”。沅陵茶史距今就有1800年以上。西晋《荆州土地记》载：“武陵七县通出茶，最好。”此武陵七县含沅陵县。

碣滩茶的制茶鲜叶于清明前后开始采摘。选用武陵山脉高山生态茶园优质鲜叶为原料，鲜叶的采摘标准是1芽1叶初展，要求芽叶嫩匀净鲜、整齐，做到“五不采，三个一致”：雨水叶、露水叶、虫伤叶、紫色叶、节间过长叶、开口的芽梢不采，芽头大小一致、老嫩一致、色泽一致。制茶工艺工序是摊青、杀青、清风（摊凉）、揉捻、复炒整形、割脚摊凉、烘焙等。

碣滩茶成品条索细紧卷曲，白毫显露，色泽绿润；汤色黄绿明亮，有毫浑，香气嫩香、持久，滋味醇爽、回甘；叶底嫩绿、整齐、明亮。

冲泡碣滩茶时，可每人可选用一只容量130毫升的盖碗作为泡具和饮具，茶水比为1∶50，投茶量2克，水100克（毫升），泡茶水温宜水烧开后降温至85℃。主要冲泡步骤：温茶碗内凹，投入茶叶后，采用环圈法注水，水量达到茶碗八分后，盖上茶盖。当茶碗中茶汤的水温降至适口温度时，趁温热品饮。

THURSDAY. DEC 4，2025

2025 年 12 月 4 日

农历乙巳年 · 十月十五

12月4日 星期四

今日生命叙事

早起____点，午休____点，晚安____点，体温____，体重____，走步____

今日喝茶：绿☐　白☐　黄☐　青☐　红☐　黑☐　花茶☐

正能量的我

茶谱系·叙府龙芽

叙府龙芽，绿茶类（细分为炒青绿茶），产于四川省宜宾市翠屏区，创制于 1998 年。

叙府龙芽的制茶鲜叶于 2 月中旬至 5 月上中旬采摘。采用当地早白尖群体品种（也可用川群种、福鼎群体种）茶树鲜叶为原料，鲜叶的采摘标准是优质独芽。制茶工艺工序是杀青、初烘、理条、做形、脱毫（快速滚炒）、辉锅、提香等。

叙府龙芽成品茶叶挺秀匀直，色泽翠绿油润，香气浓郁持久；汤色淡绿清澈，滋味鲜醇爽口；叶底嫩绿明亮。

冲泡叙府龙芽时，可每人可选用一只容量 130 毫升的盖碗作为泡具和饮具，茶水比为 1∶50，投茶量 2 克，水 100 克（毫升），泡茶水温宜水烧开后降温至 80℃。主要冲泡步骤：温茶碗内凹，投入茶叶后，采用环圈法注水，水量达到茶碗八分后，盖上茶盖。当茶碗中茶汤的水温降至适口温度时，趁温热品饮。

叙府龙芽

FRIDAY. DEC 5，2025

2025 年 12 月 5 日

12月5日 星期五

农历乙巳年 · 十月十六

今日生命叙事

早起____点，午休____点，晚安____点，体温____，体重____，走步____

今日喝茶：绿☐　白☐　黄☐　青☐　红☐　黑☐　花茶☐

正能量的我

茶博物馆·中国黑茶博物馆

中国黑茶博物馆，是以黑茶文化为专题的博物馆，位于湖南省益阳市安化县黄沙坪茶市古镇。

中国黑茶博物馆占地面积约10亩，主楼及地库共10层，高39米，裙楼两层，建筑面积6250平方米。该博物馆于2015年10月开放，由政府修建并管理，是全国唯一的黑茶专题展示博物馆，集收藏展示和观光旅游于一体，是中国黑茶之乡的标志性建筑。该博物馆免费向公众开放。

中国黑茶博物馆设有基本陈列展览厅、专题陈列厅、临时展览厅、多功能演播厅、文物库房、贵宾接待室、文物摄影室、安全监控室、观众服务部等。主楼一至三层为陈列展厅，面积约2100平方米。一层以“神韵安化”为主题，展示安化的山水风光；二层以“黑茶飘香”为主题，展示安化黑茶的历史文化；三层以“岁月留痕”为主题，展示安化人文历史；四层是集茶产品展示、茶艺表演于一体的休闲场所；另有两个临时展厅举办各类展览。

安化县文物管理所经过多年的征集，现有馆藏文物5037件，其中珍贵文物458件（一级文物6件、二级文物45件、三级文物407件）；所藏文物中最具特色的文物为茶文物和牌匾石刻文物，其中有一级文物4件、二级文物12件、三级文物80件、一般文物800多件。该管理所计划继续征收安化茶厂、白沙溪茶厂和全县各大茶行内保存有关茶叶从采摘、加工、储存、运输到销售的各类制作工具及民间与茶有关的实物、碑刻等，如安化茶厂保存的清末以来各类茶叶生产工具及茶叶样品等、白沙溪茶厂制作“千两茶”的原始工具、唐市古镇各时期制定的20余块茶叶规章碑刻。

中国黑茶博物馆

SATURDAY. DEC 6，2025

2025 年 12 月 6 日

农历乙巳年 · 十月十七

12月6日

今日生命叙事

早起____点，午休____点，晚安____点，体温____，体重____，走步____

今日喝茶：绿□　白□　黄□　青□　红□　黑□　花茶□

正能量的我

茶和节气·大雪

鹖旦不鸣花雪漫，九天仙子荔挺赏。
茶丛冬眠睡成团，磐石虎踞比山峦。
日出万点岳峰玉，雪藏数载水滴丹。
心有百花盛开季，煮雪试茶把盅端。

大雪·红花羊蹄甲

大雪是农历每年“二十四节气”的第21个节气。大雪，降水类节气，表示降雪量增多，地面可能积雪。

大雪物候：初候鹖旦不鸣；二候虎始交；三候荔挺出。

大雪的意思是天气更冷，降雪的可能性比小雪时更大了、量更多了。虽因地域不同而物候各异，但趋势却一致，此时气温更低，白昼更短。这时的茶树处于冬季休眠期，停止采摘制茶。

大雪节气里，喝什么茶？大雪时节，应保护呼吸道和胃肠，保暖祛寒，养阴护阳。适宜饮乌龙茶（文山包种、武夷岩茶、冻顶乌龙）、白茶（白牡丹、寿眉，均5年以上）、黑茶（青砖茶、普洱熟茶、广西六堡茶，均3年以上）；还要注意喝热茶水，不喝凉茶水。在供暖地区生活的人们，宜喝点绿茶。

SUNDAY. DEC 7，2025

2025 年 12 月 7 日

农历乙巳年 · 十月十八

12月7日

星期日

大雪

今日生命叙事

早起____点，午休____点，晚安____点，体温____，体重____，走步____

今日喝茶：绿☐　白☐　黄☐　青☐　红☐　黑☐　花茶☐

正能量的我

茶博物馆 · 临湘市砖茶博物馆

临湘市砖茶博物馆，是砖茶主题的博物馆，位于湖南省岳阳市临湘市五尖山国家森林公园入口处。临湘市砖茶博物馆占地约 3 亩，建筑面积 590 平方米，是一个非国有博物馆。

临湘市砖茶博物馆的整体陈列以茶为中心，包括茶的采摘、制作、包装、运输、销售、饮用等环节的实物，如木器、竹器、石器、陶瓷器、纸器等，按茶之源、茶之本、茶之用、茶之器、茶之饮、茶之品、茶之誉 8 个部分陈列。藏品丰富齐全，底蕴深厚，基本反映了临湘茶文化 1000 多年的发展历史。博物馆共有 4 个展厅、9 个展板，真实地展示了茶叶采摘、拣枝、杀青、烘焙、整形、储藏等 9 个工序 20 多道工艺流程。除了极具历史感的茶器外，还以图片和实物的形式展示了临湘茶文物、茶乡古建筑、陈年老茶。参观者在古香古色的建筑中，踏着长廊，便可以感受到临湘千年茶文化的厚重历史。

临湘市砖茶博物馆

特别展的展品有明代《岳州风土记》、清光绪临湘茶引所售茶数据、《临湘茶叶志》等多篇文献史料，茶叶采摘、制作、包装、运输、销售、饮用等环节的 200 多件实物的文字资料和照片。其中，《临湘古代境内的制茶运茶路线图》、临湘早期茶农们根据唐代“茶仙”卢仝的七言古诗《七碗茶歌》编织的独特茶篮、器形精美的元代纸茶壶、清代龟形木茶壶、壶心过火铜茶壶、清代专购茶山契约等实物均是首次发现，弥足珍贵。

MONDAY. DEC 8，2025

2025 年 12 月 8 日

农历乙巳年 · 十月十九

12月8日 星期一

今日生命叙事

早起____点，午休____点，晚安____点，体温____，体重____，走步____

今日喝茶：绿□　白□　黄□　青□　红□　黑□　花茶□

正能量的我

茶博物馆·蒙顶山世界茶文化博物馆

蒙顶山世界茶文化博物馆是世界性茶文化主题体验性博物馆，位于四川省雅安市名山区蒙顶山。世界茶文化博物馆占地面积2700平方米，标志性景观是《蒙顶山世界茶文化宣言》碑，于2005年8月29日起开放。

蒙顶山世界茶文化博物馆共分七大展区，包括茶叶知识展区、茶文化历史展区、茶艺风俗展区、蒙顶山茶叶展区等。主题馆的6根白色浮雕立柱依次排开，关键词分别记载世界各地的茶人、茶事、茶具、茶叶、茶俗及茶诗；地上大幅的铜板蚀刻记载了从公元前2700年以前神农氏发现茶叶至今，5000多年世界茶文化大事记。

文化展览区介绍茶叶历史、茶文化艺术、茶文化作品、茶道“三君子”(好茶、好水、好茶具)、茶与健康，中国及英国、印度、日本、韩国等6种代表性的饮茶习俗和14种特色茶艺；特别展区着重介绍四川和蒙顶山茶发展文化史、蒙顶山名茶和茶文化旅游资源；场景展区可以参观茶马古道场景；接待区可以品尝世界精品名茶；销售区可以选购当地茶叶和土特产品；多功能区可学习茶艺、采茶与制茶、茶具制作；观赏展览区中许多有关茶文化的文物，是从全国各地收集而来的，原件展品十分珍贵和有趣，如用来评测沏茶水质的汉代青铜错银扁壶、陕西法门寺地宫出土的12件古朴茶具、辽代墓室壁画中精致摩画的茶道18场景等，都令人流连、叹赏不已。

最让人关注的展区馆有主题馆、中国唐代展馆、中国宋代展馆、中国清代展馆、中国四川展馆、韩国馆。

蒙顶山世界茶文化博物馆

TUESDAY. DEC 9，2025

2025 年 12 月 9 日

农历乙巳年 · 十月二十

12月9日

星期二

今日生命叙事

早起____点，午休____点，晚安____点，体温____，体重____，走步____

今日喝茶：绿□　白□　黄□　青□　红□　黑□　花茶□

正能量的我

茶博物馆 · 青岛崂山茶文化博物馆

青岛崂山茶文化博物馆，是茶文化主题博物馆，位于青岛市近郊崂山王哥庄街道晓望社区。此博物馆由山东省青岛市崂山区人民政府主办，崂山区王哥庄街道办事处、崂山区农业农村局承办。此博物馆占地面积 7800 平方米，建筑面积 2300 平方米，于 2006 年 5 月起正式对外免费开放。

青岛崂山茶文化博物馆由主体建筑、文化广场公园、茶展销区组成。主体建筑分为游客中心、中国茶文化博物馆、崂山茶文化博物馆、学术交流中心。其中，中国茶和崂山茶文化博物馆分为 6 个展区和 6 个展厅，通过实物与文字资料、灯光音响相结合的方式，展出茶叶样品、茶具、茶录、茶史料。

中国茶文化博物馆内收藏展出汉、唐、五代、宋、元、明、清、民国和现代等历史时期的茶具 300 余件（套），《茶经》等茶书 500 余本，全国各地名茶样品百种，茶叶印章 60 余枚。

崂山茶文化博物馆内摆放着山东嘉祥出土的汉画像石，20 世纪 50—60 年代山东省委关于南茶北移的文件（复印件）、南茶北移以来的制茶工具、茶农清晨采茶的场景、崂山茶文化及崂山茶传说。特别展设北方传统饮茶用具、清末明初的八仙桌和崂山茶制作工艺实物等。

青岛崂山茶文化博物馆

WEDNESDAY. DEC 10，2025

2025年12月10日

农历乙巳年·十月廿一

12月10日 星期三

今日生命叙事

早起____点，午休____点，晚安____点，体温____，体重____，走步____

今日喝茶：绿☐　白☐　黄☐　青☐　红☐　黑☐　花茶☐

正能量的我

茶博物馆·北京茶叶博物馆

北京茶叶博物馆，是茶文化主题体验性博物馆，位于北京市西城区广安门外马连道14号京华茶业大世界四层。北京茶叶博物馆面积近900平方米，于2016年8月18日正式开馆，免费开放。

一进入该茶博馆，参观者将被眼前的百年普洱、贡品绿茶等高端展品所吸引。该博物馆用实物、仿真情景以及各类高科技等展现方式，围绕茶及茶文化的传播共分设序厅、茶之源流、茶之内涵、茶之体验、尾厅等5个部分，系统地展示了中国茶文化的起源、发展及传承。该博物馆突出京味茶文化、习俗，北京茶叶“中华老字号”，让参观者仿佛进入一个动感式的茶世界。

北京茶叶博物馆

其中，科普馆还通过超大LED屏幕和视频短片介绍了中国茶文化，利用立体沙盘及投影动画展示了制茶流程，同时还在现场由茶艺师向参观者展示了各类茶叶正确的冲泡方法。为了提高茶博馆的趣味性、互动性和参与性，茶博馆充分运用灯光渲染、实物展示、实景还原、电子书、幻影成像、沉浸式体验等高科技手段，调动参观者的视觉、听觉、触觉、嗅觉、味觉等感官，让其进行全方位体验。

THURSDAY. DEC 11，2025

2025 年 12 月 11 日

农历乙巳年·十月廿二

12月11日 星期四

今日生命叙事

早起___点，午休___点，晚安___点，体温___，体重___，走步___

今日喝茶：绿□　白□　黄□　青□　红□　黑□　花茶□

正能量的我

茶博物馆·安溪三和茶文化博物馆

安溪三和茶文化博物馆，是创意茶文化专题博物馆，属于非国有博物馆，建筑面积 3500 平方米，位于安溪县城东工业园区，是由三和集团投资创立，于 2012 年对外开放。

安溪三和茶文化博物馆主体构造创意，按谱系学中的树状谱系进行归纳与概括，在多元化、多角度的茶文化表达中，梳理出九大景观，称“三和九景”。九景又以功能三三划分，共同表达一个“茶”字。九景分为文三景、物三景、艺三景。该博物馆突出展区有：

茶史长廊，主要由茶史、皇帝与茶、贡茶、安溪茶史四大板块组成，通过展板形式，对中国古今茶叶做了详细的介绍。

百茶园，展示着各种茶类，包括绿茶、黄茶、红茶、白茶、青茶、黑茶六大茶类，以及药茶、花草茶等再加工茶，茶样数量多达 300 种。

茶文化藏品，有 12 个大柜。该展区以茶的“源、谱、经、传、品、哲、养、作、道、俗、器、承”为主题，从茶文化的各个角度、不同细节，诠释和介绍茶文化。如茶之源，就介绍了茶树之源、最早的茶诗、流传最久的茶歌、最早的茶字等。这样的展示一目了然，清晰直观。

茶文化衍生藏品，有 10 个小柜，主要展示各种茶文化物品，包括茶与书籍、茶与纸币、茶与邮票、茶与明信片、茶与信封、茶与火花、茶与烟标、茶与连环画、茶与磁卡等。

千壶馆，有各种材质、各种器形的茶壶、茶杯，展现的是不同地域、不同历史时期的饮茶方式，以及相应的茶壶、茶具等。

安溪三和茶文化博物馆

FRIDAY. DEC 12，2025

2025 年 12 月 12 日

农历乙巳年 · 十月廿三

12月12日

星期五

今日生命叙事

早起___点，午休___点，晚安___点，体温___，体重___，走步___

今日喝茶：绿□　白□　黄□　青□　红□　黑□　花茶□

正能量的我

茶博物馆 · 中国祁红博物馆

中国祁红博物馆，是祁门红茶主题体验性博物馆，是一个非国有博物馆，位于安徽省黄山市祁门县东郊的祥源祁红产业园，总建筑面积 4500 平方米，由祥源集团投资建成，于 2015 年 6 月起对公众开放。

中国祁红博物馆重点展示了祁门红茶深厚的历史文化脉络、优异品质形成、名扬四海盛况和祁红科普知识，共分为千年一叶、神奇茶境、精工细作、风云际会、蜚声四海、红色梦想、品饮时尚七大展厅。该博物馆内设资料茶史馆、茶艺馆、表演空间等，是一个集采摘、制作加工、品茗、购茶于一体的多功能综合旅游休闲度假区。该博物馆包括多媒体厅、文化展示厅和体验厅等，并挂牌有“祁门红茶研究会”，编著有《祁门红茶——茶中贵族的百年传奇》。

在这里，可以沉浸式体验古徽州和祁门的人文历史，感受手工、机械制茶历史的传承与创新，了解学习以吴觉农为代表的茶界先贤们为中国茶业发展作出的卓越贡献。

中国祁红博物馆

SATURDAY. DEC 13, 2025

2025 年 12 月 13 日

农历乙巳年 · 十月廿四

12月13日

今日生命叙事

早起____点，午休____点，晚安____点，体温____，体重____，走步____

今日喝茶：绿☐　白☐　黄☐　青☐　红☐　黑☐　花茶☐

正能量的我

茶策划·中国茶会、日、集、节

“中华文化延续着我们国家和民族的精神血脉，既需要薪火相传、代代守护，也需要与时俱进、推陈出新”。中华茶文化需要“找到传统文化和现代生活的连接点”，可以创意形成会、日、集、节，分设在春、夏、秋、冬四季的全国性、普及性丰富的文化活动，每年定时在全国全面展开，整体推动实施。

日。2019 年 11 月 27 日，第 74 届联合国大会宣布将每年 5 月 21 日设为“国际茶日”，以赞美茶叶对经济、社会和文化的价值。5 月 21 日对应小满节气，春茶采摘结束，夏茶开始采摘；此时雨水丰盈，初夏时节，也适宜户外活动。

集。“仲秋雅集”，可设在中秋假日（中秋节次日）。中秋节是饱含人文情感的民俗节日。在唐代，中秋是团圆的节日，文人阶层也会举办高雅活动，如今也可推出高雅文化底蕴又丰富中秋节生活的“仲秋雅集”。

节。“欢庆茶节”，可设在立冬之日。立冬时节，茶树早已进入冬季休眠期，不采摘制茶，当年各种茶都完成了新茶入仓。可以在每年的这一日，组织茶叶开仓、竞售等相关的消费狂欢节、福茶节、欢庆茶节，激发“买买买”“卖卖卖”。

会。“春天茶会”，可设在立春之日。立春经常还在春节假期里，可以在这天举办以家庭为单位的“春天茶会”，传承“吃年茶”文化，提升春节期间大众的文化生活品质。

SUNDAY. DEC 14，2025

2025 年 12 月 14 日

农历乙巳年 · 十月廿五

12月14日

星期日

今日生命叙事

早起____点，午休____点，晚安____点，体温____，体重____，走步____

今日喝茶：绿□　白□　黄□　青□　红□　黑□　花茶□

正能量的我

茶策划·中国茶叶谱系代表品

茶叶谱系是指茶叶生产历史变化形成的茶叶品种分布、分支、分类的系统。陆羽《茶经》是茶叶谱系的源起。中国茶叶谱系代表品，是以茶叶实物注释茶谱系中茶叶品种的历史文化形态积淀和不同品种的品质、独特韵味。中国茶叶谱系代表品的特质是原料可溯、采制循规、品种标杆、谱系典集。中国茶叶谱系代表品是茶叶区域公用品牌的物化形象、中国茶叶的品中精粹、茶叶消费的品种标杆、中国茶叶集群品牌。中国茶叶谱系代表品搭建成的是优质企业茶产品与购买者的消费连接。

学术基础：中国茶叶谱系代表品的分类及坐标系的创立基础参考有陈椽茶学家创立的“茶叶分类的理论与实际”（论文），陈宗懋主编《中国茶经》（上海文化出版社），王镇恒主编《中国名茶志》（中国农业出版社），陈宗懋主编《中国茶叶大辞典》（中国轻工业出版社），宛晓春主编《中国茶谱》（中国林业出版社），陈伟群主编《中国茶历》（2018—2023 共 6 本，中国林业出版社），尹祎、刘仲华主编《茶叶标准与法规》（中国轻工业出版社），宛晓春牵头起草的国际标准《茶叶分类》（ISO 20715：2023）等。这也是全国首创的“评定中国茶叶谱系代表品”重要学术基础，中国茶叶谱系代表品也夯实和传播了这些重要学术基础的厚重积淀。

政策支撑：国家发展改革委等 6 个部门发布的《关于新时代推进品牌建设的指导意见》明确指出“培育产业和区域品牌”指导精神。

创新运用：策划和创新运用由《中国茶历》主编陈伟群主持。依循公开、公平、公正、公益的原则和专业流程评定中国茶叶谱系代表品，已公布 16 批 72 个品。创立代表品营销理论并策划细化成代表品营销 12 矩阵。

MONDAY. DEC 15，2025

2025年12月15日

农历乙巳年·十月廿六

12月15日 星期一

今日生命叙事

早起____点，午休____点，晚安____点，体温____，体重____，走步____

今日喝茶：绿□　白□　黄□　青□　红□　黑□　花茶□

正能量的我

茶联·茶叶

题蒙顶山茶联：扬子江中水，蒙顶山顶上茶。

咏长兴紫笋茶：紫芽白蕊岭头来，吃茶且坐；陆羽觉农圣驾去，余韵犹香。

题武夷岩茶：碧玉瓯中翠涛起，武夷山外美名扬。

赞武夷岩茶：溪边奇茗冠天下，武夷仙人从古栽。

题庐山云雾茶：匡庐奇秀甲天下，云雾醇香益寿年。

题西湖龙井茶：院外风荷西子笑，明前龙井女儿红。

题黄山毛峰茶：毛峰竞翠，黄山景外无二致；兰雀弄舌，震旦国中第一奇。

题君山银针茶：金镶玉色尘心去，川迴洞庭好月来。

题安溪铁观音茶：七泡余香溪月露，满心喜乐岭云涛。

题云南普洱茶：香陈九畹芳兰气，品尽千年普洱情。

题祁门红茶：祁红特绝群芳最，清誉高香不二门。

题冻顶乌龙茶：冻顶乌龙腾四海，茶中圣品味一流。

题苏州茉莉花茶：窨得茉莉无上味，列作人间第一香。

题太湖碧螺春茶：碧螺飞翠太湖美，新雨吟香云水闲。

赞都匀毛尖：雪芽芳香都匀生，不亚龙井碧螺春。

TUESDAY. DEC 16，2025

2025 年 12 月 16 日

农历乙巳年 · 十月廿七

12月16日

星期二

今日生命叙事

早起____点，午休____点，晚安____点，体温____，体重____，走步____

今日喝茶：绿□　白□　黄□　青□　红□　黑□　花茶□

正能量的我

茶联·茶亭

不烦好雨频来，无限清风留客坐；

休怯斜阳欲坠，满途明月照人归。（古代茶亭通用联）

紫气玉碗盛含仙掌露；霞光金芽微带碧泉珠。（湖南名胜紫霞峒小凉亭内）

山好好，水好好，开门一笑无烦恼；

来匆匆，去匆匆，饮茶几杯各西东。（福州茶亭）

一掬甘泉好把清凉洗热客，

两头岭路须将危险话行人。（绍兴驻跸岭茶亭）

烦我常迎三千客，劝君且饮一杯茶。（洛阳古道茶亭）

红透夕阳，如趁余辉停马足；

茶烹活水，须从前路汲龙泉。（衡山望岳门外红茶亭）

试第二泉，且对明亭暗窦；

携小团月，分尝山茗溪茶。（无锡惠山二泉亭）

处处通途，何去何从？求两餐，分清邪正；

头头是道，谁宾谁主？吃一碗，各自西东。（广州长三眼桥茶亭联）

两脚不离大道，吃紧关头，须要认清岔道；

亭俯着群山山，站高地步，自然赶上前人。（贵阳图云关茶亭）

南南北北，总须历此关头，且望断铁门限，各夏水冬汤，应接过去现在未来三世诸佛上天下地；

东东西西，那许瞒了脚跟，试竖起金刚拳，击晨钟暮鼓，唤醒眼耳鼻舌身意六追众生吃饭穿衣。（休宁茶亭）

重重叠叠山，曲曲环环路；

高高下下树，叮叮咚咚泉。（杭州九溪十八涧茶亭）

WEDNESDAY. DEC 17, 2025

2025 年 12 月 17 日

农历乙巳年 · 十月廿八

12月17日 星期三

今日生命叙事

早起____点，午休____点，晚安____点，体温____，体重____，走步____

今日喝茶：绿☐　白☐　黄☐　青☐　红☐　黑☐　花茶☐

正能量的我

茶联·茶室

扫地烹泉，舌底朝朝茶味；
开窗染翰，眼前处处诗题。（古代茶室通用联）

堆叶扫云寻老子，烹茶读易梦周公。（南安的茶室）

草际摊径秋色老，水边试茗舌根香。（安溪的茶室）

闲扫白云眠石上，待随明月过山前。（泉州的茶室）

小天地，大场合，让我一席；
论英雄，谈古今，喝它几杯。（泉州的茶室）

竹雨松风琴韵，茶烟梧月书声。（北京的茶室）

融通三教儒释道，汇聚一壶色味香。（合肥的茶室）

禅榻常闲，看袅袅茶烟随落花风去；
远帆无数，坐盈盈酒水从罨画溪来。（宜兴的茶室）

认春轩内一杯茶，春在堂前笑语哗。（德清的茶室）

汲来江水烹新茗，买尽青山作画屏。（镇江的茶室）

竹桌儿竹椅，坐客常满；瓷碟儿瓷碗，茶香飘散。（成都的茶室）

泉清让虎跑，茗贵称龙井。（杭州的茶室）

扫来竹叶烹茶叶，劈碎松根煮菜根。（青城山的茶室）

一瓯香茗，涤我尘襟，借问往来船，载多少画意诗情，好传韵事；

万里晴空，豁人心目，欲语登临者，看几次朝瞰夕照，珍惜流光。（重庆的茶室）

泉烹苦茗琉璃碧，菊酿香醪琥珀黄。（香港的茶室）

茶香留味永，蔬食助神清。（南京的茶室）

仙露流云名山妙品，铜瓶石鼎雅士高风。（天津的茶室）

佛脚清泉，飘飘飘飘，飘下两条玉带；
源头活水，冒冒冒冒，冒出一串珍珠。（济南的茶室）

常德德山山有德，长沙沙水水无沙。（长沙的茶室）

THURSDAY. DEC 18，2025

2025 年 12 月 18 日

农历乙巳年 · 十月廿九

12月18日 星期四

今日生命叙事

早起____点，午休____点，晚安____点，体温____，体重____，走步____

今日喝茶：绿□　白□　黄□　青□　红□　黑□　花茶□

正能量的我

茶联·茶馆

清泉烹雀舌，活水煮龙团。（古代茶馆通用联）

大碗茶广交九州宾客，老二分奉献一片丹心。（北京）

半榻梦刚回，活火初煎新涧水；
一帘春欲暮，茶烟细荡落春风。（广州）

独携天上小团月，来试人间第二泉。（南京）

一杯春露暂留客，两腋清风几欲仙。（杭州）

无事且临溪，喝杯茶去；有泉可濯足，得空再来。（杭州）

小住为佳，且吃了赵州茶去，日归可缓，试同歌陌上花开。（杭州）

佳肴无肉亦可，雅淡离我难成。（扬州）

花笺茗碗香千载，云影波光活一楼。（成都）

为名忙，为利忙，忙里偷闲，且喝一杯茶去；
劳心苦，劳力苦，苦中作乐，再倒一杯酒来。（成都）

最宜茶梦同圆，海上壶天容小隐；
休得酒家借问，座中春色亦常留。（上海）

客上天然居，居然天上客；
人来交易所，所易交来人。（上海）

楼外是五百里嘉陵，非道子一笔画不出；
胸中有几千年历史，凭卢仝七碗茶引来。（重庆）

花笺茗碗香千载，云影波光活一楼。（成都）

客来能解相如渴，火候闲评坡老诗。（长沙）

欢乐年年享春茗，一堂济济香满楼。（香港）

楼上一层，看塔院朝暾，湖天夜月，
客来两地，话武林山水，泸渎莺花。（嘉兴）

偷得浮生一时闲，寻到茶艺万般情。（台湾）

酒后高歌，听一曲铁板铜琶，唱大江东去；
茶边话旧，看几番星轺露冕，从淮海南来。（镇江）

FRIDAY. DEC 19，2025

2025 年 12 月 19 日

农历乙巳年 · 十月三十

12月19日 星期五

今日生命叙事

早起____点，午休____点，晚安____点，体温____，体重____，走步____

今日喝茶：绿□ 白□ 黄□ 青□ 红□ 黑□ 花茶□

正能量的我

茶联·茶歇后语

口渴遇见卖茶人——正合适

茶壶里洗茶盏——折腾不开

冷水泡茶——无味

春茶尖儿——又鲜又嫩

滚水泡茶——又浓又香

玻璃杯沏茶——看到底

茶里放盐——惹人嫌（咸）

爆米花沏茶——泡汤了

阿庆嫂倒茶——滴水不漏

不倒翁沏茶——没水平

茶炉上小锅里的水——沸腾不止

服务员上茶——和（壶）盘托出

茶馆里伸手——胡（壶）来

抱着茶壶喝水——嘴对嘴

茶壶茶盖——不分离

茶壶里喊冤——胡（壶）闹

茶壶里煮挂面——难怪（拐）

茶壶里开染坊——无法摆布

茶壶里贴饼子——无法下手

茶壶没肚儿——光剩嘴

盖碗儿盖上放鸡蛋——靠不住

SATURDAY. DEC 20，2025

2025 年 12 月 20 日

农历乙巳年 · 十一月初一

12月20日

今日生命叙事

早起___点，午休___点，晚安___点，体温___，体重___，走步___

今日喝茶：绿□　白□　黄□　青□　红□　黑□　花茶□

正能量的我

茶和节气·冬至

祭天贺冬焙茶贡，三叉鼎瑞麋角解。
不笑冬藏蚯蚓结，只喜阳升水泉动。
述根祖先亲朋宴，感念仲景娇耳汤。
金圆银圆做添岁，九九消寒神州同。

冬至·蜡梅

冬至是二十四节气的第22个节气。冬至，天文类节气，表示寒冷的冬天来临。

冬至物候：初候蚯蚓结；二候麋角解；三候水泉动。

冬至过后，全国各地都进入一个最寒冷阶段的“数九”寒冬时节。这时的茶树处于冬季休眠期，停止采摘制茶。

冬至节气里，喝什么茶？冬至时节，应养藏阳气，滋益阴精，保护呼吸道和胃肠，保暖祛寒。适宜饮黑茶（安化天尖、普洱熟茶、六堡茶、沱茶、砖茶，均5年以上）、红茶（陈年红茶）、乌龙茶（有焙火工序的乌龙茶）、白茶（寿眉，7年以上）。还要注意喝热茶水，不喝凉茶水。在供暖地区生活的人们，宜喝点绿茶。

SUNDAY. DEC 21，2025

2025 年 12 月 21 日

农历乙巳年 · 十一月初二

12月21日

星期日

冬至

今日生命叙事

早起___点，午休___点，晚安___点，体温___，体重___，走步___

今日喝茶：绿☐ 白☐ 黄☐ 青☐ 红☐ 黑☐ 花茶☐

正能量的我

茶诗词·《寒夜》

煮茶

寒夜

（宋）杜耒

寒夜客来茶当酒，竹炉汤沸火初红。

寻常一样窗前月，才有梅花便不同。

这首诗语言清新、自然，无雕琢之笔，表现的意境隽永，让人回味无穷。这首诗看似随笔挥洒，却形象地表达了诗人遇知己的喜悦心情。“寒夜客来茶当酒”几被大众当作口头禅，说的时候往往用不着思考，脱口而出，可是细细品味，都有多层转折，让人产生很多联想。

寒冷的冬夜来了不一般的客人，以茶当酒，吩咐小童煮茗。“竹炉汤沸火初红”，茶还没煎煮到最好口感时，便急唤出茶汤上茶来，与客共饮；屋外寒气逼人，屋内温暖如春。夜深了，明月照在窗前，窗外透进来了阵阵寒梅的清香。

诗人写梅，除了赞叹梅花高洁，更多的是在暗赞来客，也表达了寻常的生活如窗前的月亮那般苍白平静，来了志同道合的朋友，啜茗清谈论道……生活不同了，这才“火初红”。

MONDAY. DEC 22，2025

2025 年 12 月 22 日

农历乙巳年 · 十一月初三

12月22日

今日生命叙事

早起____点，午休____点，晚安____点，体温____，体重____，走步____

今日喝茶：绿□　白□　黄□　青□　红□　黑□　花茶□

正能量的我

茶谱系 · 永春佛手

永春佛手，乌龙茶（青茶）类（细分为闽南乌龙），又名香橼种、雪梨。永春佛手茶树属大叶型灌木，因其树叶大如掌、形似佛手柑，因此得名“佛手”。佛手茶树相传是福建安溪骑虎岩寺和尚，把茶树枝条嫁接在佛手柑上，经精心培植而成的树种。清康熙年间，树种传授给永春师弟，附近茶农竞相引种使其得以普及。有文字记载：“僧种茗芽以供佛，嗣而族人效之，群踵而植，弥谷被岗，一望皆是。”安溪骑虎岩寺也镌有楹联：“神茗佛手发源地，骑虎将军涅声天”“飞凤名岩藏古刹，珍茗佛手溢奇香”“飞天佛手茶香四海，凤地名岩寺阅千秋”。永春佛手发源地为福建永春狮峰岩，主产于福建永春县苏坑、玉斗、锦斗和桂洋等地，为新创名茶。

永春佛手在春、夏、秋茶季皆可生产，春茶开采于 4 月中旬，秋、冬茶采摘于 11 月结束。永春佛手选用佛手茶树的鲜叶为原料，鲜叶似佛手柑叶，叶肉肥厚丰润，质地柔软绵韧，采摘标准是驻芽 2 ～ 4 叶。鲜叶要求采顶叶小开面至中开面（3 ～ 5 分成熟）驻芽 2 ～ 4 叶嫩梢及对夹叶；春、秋茶采中开面，夏暑茶采小开面。采摘时应根据新梢成熟度、芽叶大小、生长部位分批多次采摘，采摘成熟度较一致的芽叶；大面积茶园提前嫩采，分 2 ～ 3 次采摘；新梢按大小分开采摘，分开制作。制茶工艺工序是晒青、凉青、摇青、杀青、揉捻、初烘、包揉、复烘、复包揉、足火。

永春佛手成品茶叶条索肥壮、紧卷圆结、粗壮肥重，色泽砂绿乌润；内质香气浓锐持长，优质品有似雪梨香，上品具有香橼香；汤色金黄透亮，滋味醇和甘厚；叶底柔软，叶张圆而大。

永春佛手

冲泡永春佛手时，可每人用一只容量 130 毫升的盖碗作为泡具和饮具，茶水比为 1 : 35，投茶量 3 克，水 105 克（毫升），泡茶水温宜烧开至 100℃。温茶碗内凹，投入茶叶后，采用单边定点低冲法注水，盖上茶盖，4 分钟后即可品饮。

TUESDAY. DEC 23，2025

2025 年 12 月 23 日

农历乙巳年 · 十一月初四

12月23日 星期二

今日生命叙事

早起___点，午休___点，晚安___点，体温___，体重___，走步___

今日喝茶：绿☐　白☐　黄☐　青☐　红☐　黑☐　花茶☐

正能量的我

茶谱系 · 金骏眉

金骏眉，红茶类（细分为小种红茶），产于福建省武夷山市星村镇桐木关村，创制于 2005 年。

金骏眉采摘头春茶一季，鲜叶的采摘标准是头芽。制茶主要工艺工序是萎凋、摇青、发酵、揉捻、烘干。

金骏眉成品茶叶细小而紧秀，颜色为金、黄、黑相间。茶的茸毛、嫩芽为金黄色；条索紧结纤细，圆而挺直，有锋苗，身骨重；干茶香气清新；开汤汤色金黄，水中带甜，甜里透香（花果香）；热汤香气清爽纯正，温汤（45℃左右）熟香细腻，冷汤清和幽雅、清高持久（无论热品冷饮皆绵顺滑口，极具清、和、醇、厚、香的特点）；叶底舒展，芽尖鲜活，秀挺亮丽。

冲泡金骏眉时，可每人用一只容量 130 毫升的盖碗作为泡具和饮具，茶水比为 1 : 50，投茶量 2 克，水 100 克（毫升），泡茶水温宜水烧开后降温至 95℃。主要冲泡步骤：温茶碗内凹，投入茶叶后，采用定点旋冲法注水，水量达到茶碗八分满后，盖上茶盖。当茶碗中茶汤的水温降至适口温度时，趁温热品饮。如觉茶汤淡，可用茶盖拨动茶叶使其翻滚后再品饮。

金骏眉

WEDNESDAY. DEC 24，2025

2025 年 12 月 24 日

农历乙巳年 · 十一月初五

12月24日 星期三

今日生命叙事

早起____点，午休____点，晚安____点，体温____，体重____，走步____

今日喝茶：绿□　白□　黄□　青□　红□　黑□　花茶□

正能量的我

茶谱系 · 渠江薄片

渠江薄片，黑茶类（细分为湖南黑茶），原产于雪峰山脉湖南新化、安化一带，经过数千年的发展，新化县境内雪峰山脉和渠江沿岸产茶带都成为渠江薄片产茶区域。最早的渠江薄片生产记载可以追溯到唐代至五代十国时期，毛文锡《茶谱》载："渠江薄片，一斤八十枚""其色如铁，而芳香异常，烹之无滓也。"唐代杨晔《膳夫经》载："渠江薄片，有油，苦硬。"明代方以智《通雅》载："渠江之薄片……此唐宋时产茶地及名也。"渠江薄片为历史名茶，2007 年恢复生产。

渠江薄片于春季采摘鲜叶，精选新化县境雪峰山脉和渠江沿岸的群体种茶树茶叶为原料，春茶鲜叶的采摘标准是 1 芽 1 叶、1 芽 2 叶的嫩叶。制作工艺工序是萎凋、高温杀青、揉捻、渥堆、筛选、拼堆、蒸制、压饼、烘焙、包装。渥堆发酵是形成渠江薄片色香味的关键工序，要求在温度 25℃左右、相对湿度 85% 左右进行，且需多次发酵。特级黑毛茶经过两年存放后精制，严格捡剔，除去茶梗、茶末和茶片，精心加工压饼成形。

渠江薄片成品茶叶为古铜币样，字迹清晰，饼面平整，无破损，无烂边。内质香气纯正持久，陈香浓郁，滋味醇和浓厚，汤色橙红明亮，叶底黑褐完整。

渠江薄片

煮饮法：取渠江薄片一枚，开水冲润洗一次后，茶水比为 1∶30，投入煮茶器中煮沸至 100℃再熬制 3 分钟，即可出汤分饮。

盖碗泡饮法：取容量 150 毫升的盖碗作为泡具和饮具，茶水比为 1∶28，投渠江薄片一枚，先用开水冲润洗一次，再注入开水 130 毫升，注水采用 N 字形覆盖冲法，加茶盖闷泡 1 分钟，汤色呈现明亮橙红色，即可均分至茶盅中饮用。

THURSDAY. DEC 25，2025

2025 年 12 月 25 日

农历乙巳年 · 十一月初六

12月25日 星期四

今日生命叙事

早起____点，午休____点，晚安____点，体温____，体重____，走步____

今日喝茶：绿□　白□　黄□　青□　红□　黑□　花茶□

正能量的我

茶谱系·感通茶

感通茶，绿茶类（细分为烘青绿茶），主产于云南大理苍山感通寺方圆近10平方千米的圣应峰（又称荡山）、马龙峰山脚一带，创制于明代以前。明景泰六年（1455年）《云南图经志书》有“大理府感通茶，产于感通寺，其味胜于他处所产者”的记载。“深山藏古寺，古寺出名茶”，感通茶古时为贡茶，清代黄元治《荡山志略》记述：“苍山圣应峰感通寺古茶五株……茶味甚佳，类六安茶也。”清代余怀《茶史补》记载：“感通山岗产茶，甘芳纤白，为滇茶第一。”感通茶于1985年由大理下关茶厂恢复生产，为历史名茶。

感通茶制茶的鲜叶于清明前采摘。选用鲜叶的标准是清明前1芽2叶、初展优质嫩叶鲜叶。改传统的晒青绿茶制法为烘青绿茶制法精制加工而成。制茶工艺工序是杀青、揉捻、初烘、复揉、整形、毛火、足火。

感通茶成品茶叶条索肥硕卷曲、匀整，色泽呈墨绿油润、显毫，香气馥郁持久；汤色清绿明亮，耐多次冲泡，滋味醇爽回甘；叶底匀厚。

感通茶

冲泡感通茶时，可每人用一只容量130毫升的盖碗作为泡具和饮具，茶水比为1∶50，投茶量2克，水100克（毫升），泡茶水温宜水烧开后降温至85～90℃。主要冲泡步骤：温茶碗内凹，投入茶叶后，采用回旋低冲法注水，水量达到茶碗八分满后，盖上茶盖。当茶碗中茶汤的水温降至适口温度时，趁温热品饮。如觉茶汤淡，可用茶盖拨动茶叶使其翻滚后再品饮。

FRIDAY. DEC 26，2025

2025 年 12 月 26 日

农历乙巳年 · 十一月初七

12月26日 星期五

今日生命叙事

早起____点，午休____点，晚安____点，体温____，体重____，走步____

今日喝茶：绿□　白□　黄□　青□　红□　黑□　花茶□

正能量的我

茶物哲语·亦余心之所善兮

茶叶“走”出贮罐时，留下“茶叶的自白”：

我是一片幸福的树叶，也是一片有苦涩甘甜的树叶，还是一片有生命又有灵魂香气的树叶。

我的第一次生命是大地、阳光的哺育；第二次生命是“火”的培（焙）育；第三次生命是“水”的孕育。

我的生命美丽绽放，萌发在茶树梢上……浸泡在茶汤中。焙火后，活发“精、气、神”；沸水里，激发“色、香、味”；人体中，奋发“酸、碱、酚、素”。我的生命丰富多彩，我的生命百态千味，我的生命是茶德远传。

唐代陆羽著《茶经》点及“精行俭德”。唐代刘贞亮赋《茶十德》：“以茶散郁气，以茶驱睡气，以茶养生气，以茶除病气，以茶利礼仁，以茶表敬意，以茶尝滋味，以茶养身体，以茶可行道，以茶可雅志。”世代传承，奠定茶人之道。

我的生命是融入生活的。融入“柴米油盐酱醋茶”的日常生活，融入“琴棋书画诗酒茶”的文化生活，还进入“茶禅一味”的修行生活。这既在人的物质生活中坚实其生命的根基，又在人的精神生活中散发浓郁的芬芳。

茶芽

我对人类的奉献，借用屈原《离骚》中的名句来表达——“亦余心之所善兮，虽九死其犹未悔”。就是说：我的生命活法都是我内心之所珍爱，愿历“九难”（一造，二别，三器，四火，五水，六投，七滳，八饮，九贮）奉“九香”（一清，二幽，三甘，四柔，五浓，六烈，七逸，八冷，九真）！

这是我对茶叶美好德行的追求，至死不改。

SATURDAY. DEC 27，2025

2025 年 12 月 27 日

12月27日

农历乙巳年·十一月初八

今日生命叙事

早起___点，午休___点，晚安___点，体温___，体重___，走步___

今日喝茶：绿☐ 白☐ 黄☐ 青☐ 红☐ 黑☐ 花茶☐

正能量的我

茶物哲语·精行俭德

茶叶，在这日记写道：

茶圣陆羽和古往今来的喝茶人，发现我是一片不仅有生命还有灵魂，并能提振精神的树叶。《茶经》总结："茶……最宜精行俭德之人。"茶"德"基因代代相传，我们在同修，不论年龄，唯在持恒厉行。

中国茶道崇尚茶德，就在于中国人生活有"柴米油盐酱醋茶""琴棋书画诗酒茶"而"不可一日无茶"，就在于"中国茶道"必须是普世普众普惠的茶道。"茶德精神"就是：自觉在日常生活中积德修德，持恒厉行。

德，不是外加给人的。德，在人性中有基础。幸福的人，高贵的人，是有生命又是有灵魂的人，就是有同情心又有尊严的人。人性中的同情心和尊严，就是"德"的两个重要基础。

德，是人最好的状态。讲德，是人人共处的和美社会的状态。积德修德，是内心内在持恒与行：仁、义、礼、智、信。仁：同情心，善良，真诚待人，这是人的基本品质，是"德"的核心之一。义：走正道，正能量，做人有规矩，有尊严，这是人的高贵品质，是"德"的另一核心。礼：仪轨，仪式，克己，是仁、义的外在表现，缺乏仁、义的礼，是虚伪的；"恭敬于礼"。智：是判断是非和通明德的能力。信：自尊，尊重他人，是人有尊严的表现；"信近于义"。

茶叶

"精行俭德"是大智，是良知，愿持恒厉行，与日俱增是对"茶德精神"的高度概括，愿持恒厉行，与日俱增。

SUNDAY. DEC 28，2025

2025 年 12 月 28 日

农历乙巳年 · 十一月初九

12月28日

星期日

今日生命叙事

早起____点，午休____点，晚安____点，体温____，体重____，走步____

今日喝茶：绿☐　白☐　黄☐　青☐　红☐　黑☐　花茶☐

正能量的我

茶物哲语 · 尚茶成风

茶，最早从中国始。茶的发现和利用，至少已有4700年的历史。中国人可以借助茶“品味生命，解读世界”。

陆羽《茶经》中誉“茶”为“南方之嘉木”“盛于国朝”“比屋之饮”。《新唐书》叙有“尚茶成风”在中国唐代兴起，由皇宫向民间，从官吏、处士、儒生、道士、僧人普及到社会各阶层，“始驱马市茶”。

茶，字形是人在草木之间，饮茶的自在与朴素，是人渴求的四时闲适又温暖的时光，表达着人对自然的态度。

饮茶的习惯与普及，是人时常感恩思念乡土、友情，渴望滋养身心和增强机体的健康，表达着人对自身的态度。

饮茶，更是中华文化的体现，是传统哲学的缩影，表达着人对自觉的态度——“天人合一”“茶禅一味”“最宜精行俭德之人”，修身养性，仁、义、礼、智、信，温、良、恭、俭、让。茶和天下，持恒厉行，“致良知”。

尚茶成风，在世界兴盛。中国古代在农业方面对世界四大贡献之一即有茶叶（水稻、蚕桑业、大豆、茶叶），如今世界饮茶人口已近30亿，分布在160多个国家和地区。

古代尚茶成风

尚茶成风相传

MONDAY. DEC 29，2025

2025 年 12 月 29 日

农历乙巳年·十一月初十

12月29日 星期一

今日生命叙事

早起___点，午休___点，晚安___点，体温___，体重___，走步___

今日喝茶：绿☐　白☐　黄☐　青☐　红☐　黑☐　花茶☐

正能量的我

茶物哲语·天人合一

“茶”字是“人在草木间”的意象，是“天人合一”的境界。奉茶，双手可掬“天人合一”：

天人合一，道法自然，抱道履节。山水林田湖草是一个生命共同体，人与自然是生命共同体，追求人与自然和谐共生，共同构建人类命运共同体。

天人合一，以人为本，抱道行德。立足人对美好生活的向往、对优良环境的期待、对子孙后代的负责，践行“绿水青山就是金山银山”理念，保护环境和发展经济协同，绿色转型和社会正义并举，普众获得感、幸福感、安全感。

天人合一，诗和远方，执中贯一。心系中华文化浩瀚广博和源远流长，心系广袤大地和乡土民风；寄身于大海江河、山川草原、田园溪畔和阳光风雨中；寄情于一片茶叶、一方茶席、一首茶诗、一支英雄赞歌和一部人生岁月的书……

天人合一，心旷神怡，抱元守一。人与天地交融，有我之境，无我之境；日出而作，日落而息；仰望星空，正气浩然；独立之思想，自由之精神。

天人合一，哲学思想，万法归一。亦思想亦状态，贵在知行合一：敬畏自然、尊重自然、认识自然、应自然、亲近自然、回归自然、融于自然、保护自然、美化自然、回馈自然。

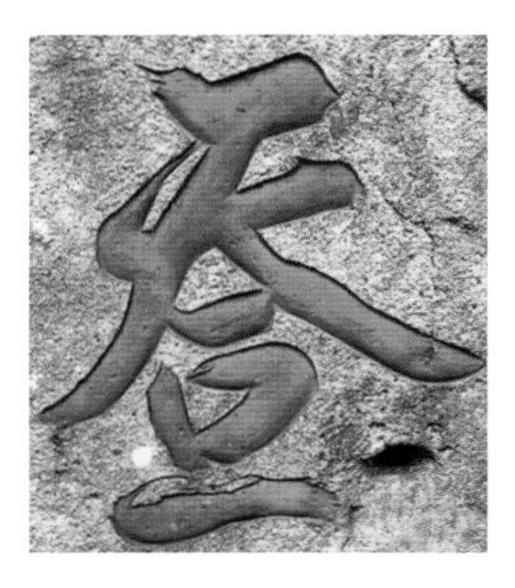

天人合一

天人合一，人定胜天，抱朴守拙。“为天地立心”，防止急功近利和不择手段地利用自然、改造自然。以“敢叫日月换新天”的英雄气概和“愚公移山”开天辟地的精神，推动人类社会文明进步，守正笃实，久久为功，胜人天性，增强定力，勇于担当，攻坚克难，超越自己，再创辉煌。

TUESDAY. DEC 30，2025

2025 年 12 月 30 日

农历乙巳年·十一月十一

12月30日 星期二

今日生命叙事

早起____点，午休____点，晚安____点，体温____，体重____，走步____

今日喝茶：绿□　白□　黄□　青□　红□　黑□　花茶□

正能量的我

茶物哲语·人在草木间

汉字“茶”字，拆分开来看，上有草，下有木，人在草木间。道出了“天人合一”的境界。这“天”是自然之“天”，道德之“天”，命运之“天”；“人”就是人类；“合”就是相适守诚、相伴而生；“一”就是人要理天地、崇道德、致中和。一个“茶”字，蕴含哲学思考。

茶，源于草木，源于自然。汲日月精华，沐春夏秋冬，有山魂水魄的灵性。春天，垂柳听雨，点花啜茗；夏天，凉亭数荷，饮茶消暑；秋天，庭院赏桂，评茶对饮；冬天，静坐焚香，暖炉煮茶。喝茶，就是品味自然草木，如在山林之间，感受清风丽水，与大自然融为一体。

茶，源于草木，源于自然。中华文化的中庸、和谐、道德，最重要的理论基础、思想基础是天人合一。道，人与自然的关系；德，是人与人的关系。人与自然和谐相处，人与社会关系有序，人与人之间交往有规范。具有悠久历史的中华茶文化，隐含中庸、和谐、道德教化。

茶，源于草木，源于自然。每一片茶叶，在热水注入的瞬间，沉浮旋转，慢慢舒展开来，上下起伏，茶香氤氲升起，茶气沁人心脾，入口苦涩还是清香，凭的是喝茶人的心境。“茶寿，一百零八”，尝尽人间味，知晓茶之味，回归自然味。

茶叶

茶，源于草木，源于自然，顺天应时，天地相参，经纶天下，世界同饮。敬茶、饮茶、品茶、雅茶，人在参赞天地化育中，德性与天地相参，人事与天地相参，致良知，致大同，心向天地人各得其位、万物生生不已的命运共同体。

WEDNESDAY. DEC 31，2025

2025 年 12 月 31 日

农历乙巳年 · 十一月十二

12月31日 星期三

今日生命叙事

早起___点，午休___点，晚安___点，体温___，体重___，走步___

今日喝茶：绿□ 白□ 黄□ 青□ 红□ 黑□ 花茶□

正能量的我

索引

一、使用说明

检索时，依据标题前的阿拉伯数字，对应找到具体的“月“和“日”，即相应标题所在的页面。如：“明前茶”标题前的阿拉伯数字为0314，则对应“3月14日”的《中国茶历2025》当日的页面，就是“明前茶”内容所在的页面。

二、版块分类

1. 茶谱系·绿茶类（63篇）；2. 茶谱系·白茶类（3篇）；3. 茶谱系·黄茶类（8篇）；4. 茶谱系·乌龙茶类（33篇）；5. 茶谱系·红茶类（16篇）；6. 茶谱系·黑茶类（11篇）；7. 茶谱系·再加工茶类（13篇）；8. 茶和节气（24篇）；9. 节气茶（15篇）；10. 节日和茶（11篇）；11. 茶物哲语（16篇）；12. 茶范（8篇）；13. 茶典故（17篇）；14. 茶诗词（10篇）；15. 茶画（12篇）；16. 茶联（6篇）；17. 茶游艺（4篇）；18. 茶文艺（4篇）；19. 茶名著（10篇）；20. 茶名字（11篇）；21. 茶史迹（14篇）；22. 茶博物馆（21篇）；23. 茶策划（2篇）；24. 古代雅集（19篇）；25. 八方茶席（8篇）；26. 茶具（4篇）；27. 茶用水（2篇）。

三、目录

1. 茶谱系·绿茶类（63篇）

2. 茶谱系 · 白茶类（3 篇）

3. 茶谱系 · 黄茶类（8 篇）

4. 茶谱系·乌龙茶类（33 篇）

闽北乌龙

0114 武夷岩茶

0825 武夷大红袍

0826 武夷名丛

0827 武夷奇种

0828 武夷肉桂

0830 武夷水仙

0831 闽北水仙

0630 矮脚乌龙

1203 大田美人茶

闽南乌龙

1120 安溪铁观音（浓香型）

1101 安溪铁观音（清香型）

0302 黄金桂

0618 毛蟹

0727 本山

1223 永春佛手

1128 白芽奇兰

0528 天竺岩茶

0529 诏安八仙茶

0530 南靖丹桂

0601 云霄黄观音

0602 盘陀金萱茶

0603 华安铁观音

0901 闽南水仙

0902 漳平水仙茶饼

广东乌龙

0509 凤凰单丛

0511 凤凰水仙

0510 凤凰浪菜

1105 饶平奇兰

台湾乌龙

0805 高山乌龙

0909 冻顶乌龙

0927 金萱茶

1106 文山包种

1127 椪风乌龙

5. 茶谱系·红茶类（16 篇）

小种红茶

0116 正山小种红茶

1224 金骏眉

0526 光泽红茶

工夫红茶

1001 政和工夫

1129 白琳工夫

0701 坦洋工夫

0524 永泰红茶

0525 寿宁高山红茶

0527 尤溪红茶

0928 祁门红茶

0801 宁红

0501 宜红

0512 九曲红梅

1019 滇红

1201 英德红茶

红碎茶

0806 五指山红茶

6. 茶谱系·黑茶类（11 篇）

云南黑茶

1103 普洱熟茶

湖南黑茶

1225 渠江薄片

7. 茶谱系・再加工茶类（13 篇）

8. 茶和节气（包括节气茶诗、节气茶席用花）（24 篇）

9. 节气茶（15 篇）

10. 节日和茶（11 篇）

11. 茶物哲语（16 篇）

12. 茶范（8 篇）

13. 茶典故（17 篇）

14. 茶诗词（10 篇）

15. 茶画（12 篇）

16. 茶联（6 篇）

17. 茶游艺（4 篇）

18. 茶文艺（4 篇）

19. 茶名著（10 篇）

20. 茶名字（11 篇）

21. 茶史迹（14 篇）

22. 茶博物馆（21 篇）

23. 茶策划（2 篇）

24. 古代雅集（19 篇）

25. 八方茶席（8 篇）

26. 茶具（4 篇）

27. 茶用水（2 篇）

图书在版编目（CIP）数据

中国茶历. 2025 / 陈伟群主编. -- 北京 : 中国林业出版社, 2024. 9. -- ISBN 978-7-5219-2897-6

Ⅰ. P195.2

中国国家版本馆CIP数据核字第2024D33R97号

中国林业出版社

责任编辑：杜　娟　马吉萍　樊　菲

出版咨询：(010) 83143595

出　版　中国林业出版社
(100009 北京市西城区刘海胡同 7 号)

网　站　https://www.cfph.net

印　刷　河北京平诚乾印刷有限公司

发　行　中国林业出版社

电　话　(010) 83143500

版　次　2024 年 9 月第 1 版

印　次　2024 年 9 月第 1 次

开　本　1/32

印　张　23.25

字　数　500 千字

定　价　108.00 元